"十四五"职业教育国家规划教材

"十三五"江苏省高等学校重点教材

编号：2017-2-054

高等院校"+互联网"系列精品教材

# 可编程控制器应用技术
# 项目式教程

主　编　王春峰　段向军
副主编　贺道坤　朱方园

电子工业出版社
Publishing House of Electronics Industry
北京·BEIJING

## 内 容 简 介

本书是"十三五"江苏省高等学校重点教材，结合行业岗位新的能力要求介绍西门子公司新一代小型 S7-1200 PLC 在生产实践中的典型应用。本书由 5 个项目组成，在各项目任务的实施过程中，由浅入深、逐步递进地将低压电器、基本控制回路、PLC 的定义、控制系统硬件组成、常用指令、博途软件的应用、模拟量处理、运动控制、触摸屏、变频器以及以太网通信等知识融入学习与操作中，在做中学，学教合一。

本书遵守循序渐进的学习规律，内容新颖、结构合理，着重培养学生的工程素养和综合职业能力，为高等职业本专科院校各专业可编程控制器课程的教材，也可作为工程技术人员的培训教材及自学参考书。

本书配有免费的电子教学课件、练一练参考答案、教学用微视频和动画，详见前言。

未经许可，不得以任何方式复制或抄袭本书之部分或全部内容。
版权所有，侵权必究。

**图书在版编目（CIP）数据**

可编程控制器应用技术项目式教程 / 王春峰，段向军主编. —北京：电子工业出版社，2019.8（2025年8月重印）
高等院校"+互联网"系列精品教材
ISBN 978-7-121-35302-4

Ⅰ. ①可… Ⅱ. ①王… ②段… Ⅲ. ①PLC 技术－高等学校－教材 Ⅳ. ①TB4

中国版本图书馆 CIP 数据核字（2018）第 242495 号

责任编辑：陈健德（E-mail：chenjd@phei.com.cn）
印　　刷：三河市良远印务有限公司
装　　订：三河市良远印务有限公司
出版发行：电子工业出版社
　　　　　北京市海淀区万寿路 173 信箱　邮编 100036
开　　本：787×1 092　1/16　印张：13.75　字数：352 千字
版　　次：2019 年 8 月第 1 版
印　　次：2025 年 8 月第 20 次印刷
定　　价：52.00 元

凡所购买电子工业出版社图书有缺损问题，请向购买书店调换。若书店售缺，请与本社发行部联系，联系及邮购电话：(010) 88254888，88258888。
质量投诉请发邮件至 zlts@phei.com.cn，盗版侵权举报请发邮件至 dbqq@phei.com.cn。
本书咨询联系方式：chenjd@phei.com.cn。

扫一扫看如何学习PLC这门课教学课件

# 前 言

  本书是"十三五"江苏省高等学校重点教材，依托江苏省高水平骨干专业机电一体化技术建设项目和江苏省产教深度融合实训平台机器人4S中心项目，以学生为主体，从学生自主学习的角度进行编写。

  S7-1200 PLC是西门子公司推出的全新小型自动化系统的极具竞争力的控制器，采用了可组合式的灵活设计方案，并集成有PROFINET接口和强大的工艺功能，可进行高速计数、脉冲输出、运动控制，与TIA博途软件、精简系列面板构成工程控制系统，为自动化领域小型紧凑、纷繁复杂的自动化任务提供整体解决方案。

  随着实施智能制造及传统产业升级，可编程控制器在生产线中需要协同控制气动元件、变频器、伺服电动机、步进电动机、人机界面以及工业机器人，企业对学生未来从事PLC控制应用能力的要求不断提高。本书以项目为载体讲述工业自动化控制技术的相关内容，侧重于理论知识与实践技能相融合，将相关的知识点和技能点融入到若干个项目任务中，旨在提升学生的学习效率，培养学生的综合应用能力。同时为适应信息化课堂教学需要，加入立体化多媒体教学资源，包括微视频、仿真动画等，读者通过扫描书中二维码观看或下载数字化资源，图文、影像并茂，强化学习效果。

  本书紧紧围绕工业自动化控制技术知识体系，依据自动化生产线所包含的低压控制柜、PLC控制系统、HMI、变频器和工业网络来编排内容。本书分为5个项目（见下表），每个项目包括项目导入、学习目标、任务描述、任务分析、硬件接线、编程设计、案例、任务实施、练一练、一试身手、实训及评价等部分。

| 项 目 | 项目导学 | | 项目实施 | | 参考学时 |
|---|---|---|---|---|---|
| 项目1 初始PLC与低压电器电气控制系统的设计 | 1.1 | 初识PLC与控制系统设计流程 | 任务1 | 三相异步电动机的单向点动运行控制 | 18~24 |
| | 1.2 | S7-1200系列PLC的安装与接线 | 任务2 | 三相异步电动机的单向连续运行控制 | |
| | 1.3 | PLC的编程语言 | 案例1 | 电动机启保停控制 | |
| | 1.4 | TIA博途软件的操作界面 | 实训1 | 西门子S7-1200PLC的认知与应用 | |
| | 1.5 | 常用的低压电器控制元件 | | | |
| | 1.6 | 电气工程图的绘制 | 实训2 | 三相异步电动机的正反转直接切换 | |
| | 1.7 | 三相异步电动机的正反转控制与顺序控制 | 实训3 | 工作台自动往返控制电路 | |
| 项目2 PLC电动机启停与转向控制系统设计 | 2.1 | PLC控制电路分析与接线 | 任务3 | 用PLC实现电动机的正反转控制 | 12~18 |
| | 2.2 | PLC控制原理与程序设计 | | | |
| | 2.3 | PLC的存储器与软元件 | 实训4 | 单台电动机的三地控制 | |
| | 2.4 | 位逻辑指令及应用 | | | |
| | 2.5 | 电气控制系统中的自锁与互锁 | 实训5 | 抢答器的PLC控制 | |
| | 2.6 | 编程规则及技巧 | | | |

续表

| 项 目 | 项目导学 | 项目实施 | | 参考学时 |
|---|---|---|---|---|
| 项目3 PLC电动机定时与计数控制系统设计 | 3.1 PLC定时器（TON）学习及延时梯形图编写 | 任务4 | 电动机顺序启停控制 | 12～18 |
| | | 任务5 | 电动机延时启停控制 | |
| | | 任务6 | 运料小车自动往返控制 | |
| | 3.2 PLC的计数器 | 任务7 | 彩灯的自动循环控制梯形图设计 | |
| | | 案例2 | 定时闪烁电路设计 | |
| | | 案例3 | 传送带产品计数控制 | |
| | | 案例4 | 小车手动/自动运行控制 | |
| | 3.3 时序图法设计 | 案例5 | 彩灯闪烁控制的时序图法设计 | |
| | | 实训6 | 三级皮带运输机顺序启停控制 | |
| | | 实训7 | 运料小车自动往返4次控制 | |
| 项目4 PLC电动机顺序与伺服控制系统设计 | 4.1 顺序功能图设计法 | 任务8 | 机械手搬运工件控制 | 12～18 |
| | | 任务9 | 小车定位运行控制 | |
| | 4.2 比较与移动操作指令 | 案例6 | 三盏灯的顺序开关控制 | |
| | | 案例7 | 电动机的正反转控制 | |
| | 4.3 功能、功能块和数据块 | 案例8 | 两台电动机启停控制 | |
| | | 案例9 | 输送线手动/自动控制 | |
| | 4.4 PLC的模拟量处理模块 | 实训8 | 彩灯的顺序控制 | |
| | 4.5 高速脉冲与高速计数器计数 | 实训9 | 鼓风机和引风机的顺序启停控制 | |
| | | 实训10 | 8盏彩灯依次点亮控制 | |
| | 4.6 运动控制功能设置 | 实训11 | 伺服电动机运动控制 | |
| 项目5 PLC网络通信与变频器控制系统设计 | 5.1 S7-1200 PLC的以太网通信 | 任务10 | 2台S7-1200 PLC的以太网通信 | 10～16 |
| | | 任务11 | S7-1200 PLC与S7-300 PLC的以太网通信 | |
| | | 任务12 | 用触摸屏控制电动机 | |
| | | 任务13 | G120变频器电动机控制系统 | |
| | 5.2 变频器控制原理与操作 | 实训12 | S7-1200 PLC与S7-1500 PLC的以太网通信 | |
| | | 实训13 | 简易计算器 | |
| | | 实训14 | 触摸屏控制变频器 | |

  本书由王春峰、段向军任主编，贺道坤、朱方园任副主编；参与编写的还有黄伯勇、甘艳平、李小琴、孙妍、高华以及合作企业苏州汇川技术有限公司的姜宏杰；贺道坤和朱方园完成该课程的微视频及电子教学课件制作，黄伯勇、甘艳平、颜玮、李小琴、孙妍、高华、姜宏杰参与教材项目的构建以及该课程其余教学资源的制作。此外，张董、冯立、徐时乾为本书编写提供了帮助和建议，谨在此表示感谢。

  为了方便教师教学，本书还配有免费的电子教学课件、练一练参考答案等资源，请有此需要的教师登录华信教育资源网（http://www.hxedu.com.cn）免费注册后再进行下载，在有问题时请在网站留言或与电子工业出版社联系（E-mail: hxedu@phei.com.cn）。

  在本书的编写过程中，参阅了大量文献资料，并得到相关合作企业的大力支持，在此对西门子公司的技术人员表示衷心的感谢。

  由于编者水平有限，书中难免有错漏之处，敬请广大读者批评指正。

编　者

# 目 录

## 项目1 初识 PLC 与低压电器电气控制系统设计 ……………………………………（1）
项目导入 …………………………………………………………………………………（1）
学习目标 …………………………………………………………………………………（1）
1.1 初识 PLC 与控制系统设计流程 ……………………………………………………（2）
  1.1.1 全集成自动化与自动控制系统要求 ……………………………………（2）
  1.1.2 PLC 的分类、组成与应用领域 …………………………………………（4）
  1.1.3 PLC 电气控制系统项目设计流程 ………………………………………（7）
1.2 S7-1200 系列 PLC 的安装与接线 …………………………………………………（9）
1.3 PLC 的编程语言 ……………………………………………………………………（12）
1.4 TIA 博途软件的操作界面 …………………………………………………………（13）
  案例1 电动机启保停控制 ……………………………………………………（17）
实训1 西门子 S7-1200 PLC 的认知与应用 …………………………………………（25）
1.5 常用的低压电器控制元件 …………………………………………………………（27）
  1.5.1 电磁式低压电器的基本结构 ……………………………………………（27）
  1.5.2 熔断器和低压断路器 ……………………………………………………（29）
  1.5.3 接触器 ……………………………………………………………………（30）
  1.5.4 继电器 ……………………………………………………………………（31）
  1.5.5 主令电器及其他电器 ……………………………………………………（34）
任务1 三相异步电动机的单向点动运行控制 ………………………………………（36）
任务2 三相异步电动机的单向连续运行控制 ………………………………………（38）
  小试身手1 电动机单向运行控制电路的接线与调试 ………………………（39）
1.6 电气工程图的绘制 …………………………………………………………………（39）
1.7 三相异步电动机的正反转控制与顺序控制 ………………………………………（43）
  小试身手2 电动机正反转控制电路的接线与调试 …………………………（45）
实训2 三相异步电动机的正反转切换控制 …………………………………………（45）
实训3 工作台自动往返控制 …………………………………………………………（47）

## 项目2 PLC 电动机启停与转向控制系统设计 ……………………………………（50）
项目导入 …………………………………………………………………………………（50）
学习目标 …………………………………………………………………………………（50）
2.1 PLC 控制电路分析与接线 …………………………………………………………（51）
  2.1.1 接触器控制电路 …………………………………………………………（51）
  2.1.2 PLC 控制 I/O 端口的分配 ………………………………………………（51）
  2.1.3 I/O 的硬件接线 …………………………………………………………（51）
  小试身手3 PLC 的 I/O 接线 …………………………………………………（51）

## 2.2 PLC 控制原理与程序设计 (52)
### 2.2.1 PLC 控制系统的工作原理 (52)
### 2.2.2 逻辑电路与梯形图 (56)
小试身手 4 博途软件的操作应用 (56)

## 2.3 PLC 的存储器与软元件 (57)
### 2.3.1 数据存储类型 (57)
### 2.3.2 系统数据存储区 (58)
### 2.3.3 系统存储器与时钟存储器 (60)
小试身手 5 PLC 存储器的应用 (61)
### 2.3.4 I、Q、M 的应用 (61)

## 2.4 位逻辑指令及应用 (62)
### 2.4.1 触点指令与线圈指令 (63)
### 2.4.2 置位/复位指令 (64)
### 2.4.3 边沿检测指令 (65)
小试身手 6 编写梯形图 (68)

**实训 4 单台电动机的三地控制** (69)

**任务 3 用 PLC 实现电动机的正反转控制** (70)
小试身手 7 电动机正反转联锁控制电路的编程与调试 (71)

## 2.5 PLC 控制程序中的自锁与互锁 (72)
## 2.6 编程规则及技巧 (73)

**实训 5 抢答器的 PLC 控制** (75)

# 项目 3 PLC 电动机定时与计数控制系统设计 (78)
**项目导入** (78)
**学习目标** (78)

**任务 4 电动机顺序启停控制** (79)

## 3.1 PLC 的定时器及梯形图 (80)
案例 2 定时闪烁电路设计 (83)
小试身手 8 电机延时启停控制电路编程 (84)

**任务 5 电动机延时启停控制** (85)

**实训 6 三级皮带运输机顺序启停控制** (86)

## 3.2 PLC 的计数器 (88)
案例 3 传送带产品计数控制 (90)

**任务 6 运料小车自动往返控制** (91)
案例 4 小车手动/自动运行控制 (93)

**任务 7 彩灯的自动循环控制梯形图设计** (95)

## 3.3 时序图法设计 (96)
案例 5 彩灯闪烁控制的时序图法设计 (96)
小试身手 9 信号灯闪烁与报警控制 (98)

实训7　运料小车自动往返4次控制……………………………………………………（98）

# 项目4　PLC电动机顺序与伺服控制系统设计……………………………………………（101）
　项目导入……………………………………………………………………………………（101）
　学习目标……………………………………………………………………………………（101）
　4.1　顺序功能图设计法……………………………………………………………………（102）
　　任务8　机械手搬运工件控制………………………………………………………………（103）
　　　案例6　三盏灯的顺序开关控制…………………………………………………………（108）
　　　案例7　电动机的正反转控制……………………………………………………………（109）
　　实训8　彩灯的顺序控制……………………………………………………………………（110）
　　实训9　鼓风机和引风机的顺序启停控制…………………………………………………（112）
　4.2　比较与移动操作指令…………………………………………………………………（114）
　　　4.2.1　比较指令………………………………………………………………………（114）
　　　小试身手10　脉冲发生器程序设计………………………………………………………（115）
　　　4.2.2　移动和块移动指令……………………………………………………………（115）
　　　小试身手11　灯闪烁控制程序设计………………………………………………………（116）
　　　4.2.3　移位与循环移位指令…………………………………………………………（117）
　　　小试身手12　彩灯逐位移动控制程序设计………………………………………………（118）
　　任务9　小车定位运行控制…………………………………………………………………（119）
　　实训10　8盏彩灯依次点亮控制……………………………………………………………（121）
　4.3　功能、功能块和数据块………………………………………………………………（122）
　　　4.3.1　用户程序结构…………………………………………………………………（122）
　　　4.3.2　块的类型………………………………………………………………………（123）
　　　4.3.3　功能块的生成与调用…………………………………………………………（124）
　　　案例8　两台电动机启停控制……………………………………………………………（125）
　4.4　PLC的模拟量处理模块………………………………………………………………（127）
　4.5　高速脉冲与高速计数器计数…………………………………………………………（130）
　　　4.5.1　高速脉冲输出设置……………………………………………………………（130）
　　　4.5.2　高速计数器功能设置…………………………………………………………（131）
　4.6　运动控制功能设置……………………………………………………………………（134）
　　　4.6.1　运动控制基本配置……………………………………………………………（134）
　　　4.6.2　脉冲（PTO）输出配置………………………………………………………（134）
　　　4.6.3　工艺对象轴参数设置…………………………………………………………（135）
　　　4.6.4　相关指令………………………………………………………………………（139）
　　　案例9　输送线手动/自动控制……………………………………………………………（141）
　　实训11　伺服电动机运动控制………………………………………………………………（143）

# 项目5　PLC网络通信与变频器控制系统设计……………………………………………（150）
　项目导入……………………………………………………………………………………（150）
　学习目标……………………………………………………………………………………（150）

5.1　S7-1200 PLC 的以太网通信 …………………………………………………（151）
任务 10　2 台 S7-1200 PLC 的以太网通信 ……………………………………（151）
任务 11　S7-1200 PLC 与 S7-300 PLC 的以太网通信 ………………………（168）
实训 12　S7-1200 PLC 与 S7-1500 PLC 的以太网通信 ……………………（176）
任务 12　用触摸屏控制电动机 …………………………………………………（180）
　　　　小试身手 13　简单的人机界面控制 ……………………………………（192）
实训 13　简易计算器 ……………………………………………………………（192）
5.2　变频器控制原理与操作 ………………………………………………………（193）
　　5.2.1　G120 变频器的面板操作 ……………………………………………（194）
　　5.2.2　G120 变频器的参数设置 ……………………………………………（195）
任务 13　G120 变频器电动机控制系统 ………………………………………（196）
实训 14　触摸屏控制变频器 ……………………………………………………（207）

**参考文献** ……………………………………………………………………………（209）

# 项目 1

# 初识 PLC 与低压电器电气控制系统设计

| | |
|---|---|
| 项目导入 | 本项目主要学习 PLC 的基础知识、低压电器电气控制系统、PLC 安装接线以及编程软件的使用方法等。请通过下部的二维码阅读 PLC 赋能中国"智造"的案例，观看其中的视频。你认为 PLC 主要起到了哪些作用？在生产线控制中除使用 PLC 还需要其他的电气元器件吗？PLC 能直接驱动三相异步电动机吗？这都是需要我们学习的。本项目通过 2 个任务与 3 个实训、1 个案例介绍如何利用低压电器实现电动机的启停、连续运行、正反转控制等。   扫一扫看 PLC 赋能中国"智造" |
| 素质目标 | （1）培养良好的电气工程师职业道德；<br>（2）培养安全意识、规范意识、创新意识；<br>（3）培养精益求精的工匠精神；<br>（4）培养劳动精神 |
| 知识目标 | （1）理解全集成自动化的概念、PLC 的产生及定义；<br>（2）掌握常用低压电器的基本知识和基本控制线路；<br>（3）掌握获取资料和帮助的方法；<br>（4）掌握可编程控制器的编程软件的基本使用方法；<br>（5）掌握 PLC 基本单元的输入/输出端口接线的方法 |
| 能力目标 | （1）具备正确选用相关低压电器的能力；<br>（2）具有能够按工艺要求安装、接线与调试的能力；<br>（3）具有下载、上载程序和在线调试能力 |

什么是工业自动化？PLC 的用处大吗？这些都是初学者关注的问题。

PLC（Programmable Logic Controller）的中文名称为可编程逻辑控制器（简称可编程控制器），是一种专门为工业环境下应用而设计的控制器，集计算机技术、控制技术、通信技术于一体，具备逻辑控制、过程控制、运动控制、数据处理和联网通信等功能，因此 PLC 被公认为现代工业自动化的三大支柱（PLC、机器人、CAD/CAM）之一。

PLC 自问世以来已经历了 40 多年的发展，从实际使用情况来看，占据市场主流地位的主要为欧美国家、日本的 PLC 产品，我国自主品牌的 PLC，如信捷、汇川、和利时等品牌，其市场占有率较低一些，特别是中、大型 PLC。本书选用西门子公司的 S7-1200 PLC 作为学习载体。

## 1.1 初识 PLC 与控制系统设计流程

扫一扫看第 1.1 节教学课件

### 1.1.1 全集成自动化与自动控制系统要求

自动化技术开始走入生产活动中是从 20 世纪 40 年代开始的，当时经典控制理论刚刚出现，在过程控制中人们将一些仪表信号组合在一起构建闭环控制。在 20 世纪 60 年代，人们需要更多的信号和更快的反应速度来构建更加精准的控制系统，因此产生了现代控制理论。

在 60 年代中期，出现了直接数字控制（Direct Digital Control，DDC）系统，人们开始使用一台计算机代替工厂车间的全部模拟仪表，实现"全盘计算机控制"。但在这种结构下，一旦计算机出现问题，整个工厂将陷入瘫痪，任何工段上的故障都有可能引起全厂停产，系统的可靠性和灵活性都较差。

在 70 年代，为了适应工业大规模生产的要求，控制系统采用了集散控制系统（Distributed Control System，DCS）。集散控制系统将整个工厂划分为各个控制单元，每个控制单元拥有一台控制设备，控制单元之间进行通信，共同组成一个控制系统。这种将控制分散到各个生产现场、各个工段的方式，提高了系统的稳定性、可靠性、容错能力和灵活性。任何一个控制单元的故障，不会对整个工厂的生产造成大的影响。

**1. 全集成自动化的概念**

随着工业自动控制的快速发展，用户对工业自动化控制系统的可靠性、复杂性、功能性、友好性、数据处理的快速性以及维护的方便性提出了更高的要求。各类控制系统之间数据交换的实时性和开放性要求越来越高，西门子自动化与驱动集团于 1996 年提出了"全集成自动化"（Totally Integrated Automation，TIA）的概念，示例如图 1-1 所示。每个生产过程不再是独立的局部过程，而成为整个工厂生产过程中一个不可分割的部分。

全集成自动化就是用单一系统或单一自动化平台完成原来由多系统组成才能完成的所有功能，即共同的软件环境、共同的数据管理、共同的通信，是集统一性与开放性于一体的自动化技术。它具有可扩展硬件平台，能够扩展现有的系统或集成将来的自动化解决方案；可采用功能强大的软件提高项目执行的效率，减少工程组态成本，具有方便调试与维护等优点。

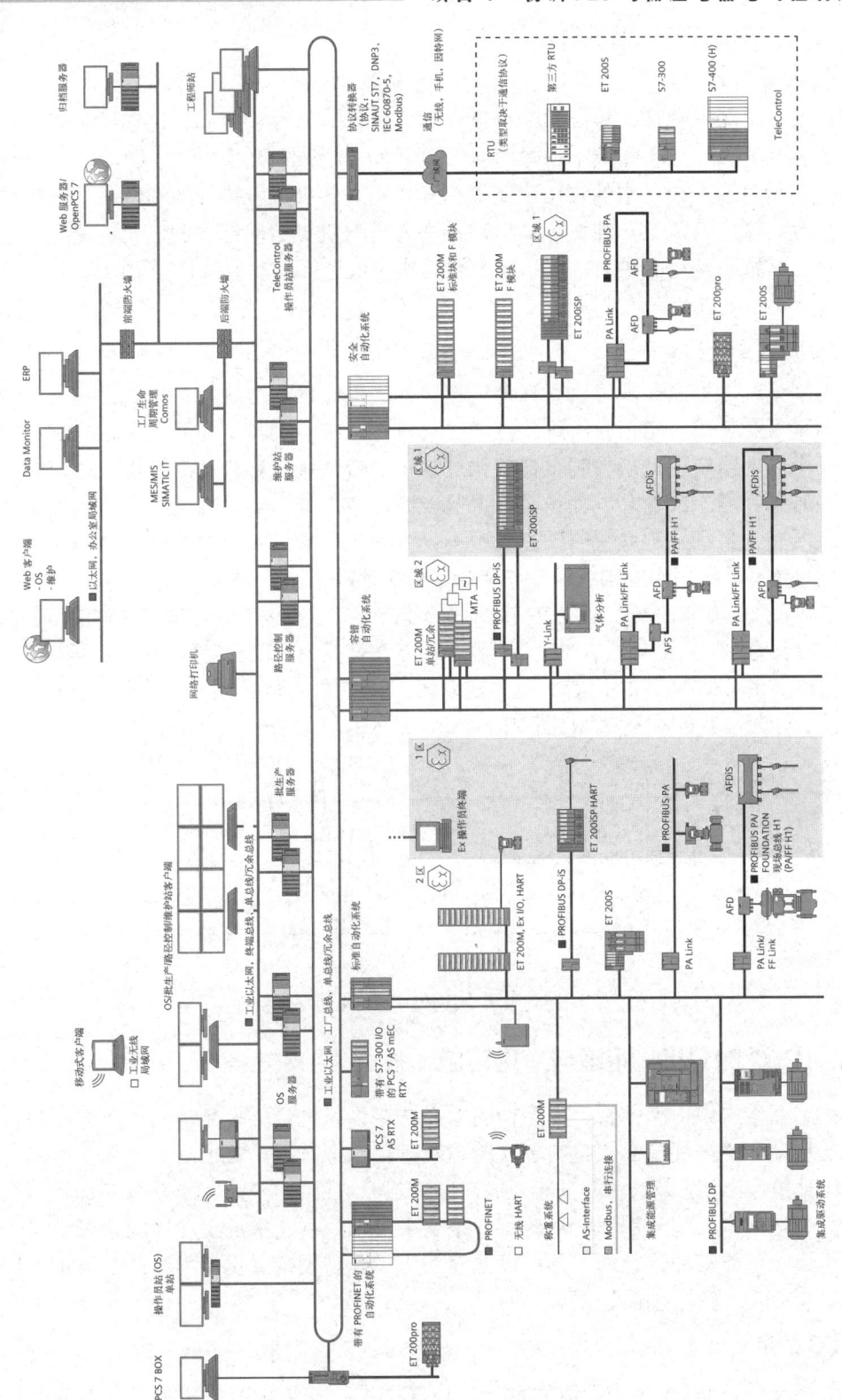

# 项目 1　初识 PLC 与低压电器电气控制系统设计

图 1-1　SIMATIC PCS-7 系统

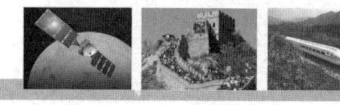

## 2. 自动控制系统的分类及性能要求

### 1）自动控制系统的分类

一般在工业自动化领域，控制系统可以分为逻辑控制、过程控制、运动控制等。逻辑控制是根据条件逻辑关系决定措施的控制，常用逻辑关系包括"与""或""非"三种逻辑；过程控制指对生产设备中的物质和能量相互作用与转换过程进行控制，表征过程的主要参量有温度、压力、流量、液位等；运动控制就是对机械运动部件的位置、速度等进行实时控制，使其按照预期的运动轨迹和规定的运动参数进行运动。PLC 可用于对这三类系统中的任何一类系统进行控制。

### 2）自动控制系统的性能要求

自动控制系统的性能要求可以概括为：稳定性、快速性和准确性。控制系统受到干扰时，被控制量就会偏离给定值，经过一定的过渡过程，被控制量又恢复到原来的稳定值或者稳定到一个新的给定值。被控制量在变化过程中的过渡过程称为动态过程，被控制量处于平衡状态时称为静态或稳态。除了稳态误差应满足要求外，自动控制系统还应满足动态过程的性能要求。自动控制系统的动态过程不仅要稳定，并且希望过渡过程时间（又称调整时间）越短越好，振荡幅度越小越好，衰减得越快越好。

自动控制系统最基本的要求是被控制量 $y(t)$ 的稳态误差（偏差）为零或在允许的范围内。对于一个好的自动控制系统来说，一般要求稳态误差在被控制量设定值的 2%～5%内。

根据上述要求可知图 1-2 中（a）是稳定系统，其中的 1 和 2 属于衰减振荡过程，3 是单调过程，2 的响应速度最快；（b）图中的 4 和 5 是不稳定系统。

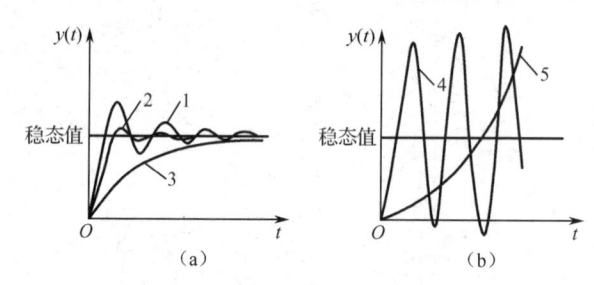

图 1-2　自动控制系统中被控制量变化的动态特性

## 1.1.2　PLC 的分类、组成与应用领域

随着在工业生产中由大批量、少品种的生产转变为小批量、多品种的生产方式，设计省时省力的自动化生产线是必然趋势。欧美国家早期的生产线，其控制部分由继电器、按钮开关、计时器、计数器及检测开关等组成，以达到控制目的。但在 1968 年美国通用汽车制造公司，为适应汽车型号的不断翻新，于是要求设计一种新型的工业控制器以满足下列条件：体积小；可靠性高，维修方便；可重复使用；容易设定或更换程序；适用于工厂恶劣的环境；成本低；能与电脑连线操作等。

### 1. PLC 的定义

针对上述条件，1969 年美国数字设备公司（DEC）首先研制成功第一台可编程控制器，并在通用汽车公司的自动装配线上试用成功，实现了生产的自动化控制。此后，1971

年日本开始生产可编程控制器，1973 年西欧国家也开始生产可编程控制器，我国从 1974 年开始研制。这一时期的可编程控制器主要用于替换继电器控制，只能进行逻辑运算，故称为可编程逻辑控制器。

国际电工委员会对 PLC 的定义为："可编程控制器是一种数字运算操作电子装置，专为在工业环境应用而设计。它采用可编程序的存储器，用来在其内部存储执行逻辑运算、顺序控制、定时、计数与算术运算等操作的指令，并能通过数字式或模拟式的输入/输出控制各种类型的机械或生产过程。可编程控制器及其有关外部设备，都按易于与工业控制系统连成一个整体、易于扩充其功能的原则设计。"

### 2. PLC 的分类

PLC 的分类可以按输入/输出（I/O）点数、结构形式和生产厂家来分类。按 I/O 点数可分为小型机、中型机和大型机，由于点数划分没有严格的界限，但通常在 256 点以下的称为小型机，如 S7-1200 系列 PLC。本书以 S7-1200 系列 PLC 为主进行介绍，叙述中常以 S7-1200 表示该系列 PLC。

按结构形式分为整体式和模块式。整体式是将电源、CPU、存储器、I/O 单元等各个功能部件集成在一个机壳内，构成一个整体，组成 PLC 的基本单元（主机）或扩展单元。基本单元上设有扩展接口，通过扩展电缆与扩展单元相连，如 S7-1200、S7-200 Smart 以及 S7-200 系列 PLC 都属于整体式。模块式 PLC 的电源模块、CPU 模块、I/O 模块等在结构上是独立的，可根据具体生产要求，选择合适的模块，安装在固定的机架或导轨上，构成一个完整的 PLC 应用系统，如 S7-300、S7-400 以及 S7-1500 系列 PLC 都属于模块式。

按生产厂家分，国外有德国的西门子（SIEMENS）、瑞士的 ABB、美国的 GE、法国的施耐德（SCHNEIDER）以及日本的欧姆龙（OMRON）、三菱等。国内的 PLC 厂家有信捷、汇川、和利时等。

### 3. PLC 基本模块的硬件组成

可编程控制器的种类繁多，但其组成结构和工作原理基本相同。其基本模块由 CPU（中央处理器）、存储器单元以及输入单元/输出单元三部分组成，如图 1-3 所示。

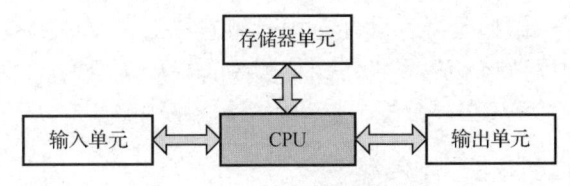

图 1-3 可编程控制器的组成

（1）CPU 的功能是完成 PLC 内所有的控制和监视操作，中央处理器一般由控制器、运算器和寄存器组成。CPU 通过数据总线、地址总线和控制总线与存储器、I/O 接口电路连接。

（2）存储单元包含一种只读类型的存储器，如 EPROM 和 EEPROM，以及另一种是可读/写的随机存储器 RAM。

（3）输入/输出单元指控制输入点与输出点的信号，一般输入/输出点越多，价格越贵。

### 4. PLC 的应用领域

随着 PLC 的性能价格比的不断提高，过去许多采用专用计算机或继电器控制的场合，都可使用 PLC 来代替,其应用范围不断扩大,PLC 的应用领域主要有以下几个方面。

1)开关量逻辑控制

开关量逻辑控制是 PLC 最基本、最广泛的应用。PLC 具有"与""或""非"等逻辑指令,可以实现触点和电路的串、并联,代替继电器进行组合逻辑控制、定时控制与顺序逻辑控制,实现单机或自动化生产线控制。

2)运动控制

运动控制主要指对工作对象的位置、速度及加速度的控制。通过配用 PLC 生产厂家提供的单轴或多轴位置控制模块、高速计数模块等来控制步进和伺服电动机,从而使运动部件能以适当的速度或加速度实现平滑的直线或圆周运动。

3)过程控制

过程控制通过配用 A/D、D/A 转换模块及智能 PID 模块实现 PLC 对生产过程中的温度、压力、流量、速度等连续变化的模拟量进行闭环 PID 调节控制,使这些物理参数保持在设定值上。模拟量一般是指连续变化的量,如电流、电压、温度、压力等物理量。

4)数据处理

现代的 PLC 具有数学运算、数据传送、转换、排序和查表、位操作等功能,可以完成数据的采集、分析和处理。

5)通信联网

PLC 的通信包括 PLC 之间的通信、PLC 主机与远程 I/O 之间的通信、PLC 和其他智能设备的通信。PLC 与其他智能控制设备一起,可以实现工厂自动化通信网络系统。

**5. 西门子 S7-1200 系列 PLC**

西门子公司生产的 PLC 有 S7-400、S7-1500、S7-300、S7-1200、S7-200、S7-200 Smart 以及逻辑模块 LOGO 等。其中 S7-1200 系列、S7-200 系列以及 Smart 系列 PLC 同属小型自动化系统应用领域。S7-1200 系列 PLC 吸纳了 S7-300 系列 PLC 和 S7-200 系列 CPU 的一些特点,将逻辑控制、人机接口(Human Machine Interface,HMI)和网络控制功能集成于一体,具有模块化、结构紧凑、功能全面、组态灵活和集成工业以太网通信接口等特点,以满足小型独立的离散自动化系统对结构紧凑、能处理复杂自动化任务的需求,与此同时可将其作为一个组件集成在一个综合自动化控制系统中。

1)S7-1200 系列 PLC 的基本单元

S7-1200 PLC 的外形如图 1-4 所示,CPU 提供一个 PROFINET 端口实现与编程计算机、人机界面、其他 PLC 及带以太网接口的设备进行通信。还可使用附加模块通过 PROFIBUS、GPRS、RS-485 或 RS-232 等进行通信。

2)S7-1200 PLC 的 CPU 模块型号

S7-1200 PLC 控制器是西门子系列 PLC 的新产品,因其设计紧凑、组态灵活、扩展方便、功能强大,以其极高的性价比在国内外得到了广泛的应用。

S7-1200 PLC 目前有四种 CPU 型号,分别为 CPU 1211C、CPU 1212C、CPU 1214C、CPU 1215C。四种型号的 CPU 模块均内置两路板载模拟量输入通道和两路脉冲发生器,其

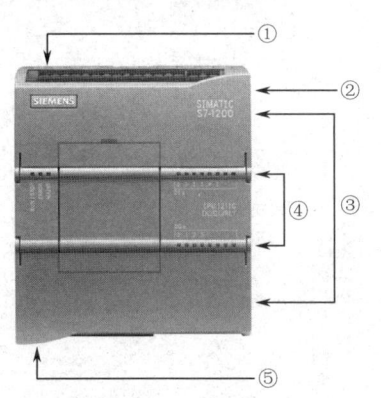

## 项目1 初识PLC与低压电器电气控制系统设计

① 电源接口；
② 存储卡插槽（上部保护盖下面）；
③ 可拆卸用户接线连接器（保护盖下面）；
④ 板载I/O的状态LED；
⑤ PROFINET连接器（CPU的底部）

扫一扫看S7-1200 CPU面板微视频

扫一扫看S7-1200 CPU家族及模块微视频

图1-4  S7-1200 PLC

中CPU 1215C具有两路板载模拟量输出通道。不同型号的CPU模块分别内置6～14个板载输入点和4～10个板载输出点，以及最多6个高速计数器，并可附加各种信号模块（SM）和信号板（SB）以扩展CPU模块的I/O控制能力。CPU基本单元型号的格式为：

$$\text{CPU 121}\square\text{C } \diamondsuit\diamondsuit/\triangle\triangle/\triangledown\triangledown$$

其中，□为1200中的具体系列；◇◇为PLC的工作电源类型；△△为PLC输入端的工作电源类型；▽▽为PLC输出端的继电器（Relay）或晶体管类型。

每种CPU有三种类别，如表1-1所示，例如CPU 1214C DC/DC/DC、CPU 1214C DC/DC/RLY和CPU 1214C AC/DC/RLY。

表1-1  三种类别的S7-1200 CPU

| 类别 | 电源电压 | DI输入电压 | DO输出电压 | DO输出电流 |
|---|---|---|---|---|
| DC/DC/DC | DC 24 V | DC 24 V | DC 24 V | 0.5 A，MOSFET |
| DC/DC/RLY | DC 24 V | DC 24 V | DC 5～30 V，AC 5～250 V | 2 A，DC30W/AC200W |
| AC/DC/RLY | AC 85～264 V | DC 24 V | DC 5～30 V，AC 5～250 V | 2 A，DC30W/AC200W |

**注意** 对于继电器输出的CPU，无法输出脉冲信号，此类CPU在需要脉冲列输出功能的场合时，必须安装具有数字输出的信号板。CPU 1211C模块没有扩展信号模块的能力，CPU 1212C模块最多可连接两个信号模块，CPU 1214C模块最多可连接8个信号模块。任何一种CPU模块前面都可以增加一块信号板，以扩展CPU本体的I/O数量。每一种CPU模块最多可以扩展3个通信模块，其中RS-485和RS-232通信模块可进行点到点的串行通信连接，通信的组态和编程可采用扩展指令或库功能、USS驱动协议、Modbus RTU主站和从站协议。各型号的具体功能及参数详见S7-1200工作手册。

### 1.1.3  PLC电气控制系统项目设计流程

在不同的生产过程当中，控制系统的项目设计方法是大同小异的，主要步骤如下：
（1）了解控制系统的功能原理工艺条件及控制要求；
（2）对PLC电气控制系统进行方案设计；
（3）对控制系统进行安装及调试；

(4) 对项目文件归档及文档处理。

在满足工艺条件要求的前提下，项目的电气控制系统方案设计应满足软、硬件需求。PLC 电气控制系统结构示意如图 1-5 所示。

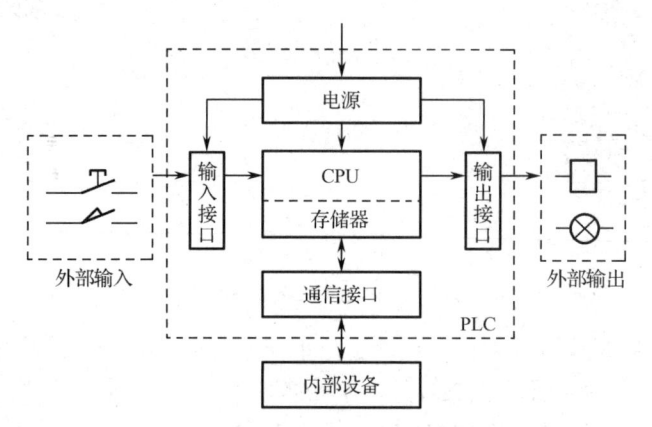

图 1-5 PLC 电气控制系统结构示意

硬件选型要求：输入和输出的数目及类型、模块的数目及类型、CPU 容量和型号、人机接口（HMI）系统以及通信结构。其选型依据是在满足控制要求的前提下，选型时应选择最佳的性价比，同时为系统的扩展留出余量。

软件要求：程序结构、自动化过程的数据管理、组态数据和参数分配数据、通信数据以及程序。编写 PLC 程序时，可采用对系统任务分块的方法，分块的目的就是把一个复杂的工程分解成多个比较简单的小任务，这样就把一个复杂的、大的问题转化为多个简单的、小的问题，便于编制程序。为能够使编程思路更加清晰合理，在编写程序前应先绘制程序结构流程图，完成 PLC 编程后进行软件调试。

在设计任务完成后，要编制工程项目的技术文件。技术文件是用户将来使用、操作和维护的依据，也是这个控制系统档案保存的重要材料，包括总体说明、电气原理图、电器布置图、硬件组态参数、符号表、软件程序清单及使用说明书等。

PLC 电气控制系统项目设计流程框图如图 1-6 所示。

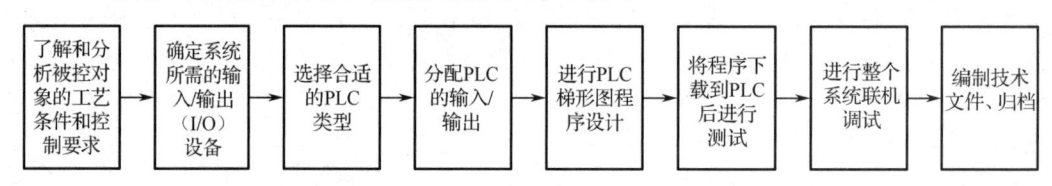

图 1-6 PLC 电气控制系统项目设计流程

**小贴士** 西门子 PLC 的资料可以在西门子（中国）有限公司的制造业的未来网站（http://www.ad.siemens.com.cn/）进行下载。该网站主页的"工业支持中心"菜单下包括："视频学习中心""技术论坛""找答案""下载中心"等，单击"下载中心"，使用搜索功能，可以下载中英文手册、产品样品、软件，同时可通过"技术论坛"查看常见问题解答等。

**练一练** 到上述网站上下载 S7-1200、S7-1500 系列 PLC 的硬件和软件工作手册，并在"技术论坛"中找出两个问题及答案。查找过程请截图并做成 PPT 文档以便汇报。

## 1.2　S7-1200 系列 PLC 的安装与接线

通过对 1.1 节的学习，我们已经对 S7-1200 PLC 有了初步认识，下面学习如何安装 PLC 以及输入/输出的接线。

### 1. S7-1200 系列 PLC 的安装

S7-1200 系列 PLC 能够方便地安装在标准的 35 mm DIN 导轨上，S7-1200 系列 PLC 被设计成通过自然对流冷却。为保证适当冷却，在设备上方和下方必须留出至少 25 mm 的空隙。此外，模块前端与机柜内壁间至少应留出 25 mm 的深度。可采用水平和纵向安装，但纵向安装时允许的最大环境温度要减小 10 ℃。安装示意图如图 1-7 所示。

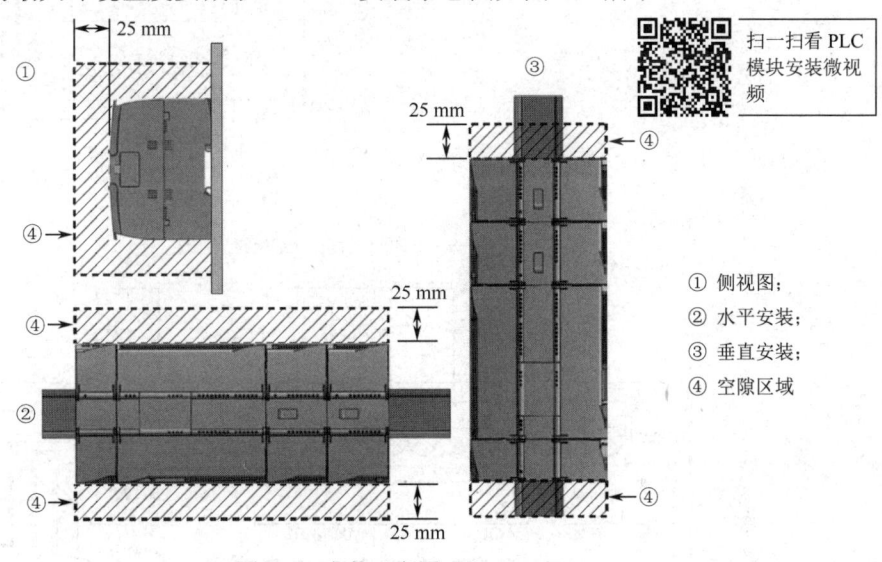

① 侧视图；
② 水平安装；
③ 垂直安装；
④ 空隙区域

图 1-7　安装示意图

安装模块时，先将 CPU 模块安装到 DIN 导轨上，再安装信号模块。如果有通信模块，应首先将通信模块连接到 CPU 模块上，然后再将整个组件作为一个单元安装到 DIN 导轨或面板上，再安装信号模块。在安装或拆卸任何模块（含引线）之前，应确保已关闭电源。

### 2. S7-1200 系列 PLC 基本单元的外部接线

S7-1200 系列 PLC 每一类型的 CPU 有三种不同版本，由于其接线方法基本相似，下面以 CPU 1214C 为例，图 1-8～图 1-10 是 CPU 1214C 的外部接线图。PLC 的工作电源有交流 220 V 和直流 24 V 两种工作方式，三种版本的 PLC 都可提供 24 V DC 传感器电源输出，要获得更好的抗噪声效果，即使未使用传感器电源，也可将公共端 M 连接到机壳接地。对于漏型输入，将电源负极"−"连接到 M；对于源型输入，将电源正极"+"连接到 M。

漏型和源型一般针对的是晶体管电路而言的。从字面上的意思就可以理解，漏型（Sink）指的是信号漏掉即信号的流出，而源型（Source）刚好相反，指的是信号的流入。既然是根据信号的流入或者流出来判断，那么就需要一个参考点，判断电流是从这个参考点流入还是流出，不同的 PLC 对于使用的这个参考点是不一样的。

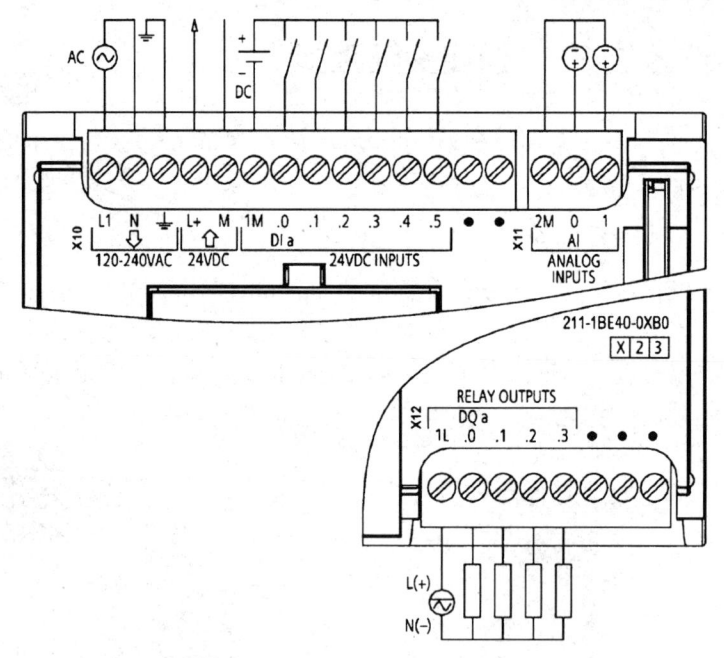

图 1-8　CPU 1214C AC/DC/RLY

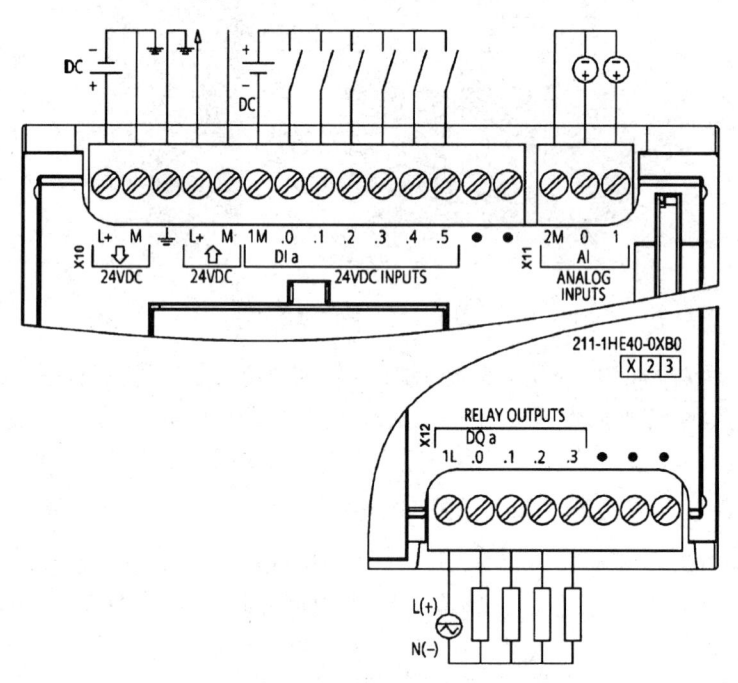

图 1-9　CPU 1214C DC/DC/RLY

三菱 PLC 的信号输入的接线过程是以输入点 X 作为参考点的，以信号从这个输入点（X 点）是流入还是流出，来判断 PLC 是采用源型接法还是漏型接法，信号从 X 点流出称为漏型接法。而在西门子 PLC 中以公共输入端 M 作为参考点，以信号从输入信号端的公共端（M 点）流出，称为漏型接法。这也是为什么会出现在三菱 PLC 中采用的源型接法，而在西门子 PLC 中却称为漏型接法的原因。

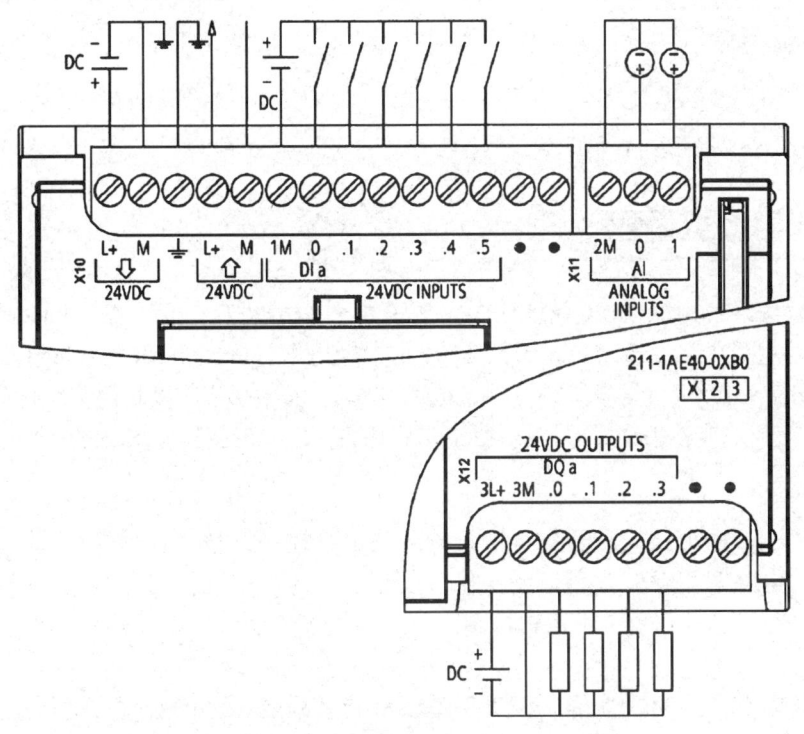

图 1-10  CPU1214C DC/ DC/ DC

在 PLC 的信号输出中，我们通常会用到 NPN 或 PNP 这两种输出类型的感应开关，它们的区别在于输出信号的类型不一样，如图 1-11 所示。

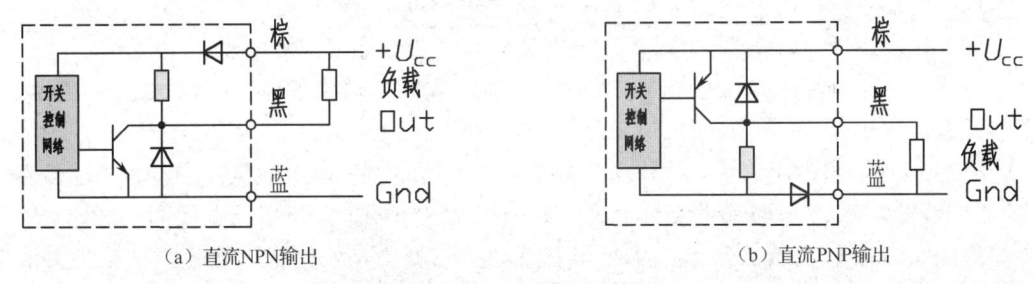

(a) 直流NPN输出　　　　　　　　　　　(b) 直流PNP输出

图 1-11  PLC 的信号输出

对于 NPN 型输出的传感器，当有信号输出时，则信号输出线（黑色）与电源负极线（蓝色）导通，所以输出信号为低电平。根据电路原理，当 NPN 型传感器的输出信号接入到 PLC 的输入点时，则另一端公共端 M 接电源 24 V（即高电平），所以当一个 NPN 型的传感器接入到 PLC 的输入端时，PLC 输入端电路接法应使用源型接法。

对于 PNP 型输出的传感器，当有信号输出时，则信号输出线（黑色）与电源正极线（棕色）导通，所以输出信号为高电平，当接入到 PLC 的输入信号端时，公共端 M 就要接电源的 0 V（即低电平），所以此时应使用漏型接法。

**注意**　（1）输出共用一个公共端时，同一组输出必须使用同一电压类型和等级，即电压相同、电流类型（同为直流或交流）和频率相同。不同组之间可以用不同类型和电压。
（2）当连接在输出端子上的负载短路时，可能会烧坏输出元器件或印制电路，请在输

出电路中加入起保护作用的熔断器。用电感性负载时，根据具体情况，必要时加入保护触点的回路。

**练一练** 请绘制 NPN 型和 PNP 型与 PLC 的接线图，并按绘制图进行接线调试。

## 1.3 PLC 的编程语言

PLC 的编程语言标准（IEC 61131-3）中有 5 种编程语言：梯形图（Ladder Diagram，LAD）、顺序功能图（Sequential Function Chart）、功能块图（Function Block Diagram，FBD）、指令表（Instruction List）以及结构文本（Structured Text）。其中梯形图以其直观、形象、实用、简单等特点为广大用户所熟悉和掌握。S7-1200 编程语言常用梯形图和功能块图两种语言。

### 1. 梯形图

梯形图（LAD）由原接触器、继电器构成的电气控制系统二次展开图演变而来，与电气控制系统的电路图相呼应，融逻辑操作、控制于一体，是面向对象的、实时的、图形化的编程语言，特别适合于数字量逻辑控制，是应用最多的 PLC 编程语言，但不适合于编写大型控制程序。

梯形图由触点、线圈或功能方框等基本编程元素构成。左、右垂线类似继电器控制图的电源线，称为左、右母线（Bus Bar）。左母线可看成能量提供者，触点闭合则能量通过，触点断开则能量阻断。这种能量流，称之"能流"（Power Flow）。来自"能源"的"能流"通过一系列逻辑控制条件，根据运算结果决定逻辑输出。

触点：代表逻辑控制条件，有常开 ┤├ 和常闭 ┤/├ 两种形式。

线圈：代表逻辑"输出"结果，"能流"流到时，该线圈 ┤ ├ 被激励。

方框：代表某种特定功能的指令，"能流"通过方框，则执行其功能，如定时、计数、数据运算等。

S7-1200 的梯形图中省略了右母线，如图 1-12 所示中的 I0.4 触点接通，有"能流"流过 Q0.2 的线圈，Q0.2 所驱动的红灯会亮。利用能流这一概念，可以帮助我们更好地理解和分析梯形图，能流只能从上至下、从左向右流动，左侧总是安排输入触点，并且把并联触点多的支路靠近最左端，输入触点不论是外部的按钮、行程开关，还是继电器触点，在图形符号上只用常开 ┤├ 和常闭 ┤/├ 两种表示方式，输出线圈用圆形或椭圆形表示。

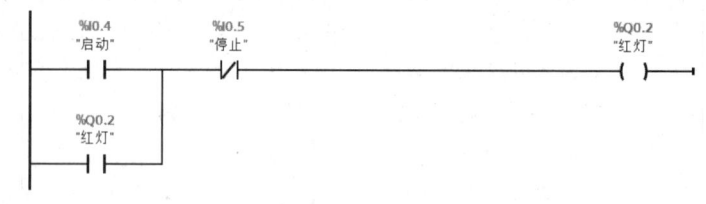

图 1-12 梯形图

### 2. 功能块图

功能块图（FBD）是一种类似于数字逻辑门电路的编程语言，有数字电路基础的人很容易掌握。该编程语言用类似与门、或门的方框来表示逻辑运算关系，方框的左侧为逻辑运

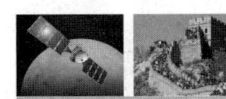

算的输入变量,右侧为输出变量,输入、输出端的小圆圈表示"非"运算,方框被"导线"连接在一起,信号自左向右流动。图 1-13 功能块中的控制逻辑与图 1-12 中的相同。

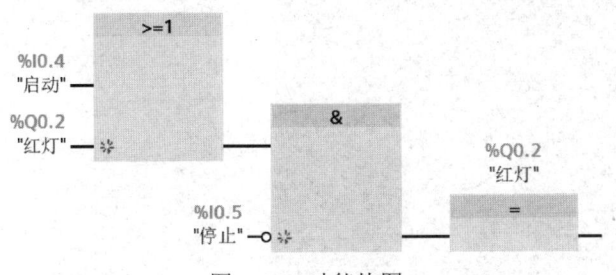

图 1-13　功能块图

## 1.4　TIA 博途软件的操作界面

扫一扫看编程软件界面微视频

全集成自动化系统(TIA),将 PLC 技术融于全部自动化领域,具有开放系统的基本结构,扩展方便,是解决自动化任务的一套全新的方法。

TIA Portal(博途)软件有 Portal(博途)视图和项目视图,可以通过图 1-14(a)中左下角的图标按钮进行相互切换。博途视图是面向任务的工作模式,使用简单、直观,可以更快地开始项目设计。项目视图能显示项目的全部组件,可以方便地访问设备和块,如图 1-14(b)所示。项目的层次化结构,编辑器、参数和数据等全部显示在一个视图中。

### 1. 博途视图

博途视图的布局为左中右三栏,左边栏是启动选项,列出了安装软件包所涵盖的功能,根据不同的选择,中间栏会自动筛选出可以进行的操作,如图 1-14(a)所示;右边栏会更详细地列出具体的操作项目。

### 2. 项目视图

(1)项目树:显示整个项目的各种元素。可以通过项目树访问所有的设备和项目数据。在项目树中可添加新设备,编辑现有的设备,扫描并更改现有项目数据的属性。

(2)工作区:工作区内显示可以打开并进行编辑的对象。

(3)检查器窗口:检查器窗口显示与已选对象或者执行活动等有关的附加信息。

(4)编辑器栏:用于显示已打开的编辑器,可以使用编辑器栏在打开的对象之间快速切换。

(5)任务卡:根据被编辑或被选定对象的不同,使用任务卡,可以自动提供执行的附加操作。这些活动包括从库或者硬件目录中选择对象等。

(6)详细视图:将显示总览窗口和项目树中所选对象的特定内容。项目视图如 1-15 所示。

### 3. 选择语言

更改用户界面语言的操作步骤:在"选项(Options)"菜单中,选择"设置(Settings)"命令,打开"设置"对话框如图 1-16 所示;在导航区中选择"常规(General)"组;在"常规设置(General settings)"区中从"用户界面语言(User interface language)"下拉列表中选择所需要的语言,则用户界面语言将会更改成所需要的语言。下次打开该程

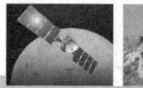

序时，将显示为已经选定的用户界面语言。

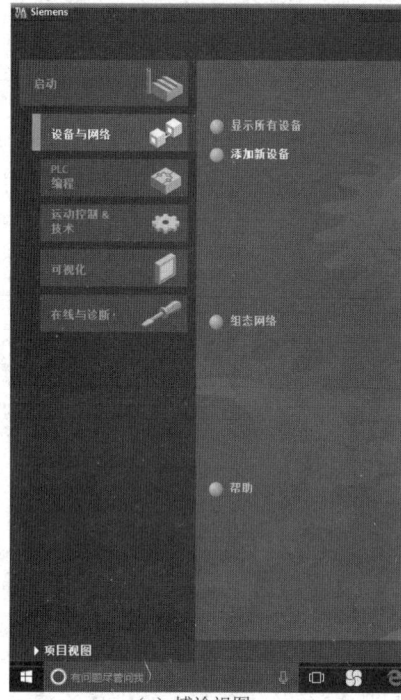

（a）博途视图　　　　　　　　　　（b）项目视图

图 1-14　TIA 博途软件的视图

图 1-15　项目视图

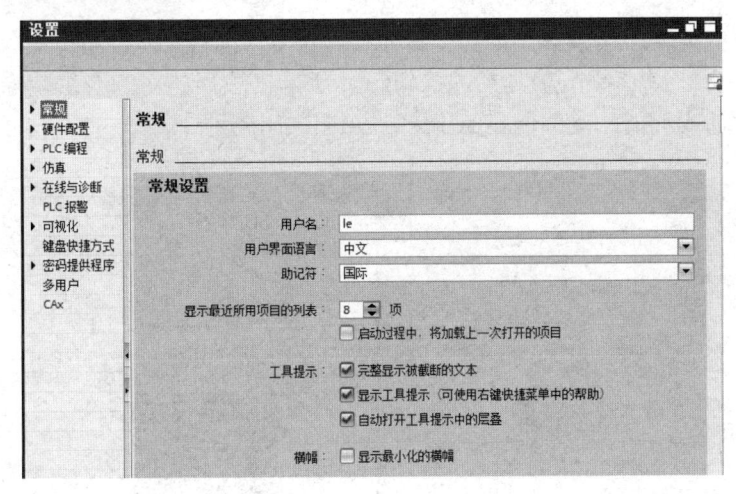

项目 1　初识 PLC 与低压电器电气控制系统设计

图 1-16　"设置"对话框

### 4. 工作区内的窗口区

主要的编程等工作在这里进行，这个区域有分割线，用于分隔界面的各个组件，可以用分割线上的箭头来显示或隐藏相邻部分。

可以同时打开多个对象，在正常情况下，工作区中一次只能显示多个已打开对象中的某一个对象，其余对象则以选项卡的形式显示在编辑器栏上，工作区内的窗口区如图 1-17 所示。如果某个任务要求同时显示两个对象，则可以水平或垂直拆分工作区。没有打开编辑器时，工作区是空的。

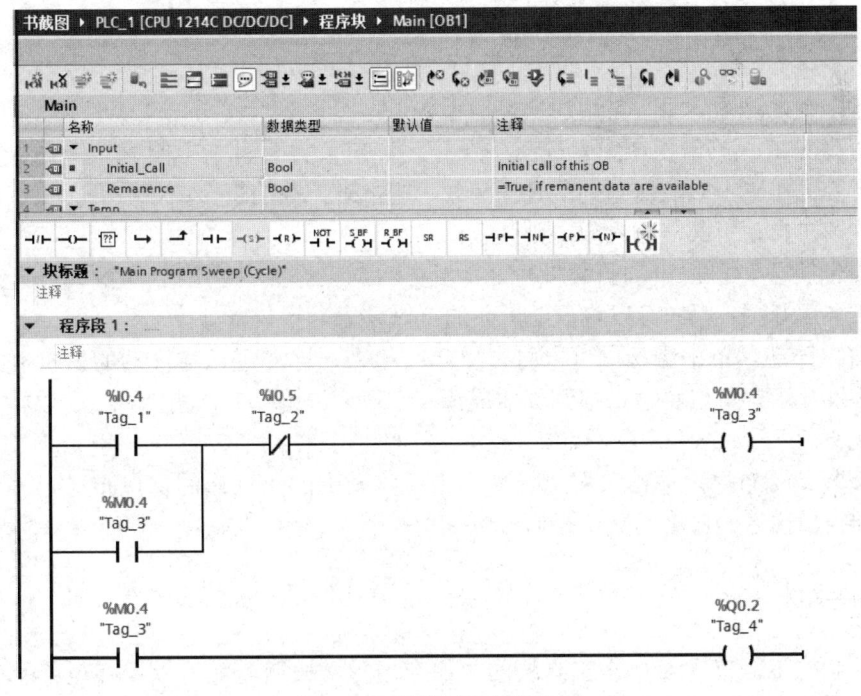

图 1-17　工作区内的窗口区

编辑器区域的拆分：在菜单"窗口（Window）"中，选择"垂直拆分编辑区"或"水平拆分编辑区"命令，或者单击工具栏的按钮▣，所单击选择的对象及编辑器栏内的下一个对象将会彼此相邻或者彼此重叠地显示出来，如图 1-18 所示。

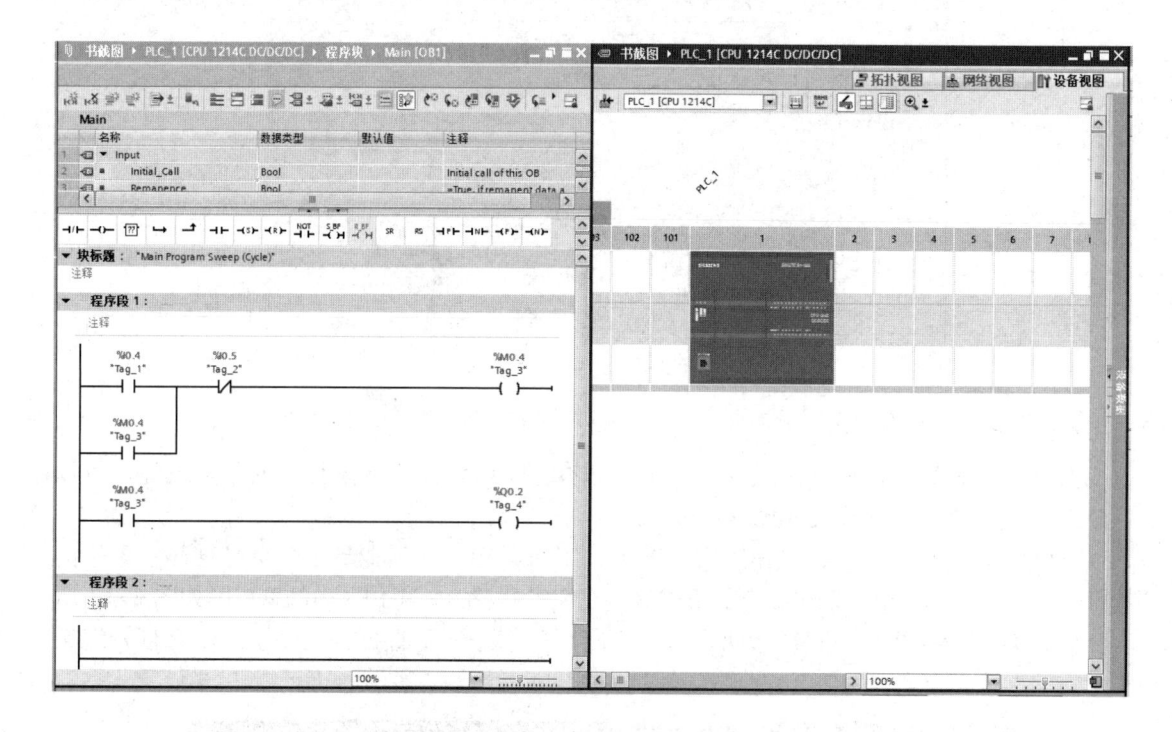

图 1-18　编辑器区域的拆分

为快速定制自己的界面，常用的快捷操作如下：

（1）折叠窗口。单击相应窗口的折叠图标▣，即可将暂时不用的窗口折叠起来，这时工作区就会变大；单击对应窗口的展开图标▣，即可对折叠的窗口重新展开；或双击工作区的标题栏，窗口自动折叠，再次双击则恢复。

（2）自动折叠。单击自动折叠图标▣，鼠标回到工作区时，相应的窗口会自动折叠起来，单击永久展开图标▣，可以将自动折叠的窗口恢复为永久展开。

（3）窗口浮动。单击图标▣可以将窗口浮动起来，这样可以将浮动的窗口拖到其他地方。对于多屏显示，可以将窗口拖到其他屏幕，实现多屏编程。单击图标▣可以将已浮动的窗口进行还原。

（4）恢复默认布局。单击菜单"窗口"下拉列表中的"默认的窗口布局"命令，即可将定制过的窗口恢复为原来的默认布局。

### 5. 保存项目

在当前状态下，仅需要单击工具栏的"保存项目"按钮，就可以保存完整的项目，即使项目中包含有错误也可以保存，如图 1-19 所示。

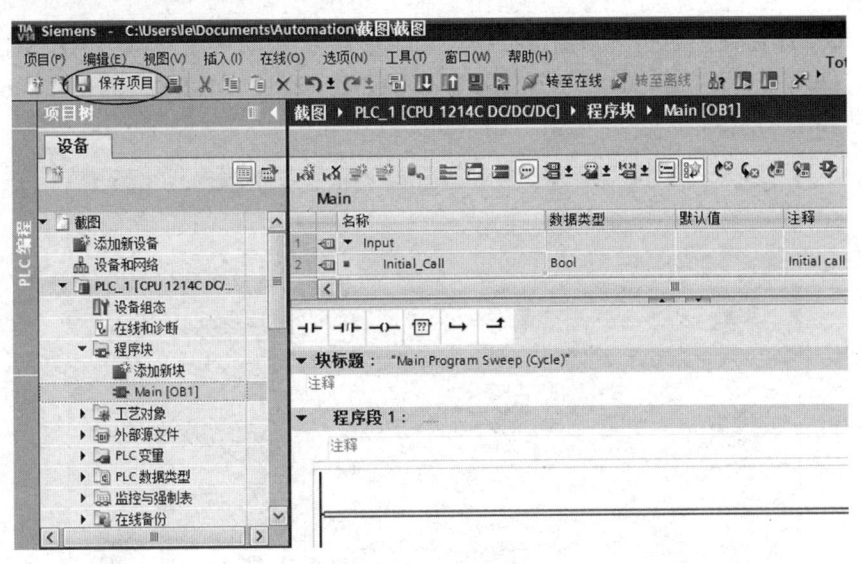

图 1-19 保存项目

下面在老师的指导下通过案例学习使用博途软件的编程与调试方法。

## 案例 1　电动机启保停控制

电动机控制要求：按下"启动"按钮电动机启动并保持，按下"停止"按钮电动机停止运行（简称启保停控制）。"启动"按钮接 PLC 的 I0.4 端口，"停止"按钮接 PLC 的 I0.5 端口，PLC 输出端口 Q0.2 接控制电动机的接触器线圈。

采用 TIA 博途软件的设计步骤包括新建项目、设备组态、编辑变量、编辑程序、下载程序、调试程序。

扫一扫看 PLC 的连接设置与下载微视频

### 1. 新建项目

在博途视图中，单击"创建新项目"图标，输入要设计的项目名称，并选择该项目的保存路径，单击"创建"按钮，如图 1-20 所示。

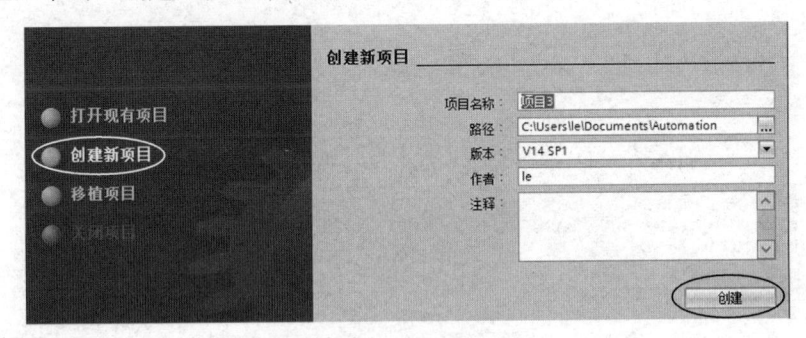

图 1-20　创建新项目

### 2. 设备组态

由于该案例在西门子小型自动化实训平台上进行调试，所以根据平台所选用的 PLC 型号进行组态，包括 CPU 和信号板，具体步骤如下。

（1）单击博途视图的左下角图标按钮进入"项目视图"，在左侧项目树中双击"添加新设备"图标，选择"SIMATIC S7-1200"→"CPU 1214C DC/DC/DC"→"6ES7 214-1AG40-0XB0"（设备订货号），如图1-21所示。

图1-21 添加新设备

（2）在项目树中展开 PLC_1 [CPU 1214C DC/DC/DC]，双击"设备组态"图标，在"设备概览"选项卡中可以看到14个数字量输入字节I地址为"0…1"，10个数字量输出字节Q地址为"0…1"等信息，如图1-22所示。

| 模块 | 插槽 | I地址 | Q地址 | 类型 | 订货号 | 固件 |
|---|---|---|---|---|---|---|
|  | 103 |  |  |  |  |  |
|  | 102 |  |  |  |  |  |
|  | 101 |  |  |  |  |  |
| ▼ PLC_1 | 1 |  |  | CPU 1214C DC/DC/DC | 6ES7 214-1AG40-0XB0 | V4.2 |
| DI 14/DQ 10_1 | 1 1 | 0…1 | 0…1 | DI 14/DQ 10 |  |  |
| AI 2_1 | 1 2 | 64…67 |  | AI 2 |  |  |
|  | 1 3 |  |  |  |  |  |
| HSC_1 | 1 16 | 1000…10… |  | HSC |  |  |
| HSC_2 | 1 17 | 1004…10… |  | HSC |  |  |
| HSC_3 | 1 18 | 1008…10… |  | HSC |  |  |
| HSC_4 | 1 19 | 1012…10… |  | HSC |  |  |
| HSC_5 | 1 20 | 1016…10… |  | HSC |  |  |
| HSC_6 | 1 21 | 1020…10… |  | HSC |  |  |
| Pulse_1 | 1 32 |  | 1000…10… | 脉冲发生器 (PTO/PWM) |  |  |
| Pulse_2 | 1 33 |  | 1002…10… | 脉冲发生器 (PTO/PWM) |  |  |

图1-22 设备概览

（3）在任务卡的硬件目录中展开"通信模块"，将 DP 通信模块拖至 101 号槽，如图1-23所示，通信模块为：CM1243-5，订货号为"6GK7243-5DX30-0XE0"。

（4）将信号板 SB1232 从硬件目录中拖入 1214C 的可选槽内，如图 1-24 所示。信号板 SB1232 为模拟量输出信号板，订货号为"6ES7 232-4HB30-0XB0"，其默认的地址为"AQ80"。

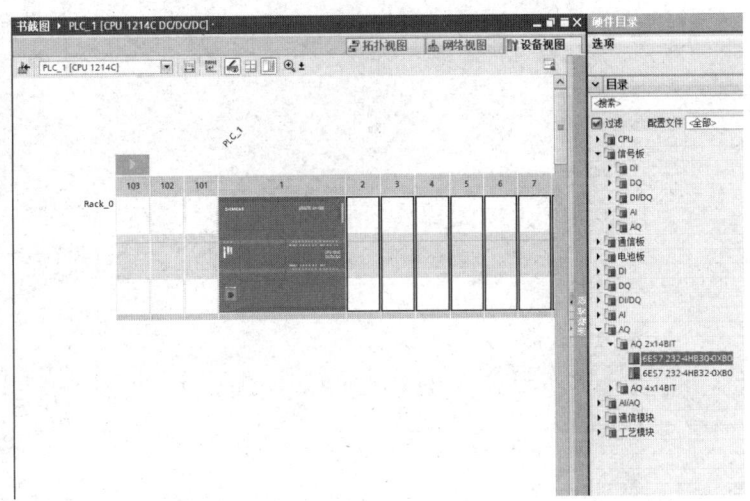

图 1-23　通信模块

图 1-24　插入信号板

（5）设置 IP 地址。选择 CPU，再单击选择检查器窗口的"属性"选项卡，在"常规"选项中配置网络，如图 1-25 所示。单击"添加新子网"按钮，将 IP 地址改为"192.168.0.1"，子网掩码为"255.255.255.0"。

**注意**　与其他 PLC 通信时，两个 PLC 网址的前 3 个字节应相同，最后 1 个字节不同。

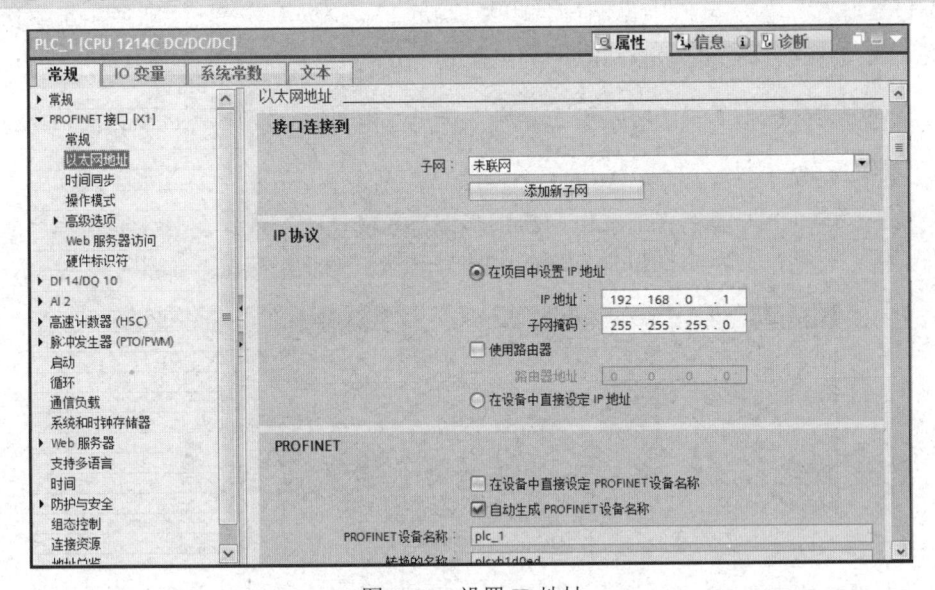

图 1-25　设置 IP 地址

（6）硬件组态下载。在项目树中，单击"PLC_1"，单击"下载"按钮，弹出如图 1-26 所示的下载界面，选择"PG/PC 接口类型"为"PN/IE"。"PG/PC 接口"为实际连接以太

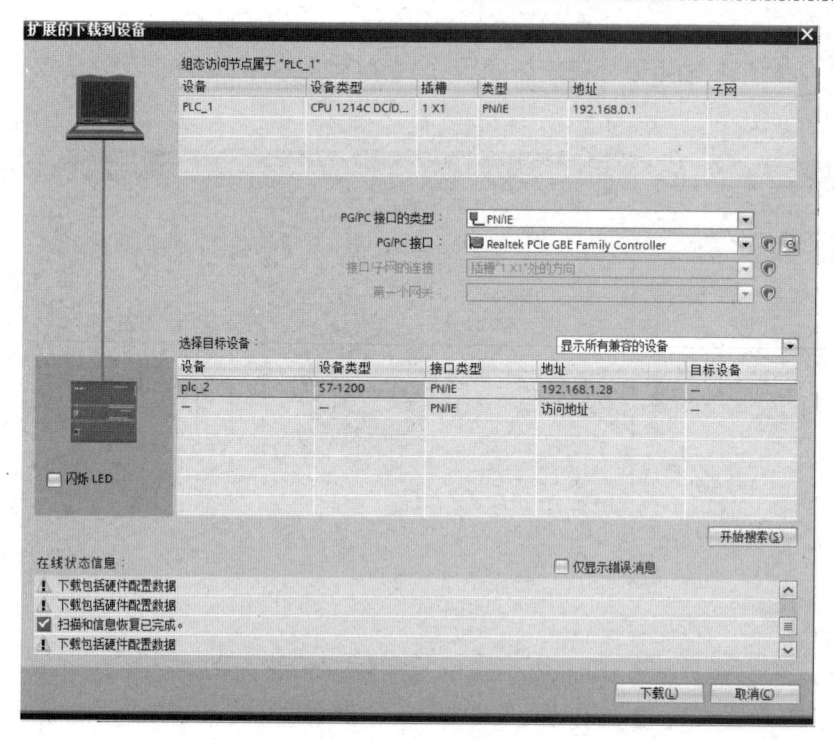

图1-26　下载界面

网的网卡名称,"接口/子网的连接"选择其中一项都可以,再找到"PLC_1",单击"下载"按钮。在下载过程中,根据要求选择"停止 PLC",下载后启动 PLC。下载完成后,如各个设备都显示为绿色,则说明硬件组态成功,若不能正常运行,则说明组态错误,可使用 CPU 的在线诊断工具进行诊断与排错。

**注意**　若硬件版本不同,可能会引起下载失败,可在线访问检查硬件版本。

### 3. 编辑变量

在 S7-1200 CPU 的编程理念中,特别强调符号变量的使用。在开始编写程序前,用户应当为输入、输出、中间变量定义相应的符号名称,也就是标签,如图1-27所示。

图1-27　变量定义

具体步骤:先在 PLC 变量表中声明变量,再在程序编辑器中定义和改变 PLC 变量。

### 4. 编辑程序

单击项目视图左下角的"Portal 视图"图标,切换到博途视图,如图1-28所示,选

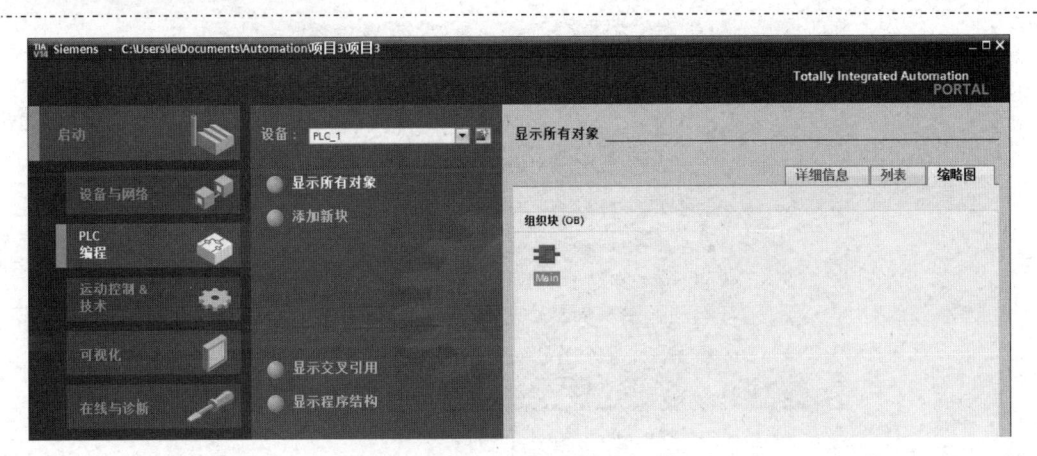

图 1-28 编辑主程序

择"PLC 编程"项,双击对象列表中的"Main",打开项目视图中的主程序,进入 Main[OB1]编辑界面如图 1-29 所示。

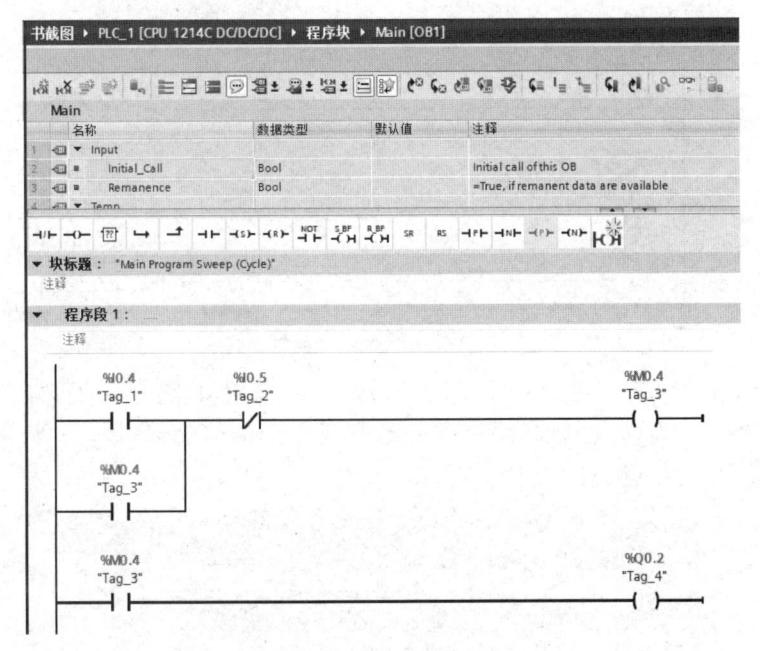

图 1-29 编辑界面

### 5. 下载程序

选择程序块,单击"下载",在下载页面中选择"停止模块"为"全部停止",单击"装载"按钮,如图 1-30 所示。

### 6. 调试程序

1)程序运行监视

单击工具栏的"转到在线"图标按钮,单击"启用/禁用监视"图标按钮,如图 1-31 所示。

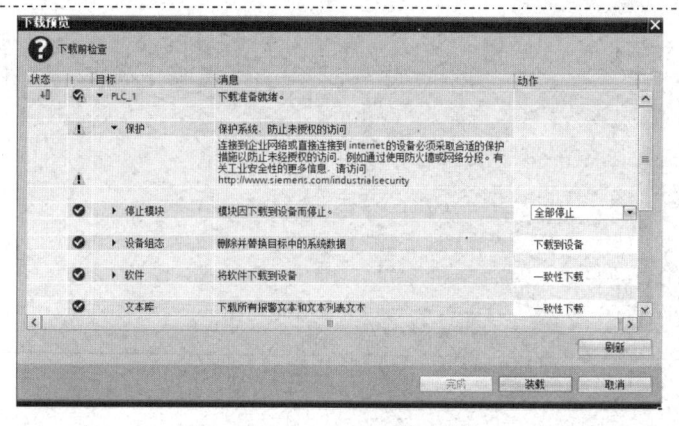

图 1-30 下载程序

图 1-31 程序运行监视

在硬件设备上,按下"启动"按钮 I0.4,常开触点 I0.4 闭合,有能流流过 Q0.2 线圈,Q0.2 为"1";当释放 I0.4 后,常开触点断开,但能流通过与之并联的常开触点 Q0.2,使 Q0.2 保持得电状态,如图 1-32 所示。

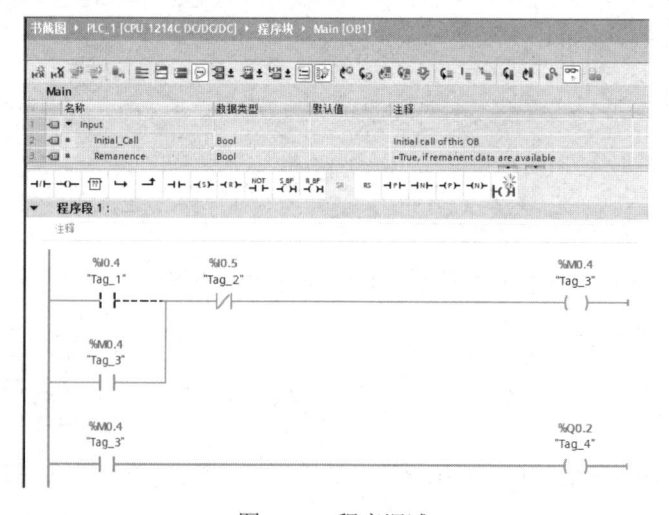

图 1-32 程序调试

## 2）用监控表监视和修改变量

在项目视图中，选择 PLC_1 项目树下的"监控与强制表"，双击"添加新监控表"，则自动建立并打开一个名称为"监控表 1"的监控表，将 PLC_1 的变量名称输入到监控表的变量"名称"列，则该变量名称所对应的地址和数据类型将自动生成。单击工具栏的"全部监视"按钮，则在监控表格中显示所输入地址的监视值，如图 1-33 所示，监视变量的值为"1"（TRUE），对应颜色为绿色（图 1-34 中第 3、4 行），监视变量的值为"0"（FALSE），对应颜色为灰色（图 1-34 中第 1、2 行）。

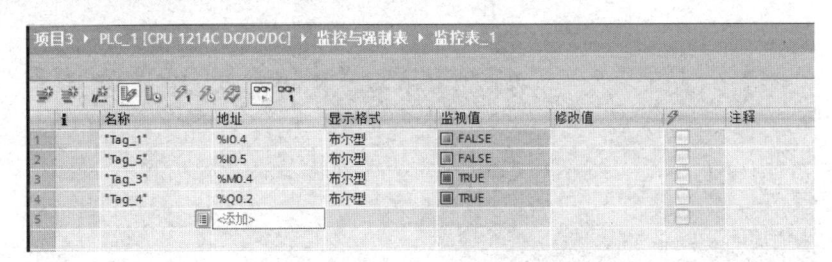

图 1-33 监控表格中的监视值

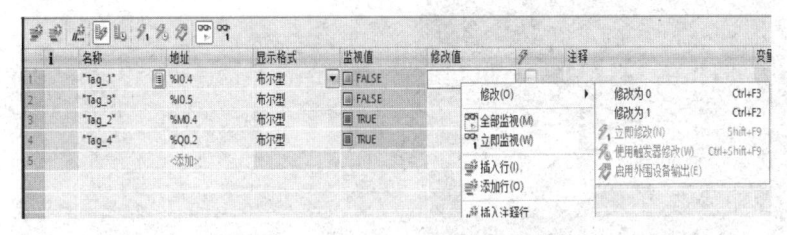

图 1-34 监控表中修改变量的值

用监控表监视和修改变量，同样也可以在"修改值"列中对一些变量的值进行修改。选中需要修改的变量，单击工具栏的"一次性修改所有值"按钮，然后单击"立即一次性修改选中变量"按钮；或者用鼠标右键单击（简称右击）后在弹出的快捷菜单中选择"修改"项的"立即修改"命令，可对变量的值都进行修改，如图 1-34。图 1-35 所示为监控与强制表，可方便检测输出接线是否正确，强制测试完成后需要立即取消，否则会影响 PLC 正常运行。

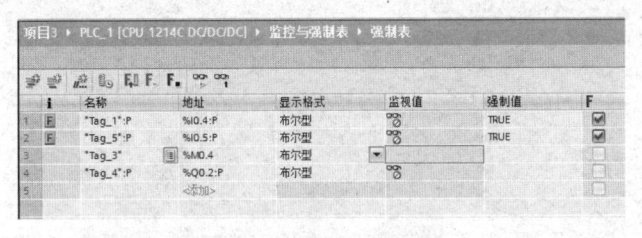

图 1-35 监控与强制表

扫一扫看博途软件中变量表的使用微视频

**小贴士** 在 RUN 模式不能改变 I 区分配给硬件的数字量输入点的状态，因为它们的状态取决于外部输入电路的通断状态。

## 7. 上传项目

有时需要将在线 PLC 中的程序和硬件组态上传到编程设备中，上传项目的步骤如下。

1）上传硬件配置

打开博途软件，创建一个新项目，命名项目名称和存储途径，进入项目视图；添加一个新设备，选择"非特定的CPU1200"项，而不选择具体的CPU，如图1-36所示；执行"在线"命令，选择"硬件检测"命令项，打开"PLC_1 的硬件检测"对话框，选择目标子网中"设备"列的"PLC_1"，单击"检测"按钮，如图1-37所示，则CPU和所有模块的组态信息（SM\SB\CM）将被上传。在线PLC的IP地址也将被上传，但不会上传其他配置（如模拟量I/O的属性），必须在设备视图中手动组态CPU和各模块的配置。

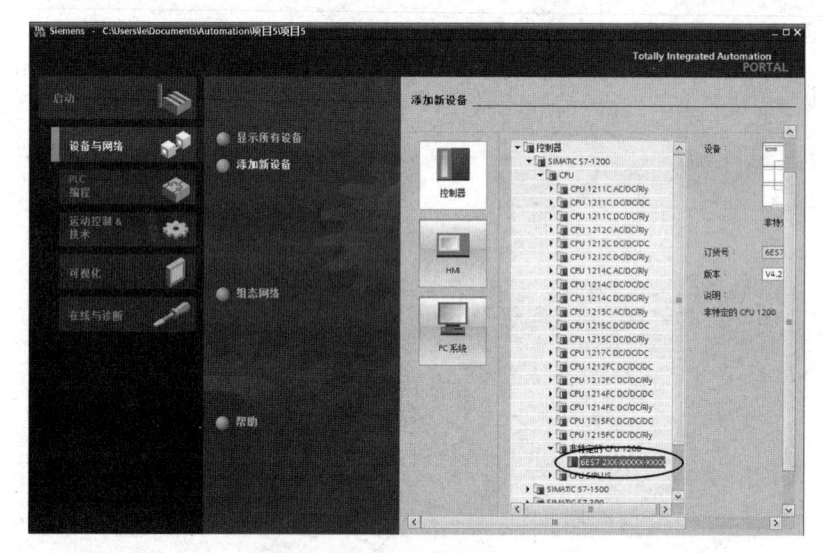

图1-36　添加新设备

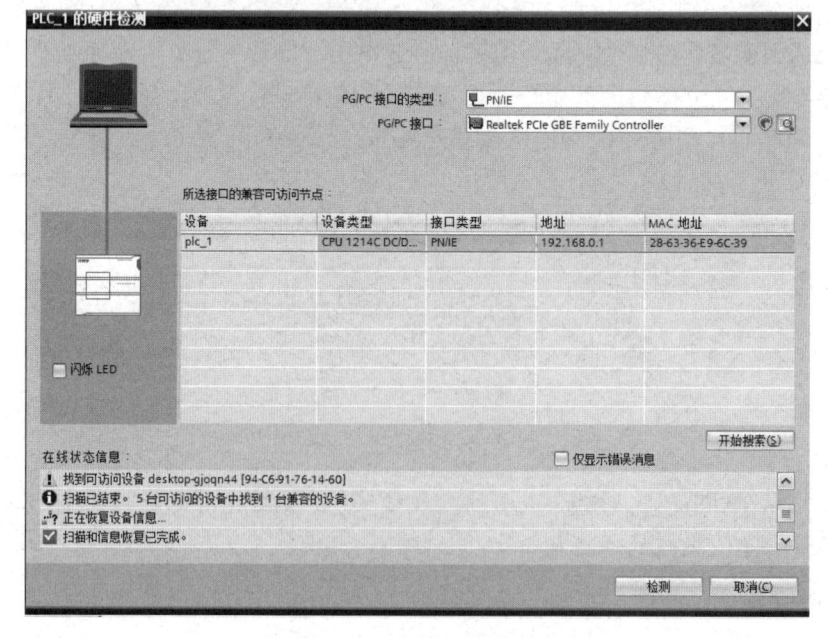

图1-37　上传硬件配置

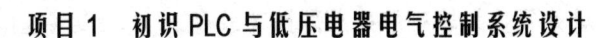

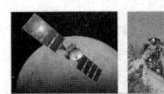

2）上传程序

在工具栏单击"转到在线"按钮，这时"上传"工具有效。

单击"上传"按钮，打开如图 1-38 所示的"上传预览"对话框，单击"从设备中上传"按钮，即可将程序全部上传到项目中。

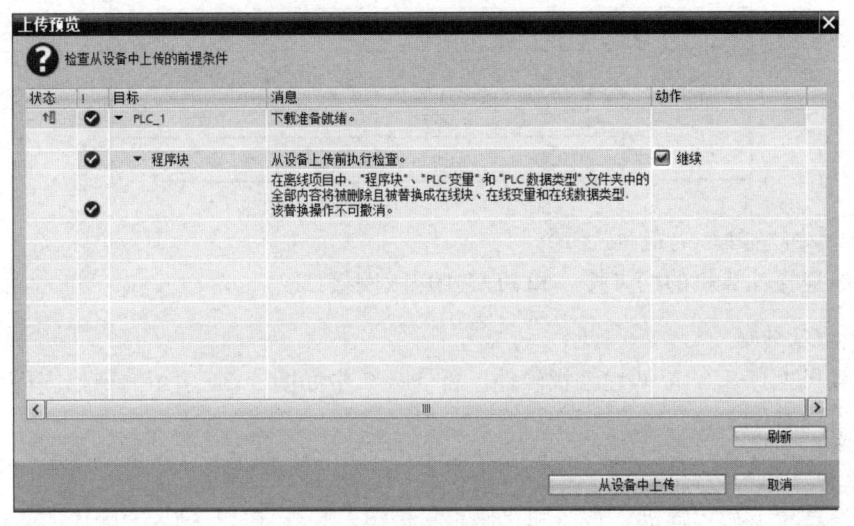

图 1-38  上传程序

**小思考**

（1）如何修改 PLC 的 IP 地址？计算机与 PLC 连接的注意事项有哪些？

（2）如何添加、复制和删除程序段？怎样切换程序的编程语言？

扫一扫看小思考参考答案

## 实训 1　西门子 S7-1200 PLC 的认知与应用

### 1. 实训目的

（1）认识 S7-1200 系列 PLC 并掌握 PC 与 PLC 的连接方法，能够将 PC 与 PLC 进行连接；

（2）掌握 PLC 输入/输出端子的分布及接线方法，能够将按钮、开关量传感器以及输出器件等与 PLC 输入/输出端口进行连接；

（3）掌握 TIA 博途软件的使用方法，熟练运用软件进行程序编写和调试。

### 2. 实训器材

（1）可编程控制器 1 台（CPU 1214C DC/DC/DC），按钮开关 2 个，指示灯 4 个；

（2）电工常用工具 1 套以及连接导线若干。

### 3. 实训步骤

1）输入/输出接线

请参考图 1-10 CPU 1214C DC/DC/DC，完成表 1-2 的 I/O 分配并接线。

表 1-2　I/O 分配

| 类别 | 元件 | I/O 编号 | 备注 |
|---|---|---|---|
| 输入 | SB1 | I0.4 | "启动"按钮，常开触点 |
|  | SB2 | I0.5 | "停止"按钮，常开触点 |
| 输出 | HL1 | Q0.2 | 指示灯 1（红色） |
|  | HL2 | Q0.3 | 指示灯 2（黄色） |
|  | HL3 | Q0.4 | 指示灯 3（绿色） |
|  | HL4 | Q0.5 | 指示灯 4（紫色） |

2）计算机与 PLC 的连接

用网线连接计算机的网卡接口和 PLC 的以太网接口。

3）编程及传送

在计算机上打开 TIA 博途编程软件，将任务 7 中如图 3-31 所示的梯形图程序输入计算机，并传送给 PLC。

4）监视及控制

在实训装置上按"启动"按钮和"停止"按钮，观察 PLC 输入与输出的指示灯状态并记录下来。

### 4. 实训结果分析及考核评价

（1）如计算机无法与 PLC 连接，原因可能有：PLC 电源没有打开，网线没有插好，设备版本号错误等。

（2）可以通过 TIA 博途编程软件的监控界面对 PLC 中的各种元件进行监视和控制。

（3）根据学生在训练过程中的表现，给予客观评价，填写实训评价表 1-3。

表 1-3　实训评价

| 考核内容及依据 | 考核等级（在相应括号中打√） | | | 备注 |
|---|---|---|---|---|
| 接线与工艺（接错两根线以上时不能参加考核）<br>等级考核依据：学生接线工艺和熟练程度 | 优<br>（　　） | 良<br>（　　） | 中<br>（　　） | 占总评 1/3 |
| 电路检查：检查方法、步骤、工具的使用<br>（本项内容都会应，否则不能参加考核）<br>等级考核依据：学生熟练程度 | 优<br>（　　） | 良<br>（　　） | 中<br>（　　） | 占总评 1/3 |
| 通电调试：调试步骤（本项内容都应会，否则不能参加考核）<br>等级考核依据：学生操作过程的规范性和学习状态 | 优<br>（　　） | 良<br>（　　） | 中<br>（　　） | 占总评 1/3 |
| 总评<br>（3 项都为优时总评才能为优，以此类推评判良和中） | | | | 手写<br>签字 |

### 5. 实训思考

你能发现上述实训指示灯的闪烁规律吗？如何去改变指示灯的闪烁规律？

给 PLC 供电的元器件是低压电器吗？你知道德国有条"正泰大道"吗？

## 1.5 常用的低压电器控制元件

低压电器是一种能够根据外界的信号和要求,手动或自动接通、断开电路,改变电路参数,以实现电路或非电对象的切换、控制、保护、检测、变换和调节的电气设备。一般认为工作在交流 1 200 V 及直流 1 500 V 及以下电路中的电器称为低压电器。

通常低压电器主要用于配电传送、保护和控制电气传动系统。图 1-39 是一个最简单、最原始的控制电动机的电气系统,当操作人员向上推动闸刀手柄,闸刀 QS 闭合。三相交流电通过闸刀向电动机供电,电动机上电后转动。当操作人员向下拉回闸刀手柄,闸刀 QS 断开,通向电动机的三相交流回路被切断,电动机惯性停车,逐渐停止转动。

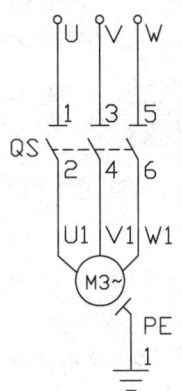

图 1-39 刀开关直接启动三相异步电动机

### 1.5.1 电磁式低压电器的基本结构

低压电器一般包含感受和执行两个部分,感受部分感受外界信号并做出反应,在自动控制电器中感受部分大多由电磁机构组成,在手动电器中感受部分通常为电器的操作手柄;执行部分根据指令,执行接通和断开电路的任务。电磁式低压电器的基本结构,大多由三个部分组成:电磁机构、触点系统和灭弧系统。

**1. 电磁机构**

常用的电磁机构主要由铁芯、衔铁和线圈组成。按照通过线圈的电流种类分为交流电磁机构和直流电磁机构;按电磁机构的形状分为 E 形和 U 形两种;按衔铁的运动形式分为拍合式和直动式,如图 1-40 所示,其中图(a)为衔铁沿棱角转动的拍合式铁芯,铁芯材料为电工软铁,主要用于直流电器中;图(b)为衔铁沿轴转动的拍合式铁芯,主要用于触头容量大的交流电器中;图(c)为衔铁直线运动的双 E 形直动式铁芯,多用于中、小容量的交流电器中。

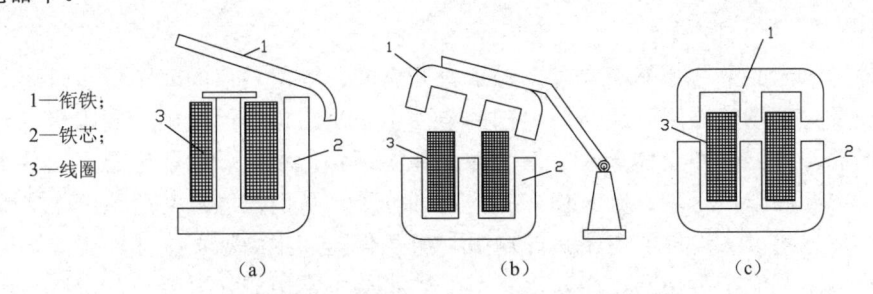

1—衔铁; 2—铁芯; 3—线圈

图 1-40 常用的电磁机构的组成

直流电磁机构的铁芯为整体结构,以增加磁导率和散热。交流电磁机构的铁芯采用硅钢片叠制而成,目的是减少铁芯中产生的涡流发热。交流电磁机构的铁芯有短路环,以防止电流过零时电磁吸力不足产生的衔铁振动。线圈由导电材料绕制而成,为用来产生电磁势的电磁机构部件，按接入线圈电源种类的不同，可分为直流线圈和交流线圈。

电磁机构的工作原理：当线圈中有工作电流通过时，通电线圈产生磁场，于是电磁吸力克服弹簧的反作用力使得衔铁与铁芯吸合，衔铁运动通过连接机构带动相应的触点动作，来完成控制线路的接通或断开。

> **注意** 为保证电磁式电器在使用中正常、可靠地工作，需给电磁系统中的线圈施加额定工作电压，不能过高或过低。

### 2. 触点系统

触点是用来接通和断开电路的，其结构形式有很多种，常见的有点接触、线接触和面接触三种。点接触触点，其允许通过的电流较小，常用于继电器或辅助触点；线接触和面接触时，两者允许通过的电流较大，如刀开关、接触器主触点等。为了使触点接触得更加紧密，以减小接触电阻，并消除开始接触时产生的振动，在触点上装有接触弹簧，在刚刚接触时产生初始触点压力，并且随着触点的闭合增大触点压力。

触点按原始状态分为常开触点和常闭触点。当线圈不通电时，触点分开的称为常开触点（NO），触点闭合的称为常闭触点（NC）。触点按控制的电路分为主触点和辅助触点。主触点用于接通和断开主电路，允许通过较大的电流。辅助触点用于接通和断开控制电路，只允许通过较小的电流。

触点的电气图形符号（常称图形符号）可水平或竖直状态绘制。水平状态绘制的触点图形符号如图 1-41 所示。当触点需要竖直绘制时，将图形符号按顺时针方向旋转 90°后绘制即可。

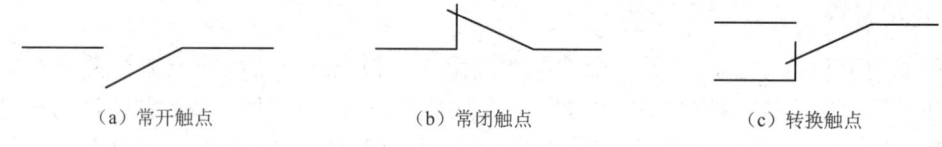

(a) 常开触点　　(b) 常闭触点　　(c) 转换触点

图 1-41　触点图形符号的绘制

在控制电器实物上，电器触点的接线端子一般都有代号。在通常情况下，触点端子代号尾数为 3、4 表示是常开触点，尾数为 1、2 表示是常闭触点。

### 3. 灭弧系统

当一个较大电流的电路突然断电时，触点分开瞬间，因两触点的间距极小、电场强度极大，在高热及强电场的作用下，金属内部的自由电子从阴极表面逸出奔向阳极，自由电子在电场中运动时撞击中性气体分子并使之激励和游离，产生正离子和电子，这些电子在强电场作用下继续向阳极运动，同时撞击其他中性分子，从而在触点间缝中产生大量的带电粒子，使气体导电形成炽热的电子流即电弧。电弧伴随产生高温、高热和强光，常会烧毁触点，造成电路不能正常切断、引起火灾或其他事故。常用的灭弧方法：窄缝灭弧、栅片灭弧和磁吹灭弧等。

（1）窄缝灭弧：在电弧形成的磁场、电场作用下，将电弧拉长进入灭弧罩的窄缝中，使其分成数段并迅速熄灭，主要用于交流接触器中。

（2）栅片灭弧：电弧在电场力的作用下被推入一组金属栅片而被分成数段，彼此绝缘

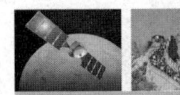

的金属片相当于电极,因而就有许多阴阳极压降。对交流电弧来说,在电弧过零时使电弧无法维持而熄灭,交流接触器常用栅片灭弧。

(3) 磁吹灭弧:在一个与触点串联的磁吹线圈产生的磁力作用下,电弧被拉入且被吹入由固体介质构成的灭弧罩内,电弧被冷却熄灭。

### 1.5.2 熔断器和低压断路器

在闸刀控制电动机启停的电气系统中,当电动机出现过载或电网电压出现波动时,可能会烧毁电动机或配电线路,所以在控制电动机的电路中,通常会加入一些低压配电器件来做保护。下面介绍最常用的两种配电器件——熔断器和低压断路器。

#### 1. 熔断器

熔断器在电路中起保护作用,用于防止电路中持续出现较大的电流。使用时,熔断器的熔体部分串联在被保护的电路中。熔断器是一种结构简单、体积小、使用维护方便的保护电器,广泛用于照明电路中的过载和短路保护及电动机电路中的短路保护。熔断器主要由熔体(熔丝或熔片)和安装熔体的外壳两部分组成,起保护作用的是熔体,其外形和图形符号如图1-42所示。

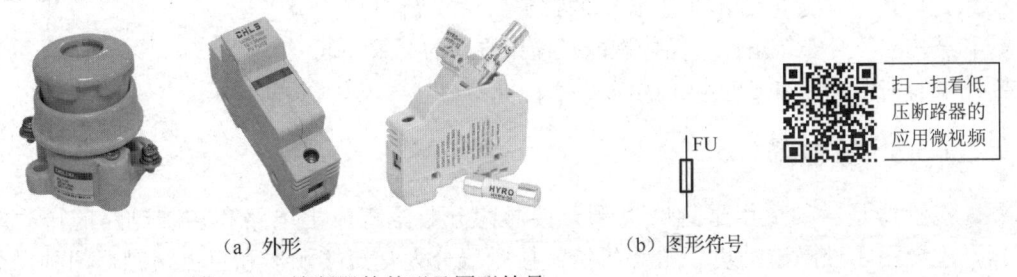

(a) 外形　　　　　　　　　(b) 图形符号

图1-42　熔断器的外形及图形符号

#### 2. 低压断路器

低压断路器又称为自动开关、空气开关,用于不频繁地启动电动机和对供电线路及电动机等进行保护,当发生严重的过载、短路和欠电压等故障时能自动切断电路,在分断故障电流后一般不需要更换零件。

1) 低压断路器的结构和工作原理

低压断路器主要由三个基本部分组成:触点、灭弧系统和各种脱扣器。脱扣器包括过电流脱扣器、失压(欠电压)脱扣器、热脱扣器等。图1-43(a)是低压断路器的外形。

工作原理如图1-43(b)所示。图中触点2有三对,串联在被保护的三相主电路中,由于搭钩钩住锁键,使主触点保持闭合状态。当线路正常工作时,过电流脱扣器6所产生的电磁吸力不能将衔铁8吸合,只有当电路发生短路时,其电磁吸力才能将衔铁8吸合,撞击杠杆7,顶开搭钩4,在弹簧的作用下切断主触点2,实现短路保护。当电路上的电压下降或失去电压时,欠电压脱扣器11的电磁吸力小于弹簧9的拉力,衔铁10被弹簧9拉开,衔铁撞击杠杆7使搭钩顶开,切断主触点2,实现失压保护。当线路发生过载时,过载电流通过热脱扣器的发热元件13而使双金属片12受热弯曲,杠杆7顶开搭钩,使触点断开,从而起到过载保护的作用。

(a) 外形　　　　(b) 工作原理

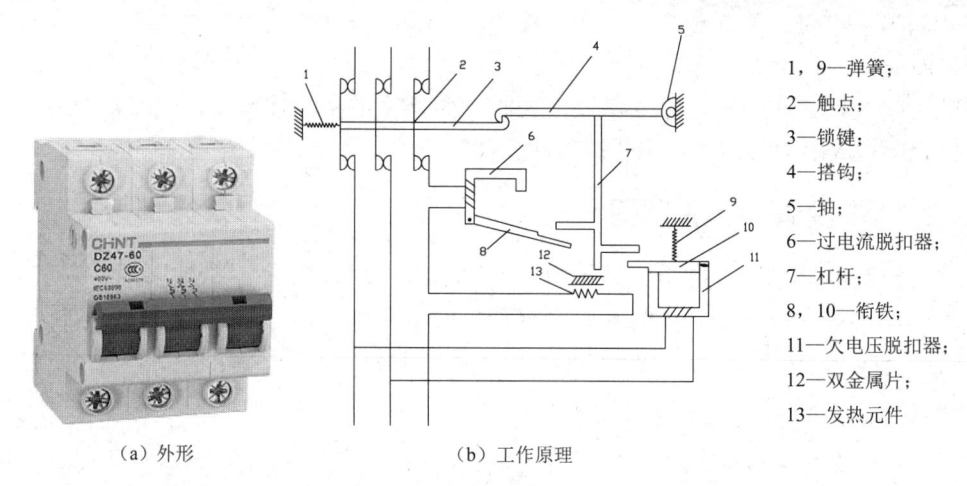

1, 9—弹簧；
2—触点；
3—锁键；
4—搭钩；
5—轴；
6—过电流脱扣器；
7—杠杆；
8, 10—衔铁；
11—欠电压脱扣器；
12—双金属片；
13—发热元件

图 1-43　低压断路器的外形和工作原理

2）选型要求及图形符号

低压断路器的选型要求：额定电压不小于安装地点电网的额定电压，额定电流不小于长期通过的最大负荷电流，极数和结构应符合安装条件、保护性能及操作方式的要求。低压断路器的图形符号如图 1-44 所示，文字符号为 QF。

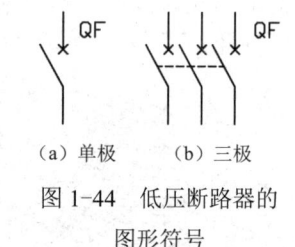

(a) 单极　　(b) 三极

图 1-44　低压断路器的图形符号

## 1.5.3　接触器

接触器是一种适用于远距离频繁接通和分断交直流主电路和控制电路的自动控制电器，主要用于控制电动机、电焊机等。接触器分为交流接触器和直流接触器两种。交流接触器用于交流电路，直流接触器用于直流电路。下面介绍交流接触器的结构和工作原理。

### 1. 结构

交流接触器是一种典型的电磁式电器，如图 1-45 所示，其结构主要由电磁机构、触点系统、灭弧装置、释放弹簧及基座等部分组成。电磁机构包括线圈、静铁芯、衔铁（动铁芯）；触点系统包括用于接通、切断主电路的主触点和用于控制电路的辅助触点；灭弧装置用于迅速切断主触点断开时产生的电弧（电流在 20 A 以上），对于容量较大的交流接触器装有灭弧栅进行灭弧。

### 2. 工作原理

接触器是利用电磁铁吸力及弹簧反作用力配合动作、使触头接通或断开的。当交流接触器线圈通电后，铁芯被磁化，吸引衔铁向右运动，使得主触点闭合，辅助常闭触点断开，辅助常开触点闭合。当线圈断电时，磁力消失，在弹簧的反作用下，衔铁回到原来位置，也就使触点恢复到原来状态如图 1-45（b）所示。

### 3. 选型要求

接触器的选型要求：接触器主触点的额定电压应大于或等于负载额定电压；接触器主触点的额定电流应等于或稍大于实际负载额定电流；接触器线圈的电压与频率应与控制电

(a) 外形　　　　　　　　　　(b) 结构示意

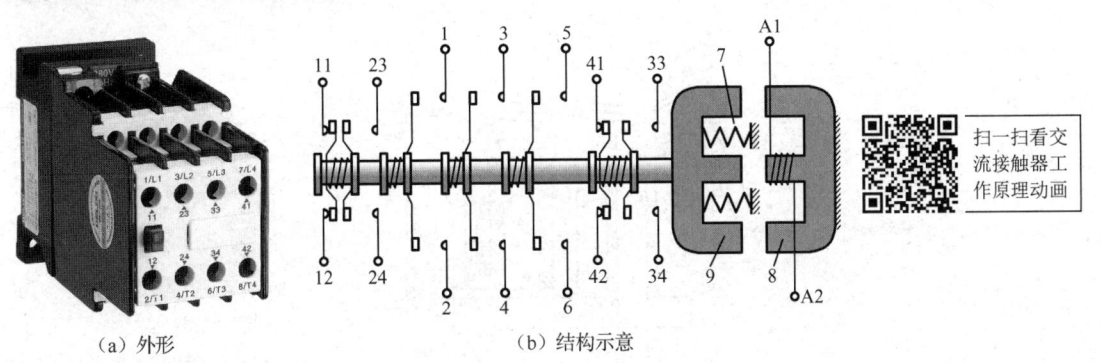

1/2、3/4、5/6—主触点；11/12、23/24、33/34、41/42—辅助触点；7—复位弹簧；8—静铁芯；9—衔铁；A1/A2—线圈；

图 1-45　交流接触器的外形和结构示意

路的电源电压和频率一致；接触器的触点数量、种类应满足控制电路的要求；操作频率（每小时的触点通断次数）应高于用电设备的实际操作频率；当通断电流较大及实际通断频率超过规定数值时，应选用额定电流大一级的接触器型号。

接触器的图形符号如图 1-46 所示，文字符号为 KM。

线圈　　主触点　　辅助常开触点　　辅助常闭触点

图 1-46　接触器的图形符号

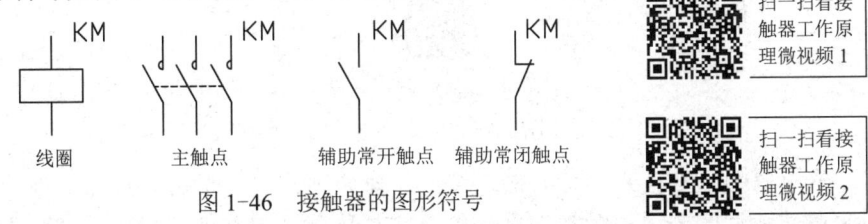

图 1-45（a）为正泰 CJ20 接触器，顶盖上标有端子标号，线圈为 A1、A2，主触点 1/L1、3/L2、5/L3、7/L4 为接电源侧，2/T1、4/T2、6/T3、8/T4 为接负载侧。辅助触点用两位数表示，前一位是辅助触点顺序号，后一位的 1、2 表示常闭触点，3、4 表示常开触点。例如，端子标号为 11 和 12、41 和 42 的辅助触点是接触器的两对辅助常闭触点，为 23 和 24、33 和 34 的触点是接触器的两对辅助常开触点。

### 1.5.4　继电器

继电器是一种根据某种输入信号的变化，接通或断开控制电路的电器。其输入信号可以是电流、电压等电量，或者是温度、时间、速度、压力等非电量。继电器主要是用来接通或分断小电流控制电路的电器，因此同接触器相比较，继电器的触点允许通过的电流小，没有灭弧装置，可在电量或非电量的作用下动作，不分主、辅触点。继电器的种类很多，下面介绍常用的电磁式继电器、时间继电器、热继电器等。

#### 1. 电磁式继电路

电磁式继电器由电磁机构和触点系统组成，结构示意如图 1-47 所示。当线圈通电后，线圈的励磁电流就产生磁场，从而产生电磁吸力吸引衔铁，一旦电磁力大于弹簧反作用力，衔铁就向下运动，并带动与之相连的触点向下移动，使常闭触点断开、常开触点闭合；当切断线圈电源，磁场消失，衔铁在弹簧反作用力的作用下回到初始位置，常闭触点闭合、常开触点断开。电磁式继电器的种类很多，如电压继电器、中间继电器、电流继电

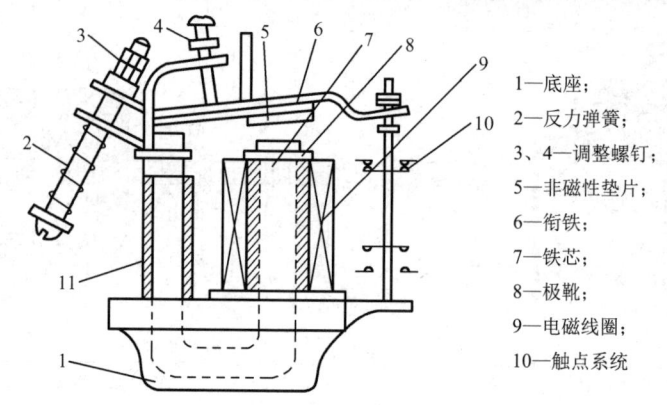

1—底座；
2—反力弹簧；
3、4—调整螺钉；
5—非磁性垫片；
6—衔铁；
7—铁芯；
8—极靴；
9—电磁线圈；
10—触点系统

图 1-47　电磁式继电器的结构

器等。中间继电器应用比较多，其外形与图形符号如图 1-48 所示，文字符号为 KA。

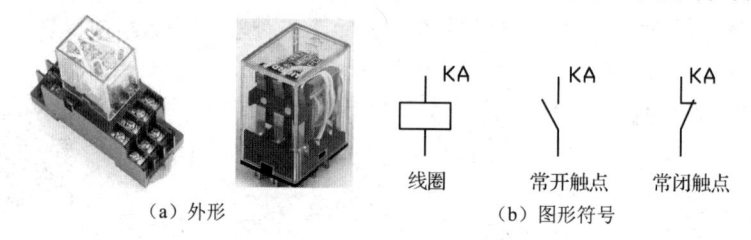

（a）外形　　　　（b）图形符号

图 1-48　中间继电器的外形和图形符号

继电器的主要技术参数有额定电压、额定电流、线圈额定电压、触点数量及形式。选用时要注意线圈的电流种类和电压等级应与控制电路一致。另外，要根据控制电路的需求来确定触点的形式和数量。

### 2. 时间继电器

时间继电器是电路中控制动作时间的继电器，是一种利用电磁原理或机械动作原理来实现触点延时接通或断开的控制电器。

时间继电器按延时方式分为通电延时和断电延时两种。所谓通电延时，是线圈通电时触点延迟一定的时间动作，即常开触点延时闭合，常闭触点延时断开，线圈断电时，触点瞬时复位。所谓断电延时，是线圈通电时触点瞬时动作，线圈断电时，触点延时复位，即常开触点延时断开，常闭触点延时闭合。

时间继电器的图形符号如图 1-49 所示，文字符号为 KT。

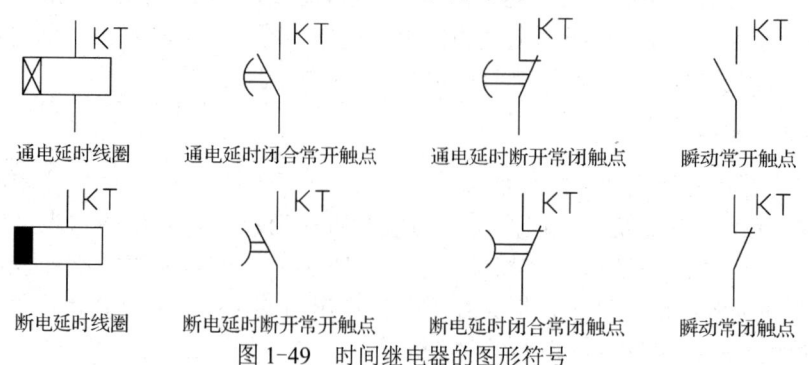

通电延时线圈　　通电延时闭合常开触点　　通电延时断开常闭触点　　瞬动常开触点

断电延时线圈　　断电延时断开常开触点　　断电延时闭合常闭触点　　瞬动常闭触点

图 1-49　时间继电器的图形符号

## 3. 热继电器

热继电器就是利用电流的热效应原理，在电动机过载时切断电动机电路，是为电动机提供过载保护的电器。电动机在实际运行中，经常会遇到过载的情况。若过电流不严重且持续时间较短，电动机绕组温升不超过允许值，这种过电流是允许的。如果过电流大且持续时间长，电动机绕组的温升就会超过允许值，这将会加剧绕组的绝缘层老化，缩短电动机的使用寿命，严重时会烧毁电动机。

热继电器主要由热元件、双金属片和触点三部分组成，结构示意如图 1-50 所示，图中热元件 3 是一段电阻丝，接在电动机的主电路中。双金属片 2 由两种不同线膨胀系数的金属用机械碾压方式碾压而成，其中右边金属的膨胀系数大、左边的小。当电动机过载时，流过热元件的电流增大，热元件产生的热量使双金属片中右边金属的膨胀变长速度大于左边金属的膨胀速度，从而使金属片向左弯曲。经过一定时间后，弯曲位移增大，推动导板 4，并通过补偿双金属片 5 与推杆 14 使热继电器的常闭触点 6 和 9 断开，常开触点 7 和 9 闭合，常闭触点是串接在电动机的控制电路中，控制电路断开使接触器的线圈断电，从而断开电动机的主电路。

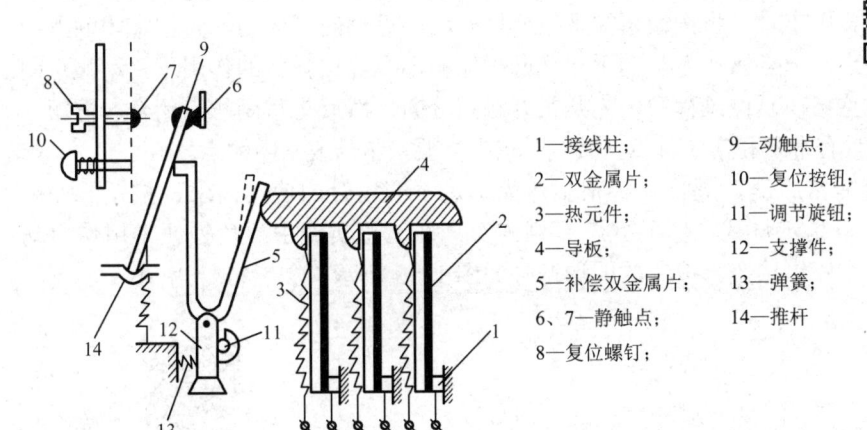

1—接线柱； 9—动触点；
2—双金属片； 10—复位按钮；
3—热元件； 11—调节旋钮；
4—导板； 12—支撑件；
5—补偿双金属片； 13—弹簧；
6、7—静触点； 14—推杆
8—复位螺钉；

图 1-50 热继电器的结构示意

若要使热继电器复位，则按下复位按钮即可。由于热继电器中发热元件有热惯性，在电路中不能做瞬时过载保护，更不能做短路保护。因此，在电动机启动或短时过载时，热继电器也不会动作，这可避免电动机不必要的停车。

热继电器的图形符号如图 1-51 所示，文字符号为 FR。

热元件　　　常闭触点　　　常开触点

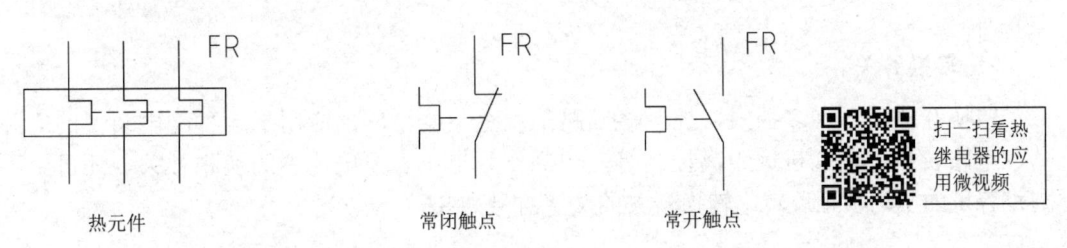

图 1-51 热继电器的图形符号

热继电器动作电流的整定主要根据电动机的额定电流确定，整定电流是指热继电器长期不动作的最大电流，超过此值即动作。一般过载电流是整定电流的 1.2 倍时，热继电器的动作时间小于 20 min；过载电流是整定电流 1.5 倍时，热继电器的动作时间小于 2 min；过载电流是整定电流的 6 倍时，动作时间小于 5 s。热继电器的整定电流通常与电动机的额定电流相等或者额定电流的 0.95 倍～1.05 倍。如果电动机拖动的是冲击性负载或电动机的启动时间较长时，热继电器的整定电流要比电动机的额定电流高一些。对于过载能力较差的电动机，则热继电器的整定电流适当小些。

### 1.5.5 主令电器及其他电器

主令电器是用来切换控制电路，即用来控制接触器、继电器等电器的线圈得电与失电，从而控制电力拖动系统的启动与停止。由于它是用于发布控制命令的电器，因此称为主令电器。主令电器按其作用可分为：按钮、转换开关、行程开关、接近开关、光电开关等。

**1. 按钮**

按钮的结构主要由按钮帽、复位弹簧、桥式动触点、常开触点、常闭触点等组成，结构示意如图 1-52 所示。操作时，将按钮帽往下按，桥式动触点就向下运动，先把常闭触点分断，再把常开触点接通。一旦操作人员的手指离开按钮帽，在复位弹簧的作用下，动触点向上运动，恢复初始位置。在复位过程中，先是常开触点分断，然后是常闭触点闭合。按钮一般都是复合触点，即具有常开和常闭触点，接线时根据需要接常开或常闭触点。

按钮的使用场合非常广泛，规格品种很多。为满足不同场合的使用需求，按钮的外观也有多种，如旋转式、指示灯式、紧急式、带锁式等。在工程实践中绿色按钮常用作启动按钮，红色按钮常用作停止按钮。按钮的图形符号如图 1-53 所示，文字符号为 SB。

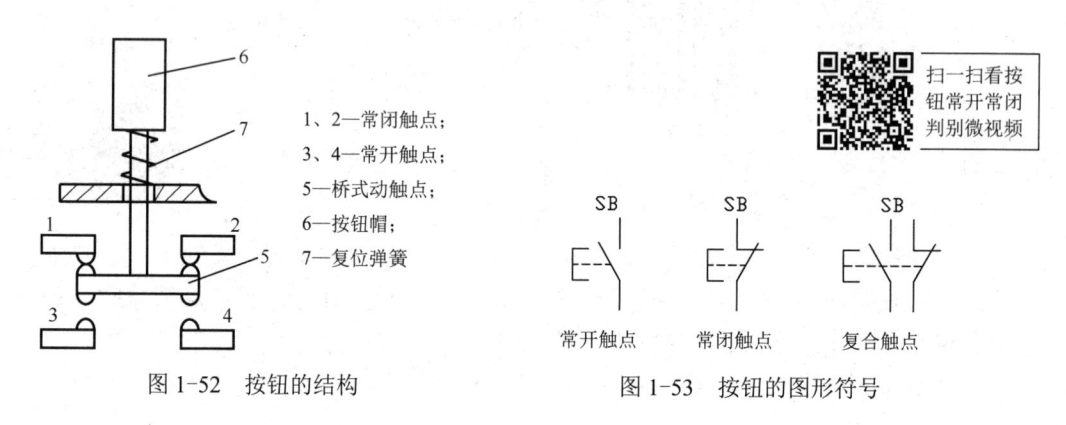

图 1-52 按钮的结构

图 1-53 按钮的图形符号

**2. 转换开关**

转换开关是一种多挡式、控制多回路的主令电器。广泛应用于各种配电装置的电源隔离、电路转换、电动机远距离控制等，也常作为电压表、电流表的换相开关，还可用于控制小容量的电动机正反转。转换开关的文字符号为 SA。

## 3. 位置开关

位置开关（又称限位开关或行程开关）其作用与按钮相同，是对控制电路发出接通或断开等指令的。位置开关是利用生产机械某些运动部件的碰撞来使触点动作的，从而控制生产机械的运动方向、速度、行程大小等。位置开关按其结构可分为直动式、滚轮旋转式和微动式三种，如图1-54、图1-55、图1-56所示，位置开关的图形符号如图1-57所示，文字符号为SQ。

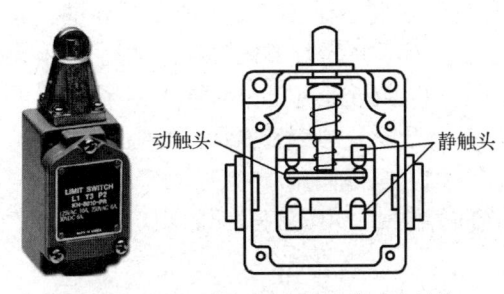

图1-54 直动式位置开关的外形和结构

图1-55 滚轮旋转式位置开关的外形 　　图1-56 微动式位置开关的外形 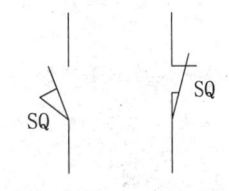　　图1-57 位置开关的图形符号

## 4. 接近开关

接近开关又称为无触点位置开关。当某种物体与之接近到一定距离时就发出动作信号，它不像机械行程开关那样需要施加机械力，而是通过其感辨头与被测物体间介质能量的变化来获取信号。接近开关按检测元件的工作原理可分为电感式、电容式、霍尔式等几种类型。不同类型的接近开关所能检测的被测物体不同。

接近开关的输出形式有两线、三线、四线三种，晶体管输出类型有NPN、PNP两种，外形有圆形、方形等多种。接近开关的实物如图1-58所示。

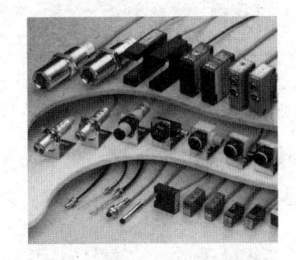

接近开关的图形符号如图1-59所示，文字符号为SQ。

图1-58 接近开关的实物

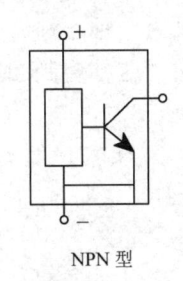

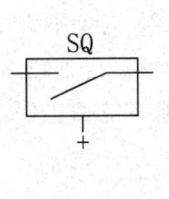

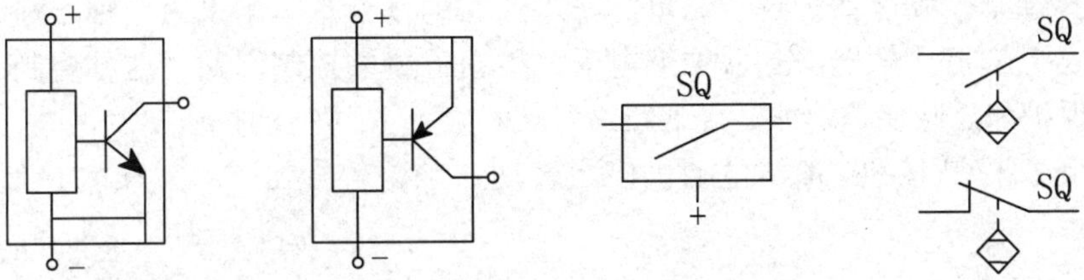

NPN型　　PNP型　　有源接近开关　　无源接近开关

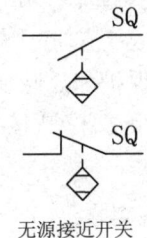

图1-59 接近开关的图形符号

## 5. 其他低压电器

在工业领域经常应用的低压电器还有很多种，如指示灯、蜂鸣器以及电磁阀等。

（1）指示灯（亦称为信号灯）在各类电器设备及电气线路中用作电源指示、运行指示、故障信号及其他指示用信号。指示灯的颜色有红、黄、绿、蓝、白五种，选用原则是按指示灯被接通（发光）或所反映的信息来选色，通常电源指示灯选用红色，运行指示灯选用绿色。指示灯的图形符号如图1-60所示。

（2）蜂鸣器用于正常的操作信号（如设备启动前的警示）和设备异常现象（如过载、漏油等故障）的声音提示。蜂鸣器的图形符号如图1-61所示。

（3）电磁阀用于液压、气动控制系统中，采用电磁控制操作方式，对回路进行通断、换向等控制，电磁阀线圈的图形符号如图1-62所示。

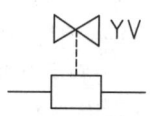

图1-60 指示灯的图形符号　　图1-61 蜂鸣器的图形符号　　图1-62 电磁阀线圈的图形符号

**练一练**　（1）请用万用表找出实训台中接触器的主触点、辅助常开触点和辅助常闭触点，根据实物记录和画出主触点和辅助触点。

（2）请用万用表的蜂鸣挡测一测热继电器的常开触点和常闭触点，并按下热继电器的测试按钮，观察万用表的变化情况。

（3）请以小组形式讨论热继电器能否用作短路保护，并说出原因。

（4）请绘制出十种以上常用低压电器的电气图形符号。

## 任务1　三相异步电动机的单向点动运行控制

### 1. 任务描述

在水池边要安装一台排水泵，排水泵装有一台小功率的三相异步电动机（额定电压380 V，额定功率5.5 kW，额定转速1 380 r/min，额定频率50 Hz），要让排水泵顺利排水。

### 2. 任务分析

对于小功率电动机运行控制的方法有很多种。最简单的是在电动机与供电电源之间用一只刀开关来连接控制，优点是成本低，这种方法仅适用于小功率电动机的近距离控制，不适合远距离控制，安全保护过于简单，在工业控制场合基本不采用这种方法。最常用的是采用断路器、交流接触器、热保护继电器、按钮构成的控制回路，这种控制回路具有较完善的短路保护和过载保护功能。合上断路器QF后，按下启动按钮SB，电机运转后水泵就可以排水了；松开按钮SB，电动机停止转动，水泵停止工作。其实物接线如图1-63所示。

### 3. 任务实施

1）工作原理

在继电器-接触器应用设计中应首先考虑主电路的设计，主电路是为电动机提供电能的通路，具有高电压、大电流的特点，主要由断路器、交流接触器、热继电器等器件组成。用继电器-接触器实现电动机单向点动运行控制的电路原理图，如图1-64所示。

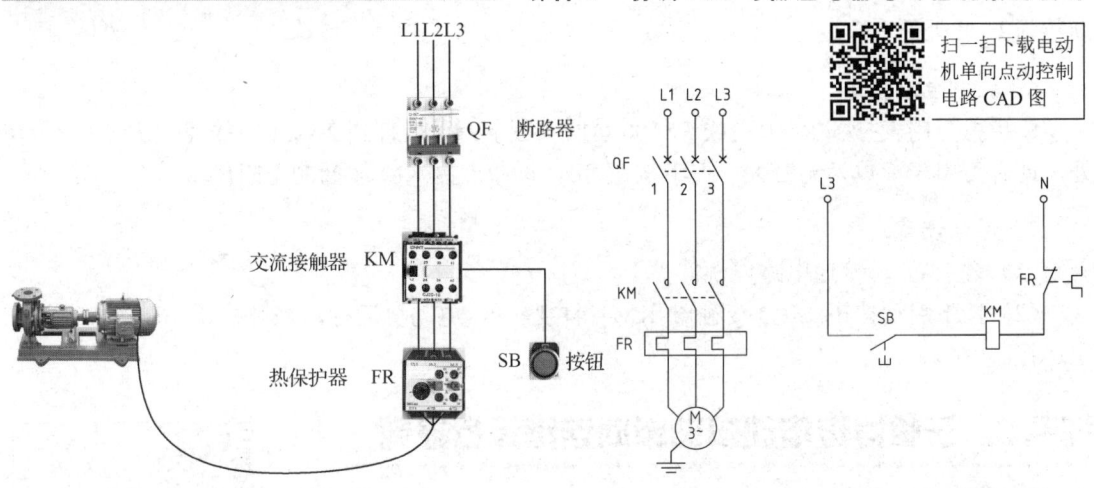

## 项目1 初识PLC与低压电器电气控制系统设计

图 1-63 实物接线　　　　图 1-64 电动机单向点动运行控制电路

按下启动按钮 SB 时，接触器 KM 线圈得电，使 KM 主触头闭合，电动机得电启动运行；松开 SB，KM 线圈断电释放，电动机停止运转。

2）元器件选型

根据电动机的功率，通过查找电气元器件选型表，可获得按钮、热继电器、交流接触器、断路器等元件的常用型号。选择的元器件清单如表 1-4 所示。

表 1-4　元器件清单

| 序号 | 符号 | 设备名称 | 型号、规格 | 单位 | 数量 | 备注 |
|---|---|---|---|---|---|---|
| 1 | M | 电动机 | Y-112M-4 380V 5.5kW 380V | 台 | 1 | |
| 2 | QF | 断路器 | DZ47-60 C10/3P | 只 | 1 | |
| 3 | KM | 交流接触器 | CJX20-10 线圈电压 220V | 只 | 1 | |
| 4 | SB | 按钮 | LA39-11/209/g | 只 | 1 | |
| 5 | FR | 热继电器 | JR20-10L | 只 | 1 | |

3）电路装接

电路装接的一般原则：先连接主电路，后连接控制电路；先连接串联电路，后连接并联电路；按照从上到下、从左到右的顺序逐根连接；电气元器件的进出线，必须按照上面为进线、下面为出线，左边为进线、右边为出线的原则连接，以免造成元器件被短接或接错。对照如图 1-64 所示电路原理，根据上述原则来连接电路。

4）工艺要求

导线与元器件装接工艺的一般要求：横线水平，竖线垂直，转弯直角，不能有斜线；接线尽量使用最少的导线，避免导线交叉。

5）主电路检查

将模拟万用表打到 $R×1\Omega$ 挡或数字万用表打开 $200\ \Omega$ 挡，将表笔放在电路的 1、2 处，人为使 KM 吸合，此时万用表的读数应为电动机两绕组的串联电阻值（电动机为 Y 形接法），然后将表笔分别放在电路的 1、3 处和 2、3 处，按下 KM 的测试按钮使 KM 吸合，万用表的读数同 1、2 处的读数。

6）控制电路检查

将模拟万用表打到 $R×10\ \Omega$ 或 $R×100\ \Omega$ 挡或数字万用表打到 $2\ k\Omega$ 挡，将表笔放在 L3、N 处，此时万用表读数为无穷大，按下按钮 SB，读数应为 KM 线圈的电阻值。

7）通电调试

（1）合上 QF，接通电路电源；

（2）按下启动按钮 SB，接触器 KM 得电吸合，电动机运行，松开按钮 SB，电动机停止运行。

## 任务 2　三相异步电动机的单向连续运行控制

扫一扫看电动机连续控制电路微视频

### 1. 任务描述

在水池边要安装一台排水泵，排水泵装有一台小功率的三相异步电动机（额定电压 380 V，额定功率 5.5 kW、额定转速 1 380 r/min，额定频率 50 Hz），要求按下启动按钮后水泵排水，按下停止按钮后水泵停止排水。请用继电器-接触器实现排水泵的单向连续运行控制。

### 2. 任务分析

任务 1 采用断路器、交流接触器、热继电器和一只控制按钮，实现了对小功率电动机的单向点动运行控制。要实现电动机的连续运行控制，需要采用二只控制按钮及使用接触器的自保持功能。其实物接线图，如图 1-65 所示，合上断路器 QF 后，按下启动按钮 SB1，KM 线圈得电吸合，电动机运行；松开启动按钮 SB1，电动机可以保持连续运行；按下停止按钮 SB2，电动机停止运行。这是典型的电动机单相连续运行控制回路。

### 3. 任务实施

扫一扫下载电动机连续控制电路 CAD 图

1）工作原理

用继电器-接触器实现电动机单相连续运行控制的电路原理如图 1-66 所示。

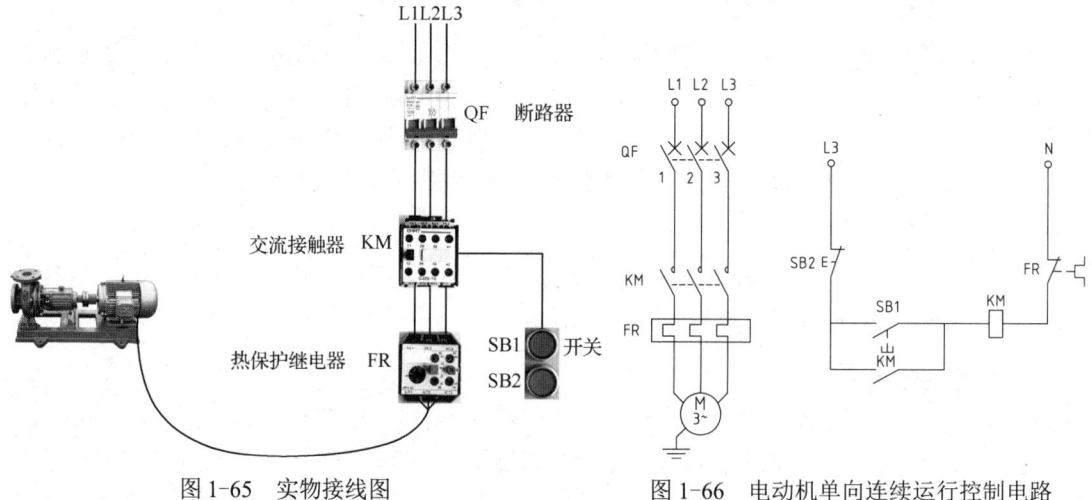

图 1-65　实物接线图　　　　图 1-66　电动机单向连续运行控制电路

启动过程：合上开关 QF，按下启动按钮 SB1，接触器 KM 线圈通电，KM 主触头闭合，电动机 M 启动运行，KM 辅助触头闭合（自锁：依靠接触器自身的常开触点而使其线圈保持通电的现象）。停机过程：按下停止按钮 SB2，KM 线圈断电，KM 主触头和辅助常开触头断开，电动机 M 断电停止转动。

该电路所具有的保护环节：短路保护（发生短路故障时断路器 QF 能迅速切断电源）、过载保护（热继电器 FR）；失压和欠压保护（依靠接触器自身的电磁机构实现）。

2）元器件选型

通过查找电气元器件选型表，选择合适的元器件清单如表 1-5 所示。

表 1-5 元器件清单

| 序号 | 符号 | 设备名称 | 型号、规格 | 单位 | 数量 | 备注 |
|---|---|---|---|---|---|---|
| 1 | M | 电动机 | YS5024-40W 380V | 台 | 1 | |
| 2 | QF | 空气断路器 | DZ47-3-10A | 只 | 1 | |
| 3 | KM | 交流接触器 | CJ20-10 线圈电压 220 V | 只 | 1 | |
| 4 | SB1 | 按钮 | LA38-11/209 | 只 | 2 | |
| 5 | FR | 热继电器 | JR20-10L | 只 | 1 | |

3）电路装接

按图 1-66 所示电路原理图连接电路。

4）主电路检查

检查方法与任务 1 相同。

5）控制电路检查

将模拟万用表打到 $R \times 10\ \Omega$ 或 $R \times 100\ \Omega$ 挡或数字万用表打到 $2\ \mathrm{k}\Omega$ 挡，将表笔放在电路的 L3、N 处，此时万用表读数为无穷大，按下按钮 SB1，读数应为 KM 线圈的电阻值，若再同时按下按钮 SB2，则万用表读数也为无穷大。

6）通电调试

(1) 合上 QF，按一下启动按钮 SB1，接触器 KM 得电吸合，电动机连续运行；

(2) 按一下停止按钮 SB2，接触器 KM 失电断开，电动机停止运行。

---

**小试身手 1　电动机单向运行控制电路的接线与调试**

(1) 请复述什么是自锁，图 1-66 中哪个点是自锁触点。
(2) 请按照图 1-66 在实训台上完成接线与调试。

---

## 1.6 电气工程图的绘制

常用的电气工程图有电气原理图、接线图和元器件布置图。电气工程图是根据国家电气制图标准，用规定的图形符号、文字符号以及规定的画法绘制。

**1. 图形符号和文字符号**

为了便于交流和沟通，在绘制电气图时，图形符号和文字符号的选用应遵循相关标准。图形符号遵循 GB/T 4728—2018《电气简图用图形符号》、GB/T 5465—2009《电气设备用图形符号》标准的规定，文字符号遵循 GB/T 20939—2007《技术产品及技术产品文件结构原则 字母代码 按项目用途和任务划分的主类和子类》、GB/T 5094—2018《工业系统、装置与设备以及工业产品 结构原则与参照代号》、JB/T 2626—2004《电力系统继电器、保护及自动化装置常用电气技术的文字符号》标准的规定。

1）图形符号

由符号要素、限定符号、一般符号以及常用的非电操作控制的动作符号（如机械控制符号等），根据不同的具体器件情况进行组合构成，图 1-67 所示断路器的图形符号就是由多种符号要素、限定符号和一般符号组合而成的。

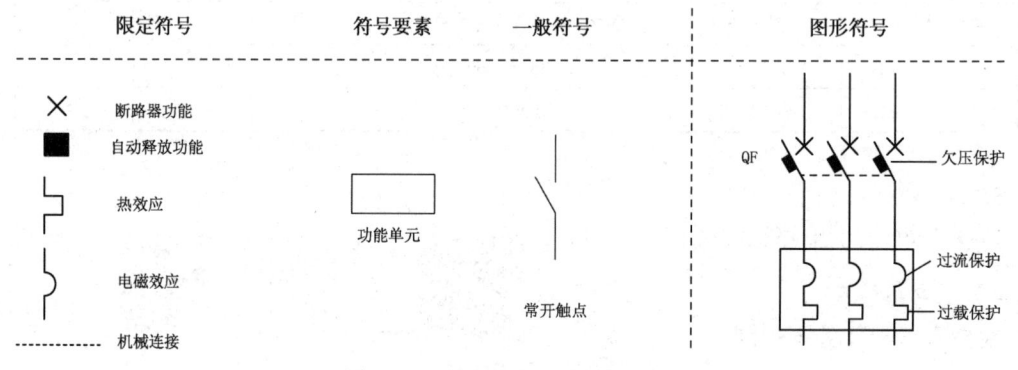

图 1-67 断路器图形符号的组成

2）文字符号

用基本文字符号、单字母符号和双字母符号表示电气设备、装置和元器件的大类，如 F 类元件中的 FU 表示熔断器，FR 表示具有延时动作的限流保护器件热继电器；K 类元件中的 KA 表示中间继电器，KM 表示控制电动机的接触器，KT 表示具有延时功能的时间继电器；H 类元件中的 HL 表示指示灯，HA 表示声响指示器即蜂鸣器；E 类元件中的 EL 表示照明灯；T 类元件中的 TC 表示控制电路电源用变压器；X 类元件中的 XB 表示连接片，XT 表示端子板，等等。

用辅助文字符号表示电气设备、装置和元器件的功能、状态和特征，如辅助文字符号 AC 表示交流，ON 表示接通，PE 表示保护接地，RD 表示红色等。

**2. 电气原理图**

电气原理图习惯上也称为电路图，是为了表达设备的功能和工作原理，用规定的符号并依据电气元器件动作顺序原则所绘制的电气简图，反映电气系统的构成元器件及相互连接关系，而不反映电气元器件的形状、大小、安装方式或位置。为了便于阅读、分析和理解设备的功能，电气原理图一般采用电气元器件展开的形式而绘制，包括电气元器件所有的导电部分和接线端子，是设备设计和调试时的主要技术图纸。

1）电气原理图的绘制

电气原理图的绘制一般包括主电路和控制电路的绘制。主电路是设备的驱动电路，在控制电路的控制下，按控制要求由电源向用电设备供电。控制电路由接触器和继电器线圈、各种电器的触点组合构成控制逻辑，实现所需要的控制功能。

主电路画在左侧，竖直排列。辅助电路包括控制电路、照明电路、信号电路和保护电路等。辅助电路画在右侧，可水平或竖直排列。规定电路图中电流的方向按从左到右或从上到下设计。

2）元器件的绘制

电路图中的电器元件一般不画出实际的外形图，应采用国家标准规定的图形符号和文字符号，同一电器的各个部件可根据需要画在不同的地方，但必须用相同的文字符号标注。如图1-68所示的某车床电气原理图中的接触器KM1，其线圈和辅助触点是在辅助电路中，主触点是在主电路中，但标注的文字符号都是KM1，表示是同一只电器。图中的启动按钮和停止按钮是两只按钮，但都属于自复位按钮，用SB1、SB2表示。

电路图中所有电气元器件的可动部分通常表示电器非激励或不工作的状态和位置。

3）图区和触点位置索引

为了便于阅读、理解和指引元器件在简图中的位置，电气原理图进行了区域划分和触点位置检索，包括图区编号、图区功能表、触点检索图表等内容。如图1-68所示，在图的下方沿横坐标方向划分图区，并用数字1、2、3等标明图区编号，同时在上方沿横坐标方向画出图区功能表，分别标明该区电路的功能。

触点检索图表位于相应继电器、接触器线圈的下面或右边位置，便于快速检索触点位置和使用对数。如在图1-68中，画出了接触器KM1、KM2和KM3的触点检索图。其中KM1触点检索图的第一列表示主触点使用3对，且位于第2图区，第二列表示辅助常开触点使用2对，且位于第7、9图区，第三列表示辅助常闭触点没有使用。

## 3. 元器件布置图

元器件布置图表示电气设备上所有电气元器件的实际位置，是生产机械电气控制设备的制造、安装、维修时的重要技术文件。

## 4. 接线图

接线图是各电气元器件用规定的图形符号并采用集中表示的方法，按照电气元器件实际安装的相互位置关系绘制的实际接线图。它清楚地显示了设备电气系统各单元（或组件）的电气元器件之间，以及各单元之间的物理连接关系，并标出了各连接点的端子代号和使用的导体或电缆，是设备电气系统安装接线、线路检修和故障处理的主要技术依据。在实际使用时通常与电气原理图一起使用。

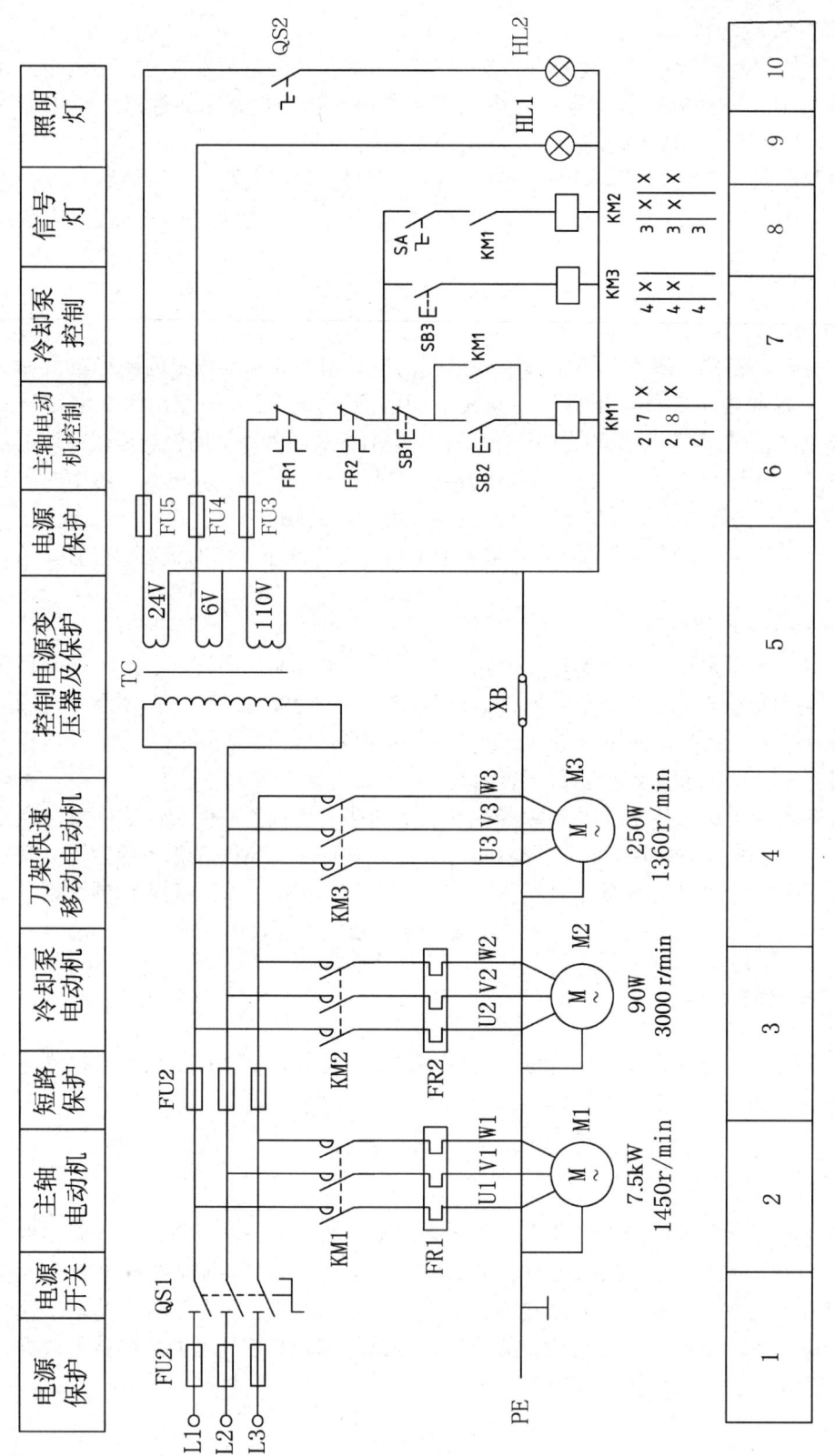

图 1-68 某车床电气原理图

## 1.7 三相异步电动机的正反转控制与顺序控制

### 1. 电动机的正反转控制

在生产和生活中,许多设备需要完成两个相反方向的运行,如机床工作台的前进和后退、电梯的上行和下行,其本质就是电动机的正反转运行。要实现正反转运行,只要将接至电动机三相电源线中的任意两相对调接线,电动机就会反向转动。其控制电路如图 1-69 所示。

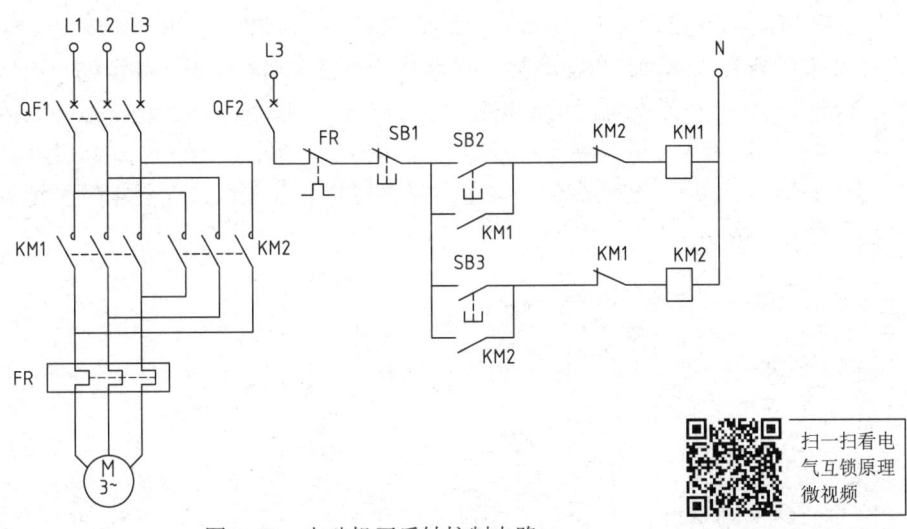

图 1-69 电动机正反转控制电路

图 1-69 中是利用正反转接触器 KM1、KM2 来改变给电动机定子绕组供电相序的。KM1 按 L1-L2-L3 相序供电,KM2 按 L3-L2-L1 相序供电,当 KM1、KM2 分别工作时,电动机 M 的旋转方向不一样。假设 KM1 主触点接通时电动机正转,那么当 KM2 主触点接通时电动机就反转。在电动机的运转过程中,必须防止 KM1、KM2 同时接通而造成电源的相间短路。因此,在 KM1 和 KM2 两个接触器之间要设置互锁,即一个动作时另一个不能动作。

互锁主要用于控制电路中两路或多路输出时保证同一时间只有其中一路输出。

1)电路工作原理

(1)电动机正转:合上 QF1、QF2→按下正转启动按钮 SB2→接触器 KM1 线圈通电→
{ KM1 主触点闭合→电机机接入正向电源→M 正转。
  KM1 辅助常闭触点断开→使 KM2 线圈不能得电。

(2)电动机停止正转:按下停止按钮 SB1→KM1 线圈断电→M 停止正转。

(3)电动机反转:合上 QF1、QF2→按下反转启动按钮 SB3→接触器 KM2 线圈通电→
{ KM2 主触点闭合→电机机接入反向电源→M 反转。
  KM2 辅助常闭触点断开→使KM1线圈不能得电。

(4)电动机停止反转:按下停止按钮 SB1→KM2 线圈断电→M 停止反转。

2）常用互锁

常用的互锁形式有输入互锁和输出互锁，如图1-70所示。

图1-70（a）所示的输入互锁是利用两个按钮SB1和SB2的复合触点进行互锁，控制两个接触器点动的控制电路。当按下按钮SB1时，其SB1常闭触点先断开，使KM2线圈不能得电，KM1线圈得电；同理，当按下按钮SB2时，其SB2常闭触点先断开，使KM1线圈不能得电，KM2线圈得电；当两个按钮都按下时，两个线圈都不得电。输入互锁形式实质上是一种机械式互锁，是依靠输入按钮的复合触点的机械机构来实现互锁。

图1-70（b）所示的输出互锁是利用输出线圈KM1和KM2的辅助常闭触点进行互锁。按钮SB1和SB2分别作为两个接触器KM1和KM2的点动控制按钮，当按下SB1时，KM1线圈得电，其KM1的辅助常闭触点断开，使KM2线圈不能得电；同理，当按下SB2时，KM1线圈也不能得电；两个按钮都按下时，先按下的按钮起作用，后按下的按钮不起作用。输出互锁形式也称为电气互锁，是依靠电气元器件本身的电气控制作用来实现互锁。

图1-70（c）所示是依靠输入按钮的复合触点以及输出线圈的电气互锁触点实现的双互锁点动控制电路。

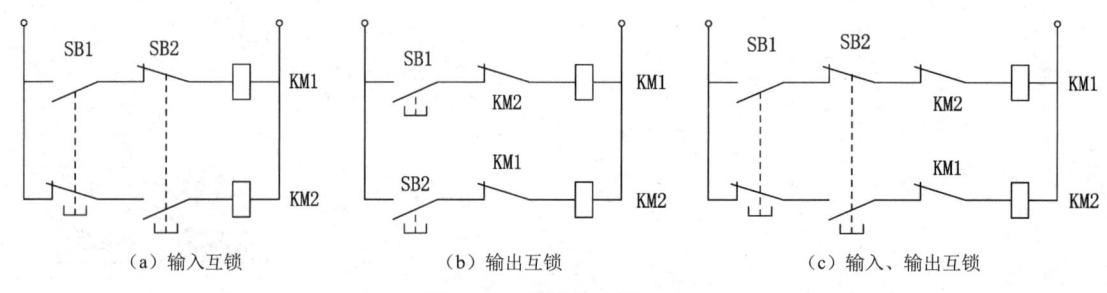

（a）输入互锁　　（b）输出互锁　　（c）输入、输出互锁

图1-70　常用的互锁形式

经过上述对图1-70电路的分析，可知电动机的正、反转不可以直接切换，必须经过停止的过程。如何实现电动机正、反转的直接切换，不必经过停止的过程？直接反转控制电路是利用按钮触点的机械互锁以及接触器触点的电气互锁的双互锁控制来实现电动机的正反转控制的，其电路图及工作原理详见实训2。

**互锁控制规律**：当要求A接触器工作时，B接触器就不能工作，此时应在B接触器的线圈电路中串入A接触器的常闭触点。当要求A接触器工作时B接触器不能工作，而B接触器工作时A接触器不能工作，此时应在两个接触器的线圈电路中互串入对方的常闭触点。

## 2. 电动机的顺序控制

控制电动机顺序动作的控制方式叫顺序控制。在装有多台电动机的生产机械上，各电动机需要顺序启动才能保证操作过程的合理性和工作的安全可靠。例如某车床主轴转动时要求油泵先给齿轮箱提供润滑油，即要求润滑油泵电动机M1启动后主电动机M2才允许启动；设备停机时，要求M2停止后M1再停止。即根据车床设备的具体工艺，两台电动机之间有按顺序工作的要求。

图1-71所示是两台电动机M1、M2顺序启、停的控制电路。接触器KM1控制油泵电动机M1，接触器KM2控制主电动机M2。将KM1的辅助常开触点串入接触器KM2的线圈回路中，实现M1、M2的顺序启动要求。将KM2的辅助常开触点与KM1线圈的停止按

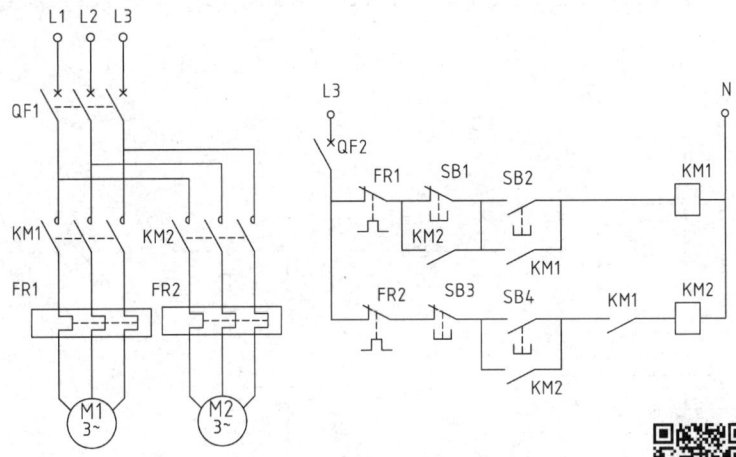

项目 1　初识 PLC 与低压电器电气控制系统设计

图 1-71　两台电动机的顺序启停控制电路

扫一扫看电动机顺序控制电路微视频

钮 SB1 并联，实现 M1、M2 的顺序停止要求。

**顺序控制规律**：当要求 A 接触器工作后方允许 B 接触器工作，则在 B 接触器线圈电路中串入 A 接触器的常开触点。当要求 B 接触器线圈断电后方允许 A 接触器线圈断电，则将 B 接触器的常开触点并联在 A 接触器的停止按钮两端。

---

**小试身手 2　电动机正反转控制电路的接线与调试**

（1）请复述什么是互锁，图 1-69 中哪个点是互锁触点。

（2）请按照图 1-69 在实训台上，完成接线与调试。

扫一扫看小试身手 2 参考答案

---

## 实训 2　三相异步电动机的正反转切换控制

### 1. 实训目的

（1）掌握常见的电气元器件的图形符号和文字符号，能够使用万用表检查元器件的好坏；

（2）掌握电动机的正反转直接切换的电气控制电路原理，能够识读、分析、安装、检查和通电调试电气线路。

### 2. 实训器材

（1）接触器 2 个，按钮开关 3 个，热继电器 1 个，单极和三极低压断路器各 1 个；

（2）电工常用工具 1 套以及连接导线若干。

### 3. 实训电路及工作原理

电动机正反转直接切换控制电路如图 1-72 所示。

电路工作原理如下。

（1）电动机正转：合上 QF1、QF2→按下正转启动按钮 SB1→接触器 KM1 线圈通电
→ {KM1 主触点闭合 → 电机机接入正向电源 → M 正转。
　　KM1 辅助常闭触点断开 → 使 KM2 线圈不能得电。

45

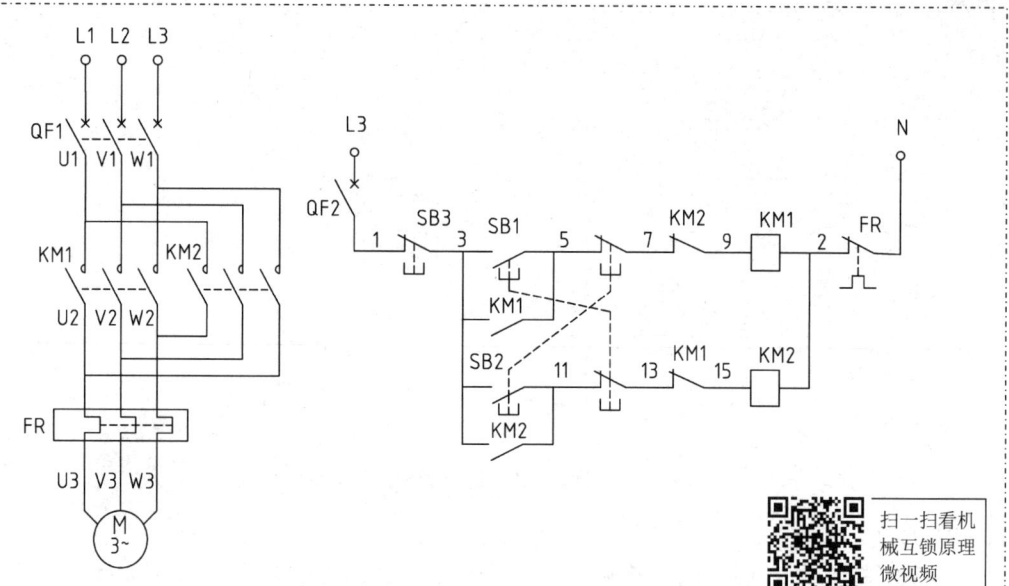

图 1-72 电动机正反直接切换控制电路

（2）电动机反转：按下反转启动按钮 SB2→首先 SB2 的常闭触点先断开→使 KM1 线圈断电→KM1 辅助常闭触点闭合复位→然后 SB2 的常开触点再闭合→KM2 线圈得电→M 反转。

（3）电动机停止：按下停止按钮 SB3→KM2 线圈断电→M 停止转动。

### 4. 电路装接

对照如图 1-72 所示电路原理，根据电路装接的一般原则，对主电路、控制电路进行连接，要注意防止元器件被短接或接错，导线与元器件装接应符合一般工艺要求。

> **注意** 要注意主电路中 KM1 和 KM2 的相序，即 KM1 和 KM2 进线的相序相同，而出线的相序则相反。另外还要注意 KM1 和 KM2 的辅助常开触点和辅助常闭触点的连接。

### 5. 电路检查

1）主电路检查

将模拟万用表打到 $R×1\ \Omega$ 挡或数字万用表打到 $200\ \Omega$ 挡，将表笔放在 U1、V1 处，人为使 KM 吸合，此时万用表的读数应为电动机两绕组的串联电阻值（电动机为 Y 形接法），然后将表笔分别放在 U1、W1 处和 V1、W1 处，按下 KM 的测试按钮，万用表的读数应与 U1、V1 处测得的相同。

2）控制电路检查

（1）将万用表的两只表笔分别放在 1、N 处，此时万用表的读数为无穷大，线路处于断开状态；依次分别按下正转启动按钮 SB1、KM1 测试钮、反转启动按钮 SB2、KM2 测试钮，这时万用表均应有数字显示，说明线路处于导通状态。

（2）如实际情况没有按上述状态显示，则第一只表笔不动，移动第二只表笔至线号 2 处，重复以上测试过程，观察万用表的显示状态，如此时显示状态与（1）叙述相同（状态正确),表示问题出在 2 和 N 之间,检查热继电器并修改正确。如万用表的显示状态仍不正确,则再继续往左移动第二只表笔,直至查出故障点。

### 6.通电调试

1)控制电路通电

合上 QF2,先接通控制电路电源。按下正转启动按钮 SB1,接触器 KM1 线圈通电并保持,再按下反转启动按钮 SB2,接触器 KM2 线圈通电并保持,按下停止按钮 SB3,KM2 线圈断电复位。当 KM1 通电时,直接按下反转启动按钮 SB2,KM2 线圈通电同时 KM1 线圈失电。

2)主电路通电

在上一步的基础上,合上 QF1,接通主电路电源。按下正转启动按钮 SB1,电动机正转。接着按下反转启动按钮 SB2,电动机反转。按下停止按钮 SB3,电动机停转。

### 7.实训结果分析及考核评价

根据学生在训练过程中的表现,给予客观评价,填写实训评价表 1-6。

表 1-6 实训评价

| 考核内容及依据 | 考核等级（在相应括号中打√） | | | 备注 |
|---|---|---|---|---|
| | 优 | 良 | 中 | |
| 接线与工艺（接错两根线以上时不能参加考核）<br>等级考核依据：学生接线工艺和熟练程度 | ( ) | ( ) | ( ) | 占总评1/3 |
| 电路检查：检查方法、步骤、工具的使用<br>（本项内容都应会,否则不能参加考核）<br>等级考核依据：学生熟练程度 | ( ) | ( ) | ( ) | 占总评1/3 |
| 通电调试：调试步骤（本项内容都应会,否则不能参加考核）<br>等级考核依据：学生操作过程的规范性和学习状态 | ( ) | ( ) | ( ) | 占总评1/3 |
| 总评<br>（3项都为优时总评才能为优,以此类推评判良和中） | | | | 手写<br>签字 |

### 8.实训思考

按小组分析和总结电气线路接线和调试过程中出现的问题及排除方法。

## 实训3 工作台自动往返控制

### 1.实训目的

(1)掌握自动往返控制的原理和方法,能够根据电路图正确安装;
(2)掌握通电测试的方法,能够按步骤检查和通电运行。

### 2.实训器材

(1)接触器 2 个,按钮开关 3 个,热继电器 1 个,行程开关 4 个,单极和三极低压断路器各 1 个;
(2)电工常用工具 1 套以及连接导线若干。

### 3. 实训电路及工作原理

图 1-73 为工作台往返工作示意图。图中行程开关 SQ1 安装在左端需要反向的位置，SQ2 安装在右端需要反向的位置，用于控制工作台的左、右往返行程范围。机械挡块装在机床工作台的运动部件上，当工作台移动并带动机械挡块运动碰撞到行程开关 SQ1 或 SQ2 时，行程开关发出信号控制工作台反向移动。SQ3、SQ4 用于工作台左、右行程的极限位置保护。

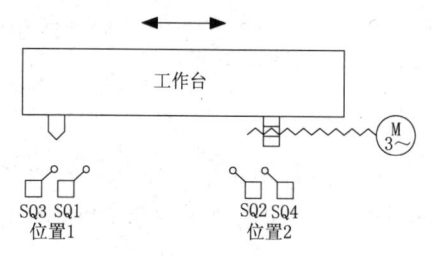

图 1-73　工作台往返工作示意图

工作台的自动往返行程控制电路如图 1-74 所示。电路工作原理如下。

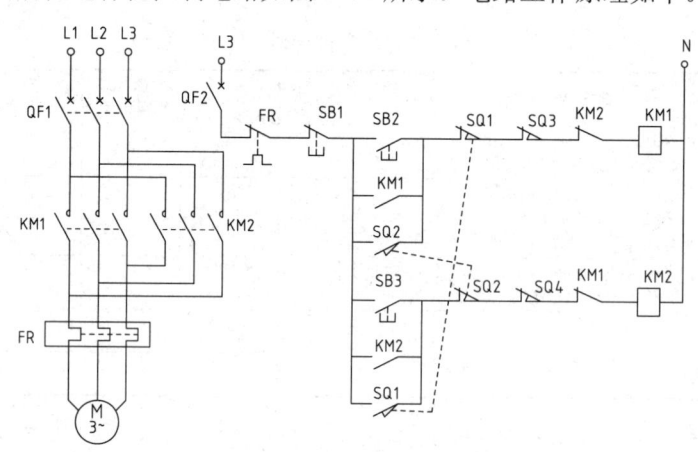

图 1-74　工作台的自动往返行程控制电路

（1）工作台左行：合上 QF1、QF2→按下左行启动按钮 SB2→接触器 KM1 线圈通电
→ { KM1主触点闭合 → 电动机接入正向电源 → M 正转（左行）。
　　 KM1辅助常闭触点断开 → 使KM2线圈不能得电。

（2）工作台停止左行（右行开始）：工作台左行至限位开 SQ1→首先 SQ1 的常闭触点先断开→使 KM1 线圈断电→KM1 辅助常闭触点闭合复位→然后 SQ1 的常开触点再闭合→KM2 线圈得电→M 反转（右行）。

（3）工作台停止右行（左行开始）：工作台右行至限位开 SQ2→首先 SQ2 的常闭触点先断开→使 KM2 线圈断电→KM2 辅助常闭触点闭合复位→然后 SQ2 的常开触点再闭合→KM1 线圈得电→M 正转（左行）。

（4）工作台重复工作过程（2）～（3）的动作，在限定行程内自动往返运行。

（5）电动机停止：按下停止按钮 SB1→KM1 或 KM2 线圈断电→工作台停止运行。

## 4. 电路装接

按照电路装接的一般原则,对照如图 1-74 所示电路原理进行装接。

## 5. 电路检查及通电调试

本实训电路的检查方法及调试方法与实训 2 相类似,请参考实训 2 中的方法和步骤完成电路检查与调试。

## 6. 实训结果分析及考核评价

根据学生在训练过程中的表现,给予客观评价,填写实训评价表 1-7。

表 1-7 实训评价

| 考核内容及依据 | 考核等级（在相应括号中打 √） | | | 备注 |
|---|---|---|---|---|
| 接线与工艺（接错两根线以上时不能参加考核）<br>等级考核依据：学生接线工艺和熟练程度 | 优<br>（  ） | 良<br>（  ） | 中<br>（  ） | 占总评<br>1/3 |
| 电路检查：检查方法、步骤、工具的使用<br>（本项内容都应会,否则不能参加考核）<br>等级考核依据：学生熟练程度 | 优<br>（  ） | 良<br>（  ） | 中<br>（  ） | 占总评<br>1/3 |
| 通电调试：调试步骤（本项内容都会应,否则不能参加考核）<br>等级考核依据：学生操作过程的规范性和学习状态 | 优<br>（  ） | 良<br>（  ） | 中<br>（  ） | 占总评<br>1/3 |
| 总评<br>（3 项都为优时总评才能为优,以此类推评判良和中） | | | | 手写 |
| | | | | 签字 |

## 7. 实训思考

按小组分析和总结电气线路接线和调试过程中出现的问题及排除方法。

# 项目 2

# PLC 电动机启停与转向控制系统设计

| | |
|---|---|
| 项目导入 | 通过下部的二维码阅读智慧小车在防疫过程中的应用案例,其实智慧小车的行走是由电动机驱动的。在工业控制中,很多的被控对象是由电动机来驱动的。在日常生活和工业生产中有些设备经常需要具有上下、左右、前后、正反方向的运行,如垂直电梯轿厢的上行和下行、电梯门的开和关、机床工作台的前进与后退、机床主轴的正转与反转等,这些都可以用 PLC 实现电动机的启停与转向控制。<br>在项目 1 中我们已学习过采用继电器控制系统的电动机正反转电路,本项目将通过 1 个任务和 2 个实训介绍用 PLC 实现电动机启停与正反转控制等。　　　　扫一扫看智慧小车,锻炼创新能力 |
| 素质目标 | (1)培养自主学习、深入探究的学习能力;<br>(2)培养认真严谨、一丝不苟的学习态度;<br>(3)培养科学思维和技术创新意识 |
| 知识目标 | (1)掌握 PLC 工作的原理;<br>(2)掌握用 PLC 控制电动机运行的基本方法;<br>(3)掌握系统存储器和时钟存储器的组态方法;<br>(4)掌握自锁与互锁的编程方法;<br>(5)掌握 PLC 的编程规则和技巧 |
| 能力目标 | (1)具备正确分配 I/O 点和接线的能力;<br>(2)具备用 I、Q、M 软元件编写点动和连续控制程序的能力;<br>(3)具备利用控制电路移植法设计梯形图的能力 |

项目 2　PLC 电动机启停与转向控制系统设计

## 2.1　PLC 控制电路分析与接线

### 2.1.1　接触器控制电路

图 2-1 所示为接触器实现电动机启停的控制电路。其主电路由低压断路器、接触器的主触点、热继电器热元件及电动机组成，控制电路由热继电器的常闭触点、停止按钮 SB1、启动按钮 SB2、接触器线圈及辅助常开触点组成，其原理请参考任务 1 中的内容。

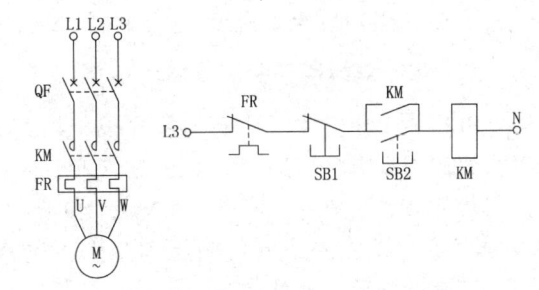

图 2-1　接触器实现电机启停的控制电路

### 2.1.2　PLC 控制 I/O 端口的分配

PLC 最初是用来替代继电器-接触器控制电路的。要求能用 PLC 来构成一个电动机启停控制电路，使其功能与继电器-接触器控制电路完全相同。由于该电气控制要求的控制点数少，图 2-1 中接触器控制回路的线圈电压为交流 220 V，可选用 S7-1200 PLC 的 CPU 1214C DC/DC/RLY 型，利用 PLC 基本的继电器输出单元即可实现电动机启停控制功能。

在控制电路中，热继电器常闭触点、停止按钮、启动按钮属于输入信号，应作为 PLC 的输入量分配接线端子；而接触器线圈属于被控对象，应作为 PLC 的输出量分配接线端子。其 PLC 的 I/O 端口（也称 I/O 点）分配如表 2-1 所示。

### 2.1.3　I/O 的硬件接线

根据 I/O 端口分配表，可知 PLC 与启停按钮、热继电器和接触器的硬件接线方法，如图 2-2 所示。

表 2-1　I/O 端口分配

| 类别 | 元件 | I/O 端口编号 | 备注 |
|---|---|---|---|
| 输入 | SB1 | I0.5 | 停止按钮 |
| 输入 | SB2 | I0.4 | 启动按钮 |
| 输入 | FR | I0.2 | 热继电器触点 |
| 输出 | KM | Q0.0 | 接触器 |

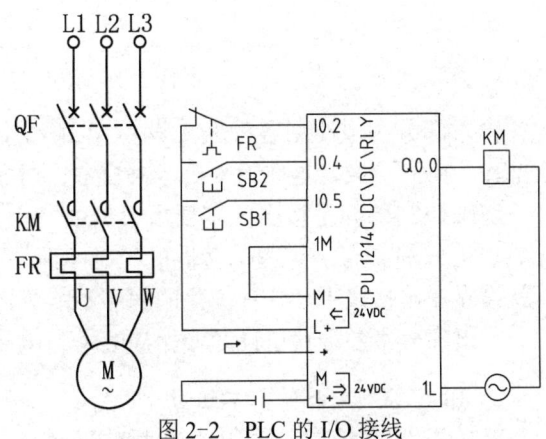

图 2-2　PLC 的 I/O 接线

**小试身手 3　PLC 的 I/O 接线**

观察实训台，按图 2-2 接好 PLC 的 I/O 线，按下 SB2 和 SB1 按钮，观察 PLC 的 I0.4 和 I0.5 端口的变化。

## 2.2 PLC 控制原理与程序设计

### 2.2.1 PLC 控制系统的工作原理

PLC 如何实现电动机启停控制呢？我们先看看 PLC 是如何工作的。

**1. PLC 对继电器控制系统的仿真**

PLC 是一种专用工业控制计算机，其工作原理与计算机控制系统的工作原理基本相同。PLC 采用周期循环扫描的工作方式，CPU 连续执行用户程序和任务的循环序列称为扫描。

最初 PLC 是用于模拟继电器控制的一种编程方法。在一个电气控制电路整体方案中，根据任务与功能的不同可明显划分出主电路（完成主要任务的那部分电路，表象是大电流）和辅助电路（完成控制、保护、信号等任务的那些电路，表象是小电流）。用 PLC 替代继电器控制系统一般是指替代辅助电路那部分，而主电路那部分基本保持不变。主电路中如含有大型继电器仍可继续使用，PLC 可以用其内部的"软继电器"（或称"虚拟继电器"）去控制外部的主电路开关继电器，PLC 的出现不是要"消灭"继电器，而是用来替代辅助电路中起控制、保护、信号作用的那些继电器，达到节能降耗这一目标。

1）继电器控制系统的组成

由控制、保护、信号等继电器辅助电路构成的电气控制系统，可以分解为如图 2-3 所示的三个组成部分：输入部分、逻辑控制部分和输出部分。

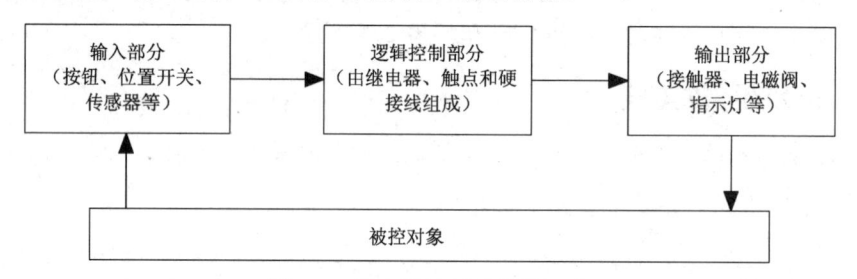

图 2-3 继电器控制系统的组成

输入部分由电路中各种输入设备（如控制按钮、操作开关、位置开关、传感器等）和全部输入信号构成，这些输入信号来自被控对象上的各种开关量信息及人工指令。

逻辑控制部分是按照控制要求设计的，由各种主令电器、继电器、接触器及其触点用导线连接成的具有一定逻辑功能的控制电路，各电气触点之间以固定的方式接线，控制逻辑就设置在硬接线中，这种固化的程序不能灵活变更且接线故障点多。

输出部分由各种输出设备（如接触器、电磁阀、指示灯等执行元件）组成。

2）PLC 控制系统的基本组成

PLC 控制系统的基本组成也大致分为三部分：输入部分、逻辑部分和输出部分，如图 2-4 所示。这与继电器控制系统极为相似，其输入部分、输出部分与继电器控制系统大致相同，所不同的是 PLC 控制系统的输入、输出部分多了 I/O 模块，增加了光电耦合、电平转换、功率放大等功能。

## 项目 2　PLC 电动机启停与转向控制系统设计

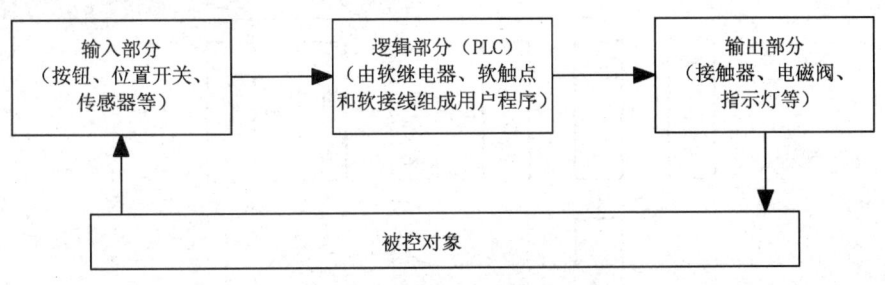

```
┌──────────────┐   ┌──────────────┐   ┌──────────────┐
│   输入部分   │   │ 逻辑部分（PLC）│   │   输出部分   │
│（按钮、位置开关、│──▶│（由软继电器、软触点│──▶│（接触器、电磁阀、│
│   传感器等）   │   │和软接线组成用户程序）│   │   指示灯等）   │
└──────────────┘   └──────────────┘   └──────────────┘
        ▲                                     │
        │            ┌──────────┐             │
        └────────────│  被控对象  │◀────────────┘
                     └──────────┘
```

图 2-4　PLC 控制系统的组成

PLC 控制系统的逻辑部分是由微处理器、存储器组成的，由计算机软件替代电器构成的控制、保护与信号电路，实现"软接线"或"虚拟接线"，可以灵活编程。

3）PLC 与继电器控制系统的差异

下面从控制方式、控制速度、延时控制三个方面介绍 PLC 控制系统与继电器控制系统之间的差异。

（1）控制方式。继电器控制系统采用硬件接线，是利用继电器机械触点的串联或并联及延时继电器的滞后动作等组合形成控制逻辑，只能完成既定的逻辑控制。而 PLC 控制系统采用存储逻辑，以程序方式存储在内存中，改变控制逻辑只需要修改程序，即改变"软接线"。

（2）控制速度。继电器控制系统依靠触点的机械动作实现逻辑控制，工作频率低，触点动作为毫秒级，机械触点有抖动现象。而 PLC 控制系统是由程序指令控制半导体电路来实现控制的，速度快，触点动作为微秒级，动作严格地同步，无触点抖动现象。

（3）延时控制。继电器控制系统靠时间继电器的滞后动作实现延时控制，因而精度不高，受环境影响大，调整定时困难。而 PLC 控制系统用半导体集成电路作定时器，时钟脉冲由晶体振荡器产生，精度高，调整定时方便，不受环境影响。

### 2. PLC 循环扫描的工作方式

PLC 循环扫描的工作方式有周期扫描方式、定时中断方式、输入中断方式、通信中断方式等，最主要的工作方式是周期扫描方式。PLC 采用"顺序扫描，不断循环"的方式进行工作，在每次扫描过程中，对输入信号采样以及对输出状态刷新。

1）PLC 的工作过程

PLC 上电后，在 CPU 系统程序监控下，周而复始地按一定的顺序对系统内部的各种任务进行查询、判断和执行，这个过程是按顺序循环扫描的。执行一个循环扫描过程所需的时间称为扫描周期，一般为 0.1~100 ms。PLC 的工作过程如图 2-5 所示。

（1）上电初始化。PLC 上电后首先进行系统初始化处理，包括清除内部继电器区、复位定时器等，还对电源、PLC 内部电路、用户程序的语法进行检查。设该过程占用的时间为 $T_0$。

（2）CPU 自诊断。PLC 在每个扫描周期都要进入 CPU 自诊断阶段，以确保系统可靠运行，包括检查用户程序存储器是否正常、扫描周期是否过长、I/O 单元的连接是否正确、I/O 总线是否正常、复位监控定时器（Watch Dog Timer，WDT）等。发现异常情况时，根据错误类别发出报警输出或者停止 PLC 运行。设该过程的占用时间为 $T_1$。

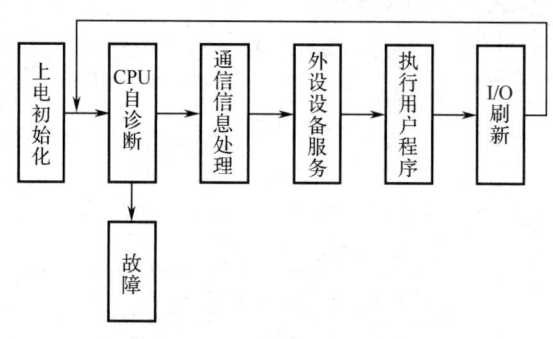

图 2-5　PLC 的工作过程

（3）通信信息处理。当 PLC 和 PC 构成通信网络或由 PLC 构成集散控制系统时，需要一个通信服务过程，进行 PLC 与 PC、其他 PLC、智能 I/O 模块之间的信息交换。在多处理器系统中，CPU 还要与数字处理器交换信息。设该过程的占用时间为 $T_2$。

（4）外部设备服务。当 PLC 接有终端设备如编程器、彩色图文显示器、打印机等外部设备时，每个扫描周期内要与外部设备交换信息。设该过程的占用时间为 $T_3$。

（5）执行用户程序。PLC 在运行状态下，每一个扫描周期都要执行存储器中的用户程序，从输入映像寄存器和其他软元件映像寄存器中读出有关元件的通/断状态，以扫描方式从程序 000 步开始按顺序运算，扫描一条执行一条，并把运算结果存入对应的输出映像寄存器中。设该过程的占用时间为 $T_4$，它的大小主要取决于 PLC 的运行速度、用户程序长短、指令种类。

（6）I/O 刷新。PLC 运行时，每个扫描周期都进行输入、输出信息处理，分为输入信号刷新和输出信号刷新。

输入处理过程将 PLC 全部输入端子的通/断状态，读进输入映像寄存器。在程序执行过程中，即使输入状态发生变化，输入映像寄存器的内容也不会改变，直到下一扫描周期的输入处理阶段才读入这一变化。此外输入滤波器有一个响应延迟时间。

输出处理过程将输出映像寄存器的通/断状态向输出锁存寄存器传送，成为 PLC 的实际输出。PLC 的对外输出触点相对输出元件的实际动作还有一个响应延迟时间。

设输入信号刷新和输出信号刷新过程的占用时间为 $T_5$，$T_5$ 的大小取决于 PLC 所带的输入、输出模块的种类和点数多少。

PLC 周而复始地巡回扫描，执行上述整个过程，直至停机。可以看出，PLC 的扫描周期 $T=T_1+T_2+T_3+T_4+T_5$，约为 0.1～100 ms。$T$ 越长，要求输入信号的宽度越大。

2）用户程序的循环扫描过程

PLC 的工作过程与 CPU 的操作方式（STOP/RUN）有关，下面讨论 RUN 方式下执行用户程序的过程。

当 PLC 运行时，通过执行反映控制要求的用户程序来完成控制任务。虽然有众多的操作，但 CPU 不是同时去执行（这里不讨论多 CPU 并行），只按分时操作（串行工作）方式，从第一条程序开始，在无中断或跳转控制的情况下，按程序存储顺序的先后，逐条执行用户程序，这种串行工作过程即为 PLC 的扫描工作方式。程序结束后又从头开始扫描执行，周而复始地重复运行。由于 CPU 的运算处理速度很快，因而从宏观上来看，PLC 外部

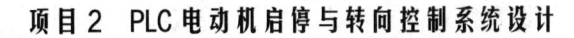

出现的结果似乎是同时（并行）完成的。

PLC 对用户程序进行循环扫描可划分为三个阶段，即输入采样阶段、程序执行阶段和输出执行阶段，如图 2-6 所示。

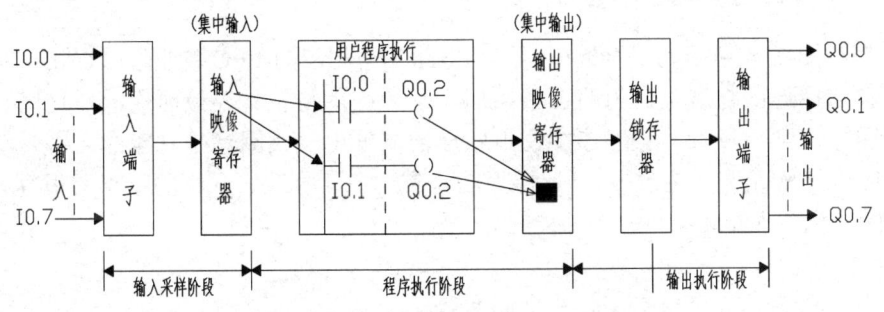

图 2-6　PLC 用户程序的工作过程

（1）输入采样阶段。这是第一个集中批处理过程，CPU 按顺序逐个采集全部输入端子上的信号，不论是否接线，然后全部写到输入映像寄存器中。随即关闭输入端口，进入程序执行阶段，用到的输入信号状态（ON 或 OFF）均从刚保存的输入映像寄存器中去读取，不管此时外部输入信号的状态是否变化，如果发生了变化，也要等到下一个扫描周期的输入采样阶段才去扫描读取。由于 PLC 的扫描速度很快，可以认为这些采集到的输入信息是连续的。

（2）程序执行阶段。在用户程序执行阶段，CPU 对用户程序按顺序进行扫描。如果程序用梯形图表示，则总是按先上后下、从左至右的顺序扫描。当遇到程序跳转指令时，则根据跳转条件是否满足来决定程序是否跳转。每扫描到一条指令，其涉及输入信息的状态均从输入映像寄存器中读取，而不是直接使用现场的立即输入信号（立即指令除外），对其他信息，则从元件映像寄存器中读取。用户程序每一步运算的中间结果都立即写入元件映像寄存器中，对输出继电器的扫描结果，也不是立即去驱动外部负载，而是将其结果写入输出映像寄存器中（立即指令除外）。在此阶段，允许对数字量 I/O 不设置数字滤波的模拟量 I/O 进行处理，在扫描周期的各个部分，均可对中断事件进行响应。

在这个阶段，除了输入映像寄存器外，各个元件映像寄存器的内容是随着程序的执行而不断变化的。

（3）输出执行阶段。这是第二个集中批处理过程，当 CPU 对全部用户程序扫描结束后，将元件映像寄存器中各输出继电器的状态同时送到输出锁存器中，再由输出锁存器通过一定的方式（继电器或晶体管）经输出端子去驱动外部负载。在一个扫描周期内，只在输出执行阶段才将输出状态从输出映像寄存器中集中输出，对输出接口进行刷新。用户程序执行过程中如果对输出结果多次赋值，则只有最后一次有效。在输出执行阶段结束后，CPU 进入下一个扫描周期，重新执行输入集中采样，周而复始地重复此过程。

集中采样与集中输出的工作方式是 PLC 又一特点。在采样期间，将所有输入信号（不论该信号当时是否要用）一起读入，此后在整个程序处理过程中 PLC 系统与外界隔离，直至输出控制信号。此时外界输入信号状态的变化要到下一个工作周期的采样阶段才能被读入，这从根本上提高了系统的抗干扰能力，提高了系统的可靠性。

在程序执行阶段，由于元件映像寄存器中的内容会随程序执行的进程而变化，因此，在程序执行过程中,所扫描到的功能经解算后,其结果立即就可被后面将要扫描到的逻辑的解算所利用,因而简化了程序设计。

### 2.2.2 逻辑电路与梯形图

图 2-7 和图 2-8 所示为一个继电器控制电路图与相应的 PLC 梯形图（LAD）的比较示例。可以看出梯形图与继电器电路图很相似,都是用图形符号连接而成的,这些符号与继电器电路图中的常闭触点、并联连接、串联连接、继电器线圈等是对应的,每一个触点和线圈都对应一个软元件（见表 2-2）。梯形图具有形象、直观、易懂的特点,很容易被熟悉继电器控制的电气人员掌握。

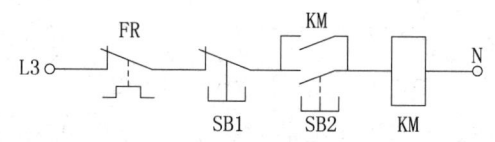

图 2-7 采用继电器的电动机启停控制电路

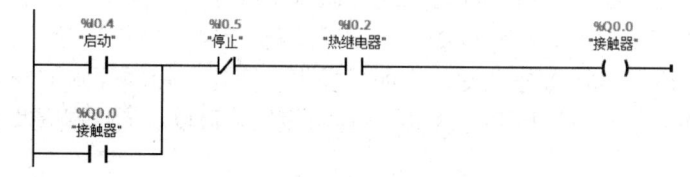

图 2-8 电动机启停控制梯形图

表 2-2 继电器电路符号与梯形图符号对照

| 符号名称 | 继电器电路符号 | | 梯形图符号 |
| --- | --- | --- | --- |
| 常开触点 | | | ─┤ ├─ |
| 常闭触点 | | | ─┤/├─ |
| 线圈部分 | | | ─( )─ 或 ─○─ |

继电器控制系统的硬接线逻辑电路与 PLC 控制程序有极相似的外形特征,但 PLC 控制系统中的输入回路与输出回路在电气上是完全隔离的。此外,在 PLC 控制系统的输入回路中,总是更多地使用常开型控制按钮或触点。

#### 小试身手 4 博途软件的操作应用

在博途软件中输入图 2-9 所示的梯形图,下载到 PLC,并将软件设置为监控状态,当分别按下 I0.4 和 I0.5 所对应的按钮时,以及同时按下 I0.4 和 I0.5 的按钮,请记录 PLC 的输出端口 Q0.2 的变化情况,小组讨论、分析原因并提出解决方法。

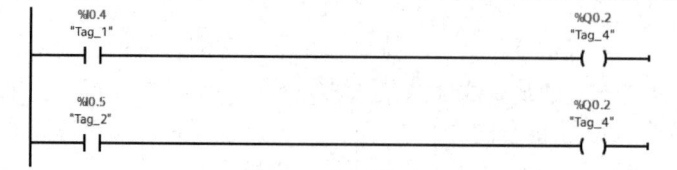

图 2-9 梯形图

扫一扫看小试身手 4 参考答案

## 2.3 PLC的存储器与软元件

PLC采用梯形图编程是模拟继电器控制系统的表示方法,各种元件沿用继电器控制的叫法,但非物理继电器,称为"软继电器"或"软元件"。实际上这些元件是由电子电路和存储器组成的,按元件的功能命名,例如:输入继电器I、输出继电器Q、辅助继电器M(也称中间继电器)等。在西门子S7-1200 PLC中是按照一定的数据格式对I、Q、M进行访问的,下面先介绍数据存储类型与系统存储区,再举例说明I、Q、M的应用。

### 2.3.1 数据存储类型

**1. 数据的长度**

在计算机中使用的都是二进制数,其最基本的存储单位是位(bit),如图2-10中的I2.3。8位二进制数组成1字节(Byte),如图2-10中的I2,其中第0位为最低位(LSB),第7位为最高位(MSB),两字节(16位)组成1字(Word),两字(32位)组成一个双字(Double Word),如图2-11所示。二进制数的"位"只有0和1两种值,开关量(或数字量)也只有两种不同的状态,如触点的断开和接通,线圈的失电和得电等。在S7-1200梯形图中,可用"位"扫描它们。如果该位为1,则表示对应的线圈为得电状态,触点为转换状态(常开触点闭合、常闭触点断开);如果该位为0,则表示对应线圈、触点的状态与上述状态相反。在数据长度为字或双字时,起始字节均放在高位上。

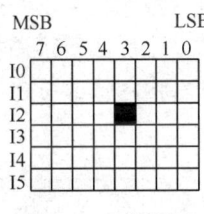

图2-10 位数据

(a) 8位二进制数组成1字节(Byte)　(b) 两字节组成1字(Word)　(c) 两字组成一个双字(Double Word)

图2-11 字节、字、双字

**2. 数据类型及数据范围**

S7-1200系列PLC的数据类型可以是字符串、布尔型(0或1)、整数型和实数型(浮点数)。整数型数据包括16位符号整数(Int)和32位符号整数(DInt)。其数据类型及范围如表2-3所示。

表2-3 S7-1200 PLC的数据类型及数据范围

| 基本数据类型 | | 位数 | 说明 |
| --- | --- | --- | --- |
| | 布尔型 Bool | 1 | 位的范围:0,1 |
| 无符号数 | 字节型 Byte | 8 | 字节的范围:0~255 |
| | 字型 Word | 16 | 字的范围:0~65535 |
| | 双字节型 Double Word | 32 | 双字的范围:0~($2^{32}-1$) |
| 有符号数 | 字节型 Byte | 8 | 字节的范围:-128~+127 |
| | 整数 Int | 16 | 整数的范围:-32768~+32767 |
| | 双整数 DInt | 32 | 双整数的范围:$-2^{31}$~($2^{32}-1$) |
| | 实数型 Real | 32 | 实数的范围:符合IEEE浮点数标准 |

### 3. 常数

常数的数据长度可以是字节、字和双字。CPU 以二进制的形式存储常数，书写常数可以用二进制、十进制、十六进制、ASCII 码或实数等多种形式。

书写格式为：十进制常数，如 1234；十六进制，如 16#3AC6；二进制常数，如 2#10100001；ASCII 码，如"Show"；实数（浮点数），如+1.175495E-38（正数），-1.175495E-38（负数）。

## 2.3.2 系统数据存储区

### 1. 输入/输出映像寄存器

输入映像寄存器在用户程序中的标志符为 I，它是 PLC 接收外部输入数字量信号的窗口。输入端可以外接常开触点或常闭触点，也可以接多个触点组成的串、并联电路。

在每次扫描循环开始时，CPU 读取数字量输入模块的外部输入电路的状态，并将它们存入输入映像寄存器，如表 2-4 所示。

表 2-4 系统存储区

| 存 储 区 | 描 述 | 强制 | 保持 |
| --- | --- | --- | --- |
| 输入映像寄存器（I） | 在扫描循环开始时，从物理输入复制的输入值 | Yes | No |
| 物理输入（I_:P） | 通过该区域立即读取物理输入 | No | No |
| 输出映像寄存器（Q） | 在扫描循环开始时，从输出值写入物理输出 | Yes | No |
| 物理输出（Q_:P） | 通过该区域立即写物理输出 | No | No |
| 位存储器（M） | 用于存储用户程序的中间运算结果或标志位 | No | No |
| 临时局部存储器（L） | 块的临时局部数据，只能供块内部使用 | No | No |
| 数据块（DB） | 数据存储器与 FB 的参数存储器 | No | No |

输出映像寄存器在用户程序中的标志符为 Q，每次循环周期开始时，CPU 将输出映像寄存器的数据传送给输出模块，再由后者驱动外部负载。

用户程序访问 PLC 的输入和输出地址区时，不是去读、写数字量模块中信号的状态，而是访问 CPU 的输入/输出映像寄存器。在扫描循环中，用户程序计算输出值，并将它们存入输出映像寄存器。在下一循环扫描开始时，将输出映像寄存器的内容写到数字量输出模块。

I 和 Q 均可以按位、字节、字和双字来访问，例如 I0.0、IB0、IW0 和 ID0。

### 2. 物理输入

在 I/O 点的地址或符号地址的后边附加":P"，可以立即访问物理输入或物理输出。

通过给输入点的地址附加":P"，例如 I0.3:P 或"Stop:P"，可以立即读取 CPU、信号板和信号模块的数字量输入和模拟量输入。访问时使用 I_:P 取代 I 的区别在于前者的数字直接来自被访问的物理输入点，而不是来自输入映像寄存器。因为数据从信号源被立即读取，而不是从最后依次被刷新的输入映像寄存器中复制，这种访问被称为"立即读"访问。

由于物理输入点从直接连接在该点的现场设备接收数据值，因此写物理输入点是被禁止的，即 I_:P 访问是只读的。

I_:P 访问还受到硬件支持的输入长度的限制。以被组态为从 I4.0 开始的 2DI/2DQ 信号板的输入点为例,可以访问 I4.0:P、I4.1:P 或 IB4:P,但是不能访问 I4.2:P~I4.7:P,因为没有使用这些输入点。也不能访问 IW4:P 和 ID4:P,因为它们超过了信号板使用的字节范围。

用 I_:P 访问物理输入不会影响存储在输入映像寄存器中的对应值。

### 3. 物理输出

在输出点的地址后面附加":P"(例如 Q0.3:P),可以立即写 CPU、信号板和信号模块的数字量和模拟量输出。访问时使用 Q_:P 取代 Q 的区别在于前者的数字直接写给被访问的物理输出点,同时写给输出映像寄存器。这种访问被称为"立即写",因为数据被立即写给目标点,不用等到下一次刷新时再将输出映像寄存器中的数据传送给目标点。

由于物理输出点直接控制与该点连接的现场设备,因此读物理输出点是被禁止的,即 Q_:P 访问是只写的。

Q_:P 访问还受到硬件支持的输出长度的限制。以被组态为从 Q4.0 开始的 2DI/2DQ 信号板的输出点为例,可以访问 Q4.0:P、Q4.1:P 或 QB4:P,但是不能访问 Q4.2:P~Q4.7:P,因为没有使用这些输出点。也不能访问 QW4:P 和 QD4:P,因为它们超过了信号板使用的字节范围。

用 Q_:P 访问物理输出同时影响物理输出点和存储在输出映像寄存器中的对应值。

### 4. 位存储器区

位存储器区(M 存储器)用来存储运算的中间操作状态或其他控制信息,可以用位、字节、字或双字读/写存储器区。

### 5. 数据块

数据块(Data Block)简称为 DB,用来存储代码块使用的各种类型的数据,包括中间操作状态、其他控制信息,以及某些指令(例如定时器、计数器的指令)需要的数据结构。可以设置数据块有写保护功能。

数据块关闭后,或有关代码块的执行开始或结束后,数据块中存放的数据不会丢失。有以下两种类型的数据块:

(1)全局数据块,它存储的数据可以被所有的代码块访问,如图 2-12 所示。

(2)背景(Instance)数据块,它存储的数据供指定的功能块(FB)使用,其结构取决于 FB 的界面(Interface)区的参数,具体可参考 S7-1200 编程手册。

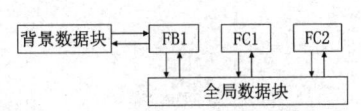

图 2-12 全局数据块与背景数据块

### 6. 临时存储器

临时存储器用于存储代码块被处理时使用的临时数据。PLC 为 3 个组织块 OB 的优先级组(参考 S7-1200 编程手册)分别提供以下临时存储器:

(1)启动和程序循环(包括有关的功能块 FB 和功能 FC)16 KB。

(2)标准的中断事件(包括有关的功能块 FB 和功能 FC)4 KB。

(3)时间错误中断事件(包括有关的功能块 FB 和功能 FC)4 KB。

临时存储器类似于 M 存储器,二者的主要区别在于 M 存储器是全局的,而临时存储器是局部的。

（1）所有的组织块 OB、功能 FC 和功能块 FB 都可以访问 M 存储器中的数据，即这些数据可以供用户程序中所有的代码块全局性地使用。

（2）在组织块 OB、功能 FC 和功能块 FB 的界面区生成临时变量（Temp）。它们具有局部性，只能在生成它们的代码块内使用，不能与其他代码块共享。即使组织块 OB 调用功能 FC，FC 也不能访问调用它的组织块 OB 的临时存储器。

CPU 按照按需访问的策略分配临时存储器。CPU 在代码块被启动（对于组织块 OB）或被调用（对于功能 FC 和功能块 FB）时，将临时存储器分配给代码块。

代码块执行结束后，CPU 将它使用的临时存储器区重新分配给其他要执行的代码块使用。CPU 不对在分配时可能包含数值的临时存储单元初始化，只能通过符号地址访问临时存储器。

### 2.3.3 系统存储器与时钟存储器

在 PLC 的"设备视图"中，通过 CPU 的"属性"选项卡可以设置系统存储器和时钟存储器，并可以修改系统或时钟存储器的字节地址，默认的系统存储器为 MB1，时钟存储器为 MB0。如图 2-13 所示，项目中选 MB10 为系统存储器，时钟存储器采用默认字节。

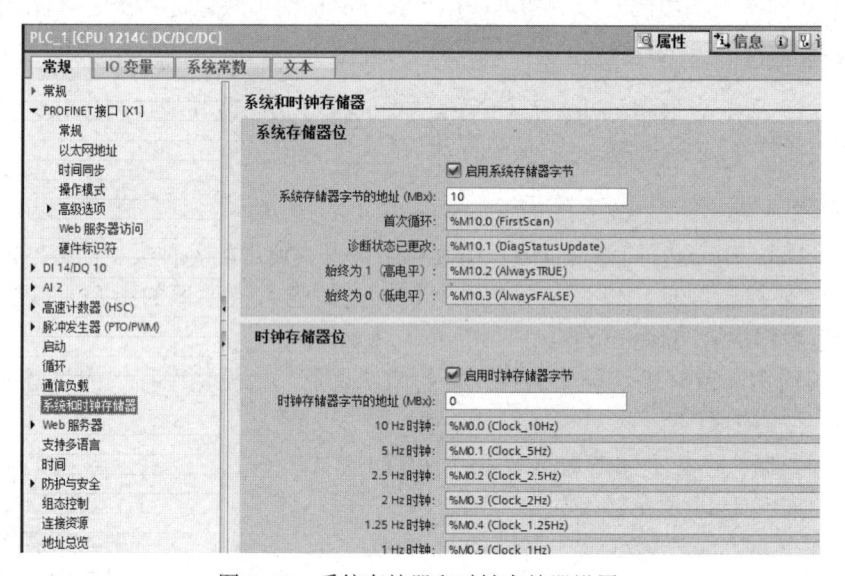

图 2-13　系统存储器和时钟存储器设置

系统存储器字节提供了以下 4 个位，用户程序可通过以下变量名称引用这 4 个位：

（1）M10.0（首次扫描）默认变量名称为"FirstScan"，在启动组织块（OB）完成后的第一次扫描期间内，该位设置为 1。

（2）M10.1（诊断状态已更改）默认变量名称为"DiagStatusUpdate"，在 CPU 记录了诊断事件后的一个扫描周期内，该位设置为 1。由于直到首次程序循环组织块（OB）执行结束，CPU 才能置位"诊断状态已更改"位，因此用户程序无法检测在启动组织块执行期间或首次程序循环组织块执行期间是否发生过诊断更改。

（3）M10.2（始终为 1）默认变量名称为"AlwaysTRUE"，该位始终设置为"1"。

（4）M10.3（始终为 0）默认变量名称为"AlwaysFALSE"，该位始终设置为"0"。

时钟存储器的字节中的每一位都可生成方波脉冲，时钟存储器字节提供了 8 种不同的频率，其范围为 0.5（慢）~10 Hz（快）。这些位可作为控制位，在用户程序中周期性地触发动作。CPU 在从 STOP 模式切换到 STARTUP 模式时初始化这些字节。时钟存储器的位在 STARTUP 和 RUN 模式下会随 CPU 时钟同步变化，其各位含义如表 2-5 所示。

表 2-5　时钟存储器字节各位对应的时钟周期与频率

| 位 | 7 | 6 | 5 | 4 | 3 | 2 | 1 | 0 |
|---|---|---|---|---|---|---|---|---|
| 周期（s） | 2 | 1.6 | 1 | 0.8 | 0.5 | 0.4 | 0.2 | 0.1 |
| 频率（Hz） | 0.5 | 0.625 | 1 | 1.25 | 2 | 2.5 | 5 | 10 |

> **小试身手 5　PLC 存储器的应用**
>
> （1）将系统存储器设置为 MB100，时钟存储器设置为 MB101；
> （2）设计一个程序：PLC 运行时，PLC 的输出端口 Q0.3 驱动的绿灯会常亮；
> （3）设计一个程序：按下启动按钮 I0.4 后，PLC 的输出端口 Q0.2 驱动的红灯每秒闪烁两次，按下停止按钮 I0.5 后，红灯停止闪烁。

## 2.3.4　I、Q、M 的应用

**1. 输入继电器（输入映像寄存器）I**

输入继电器是 PLC 接收外部开关信号的窗口，PLC 输入端子的每个接线点均对应一个输入继电器。如图 2-14 所示为 PLC 控制系统示意图。在梯形图中，输入继电器 I 只有常开、常闭触点形式，不会出现线圈。可以认为输入继电器 I 触点的动作直接由外部条件决定，并且作为 PLC 其他编程元件线圈的输入条件。在梯形图中，每一个输入继电器有无限多个常开、常闭触点可以使用。

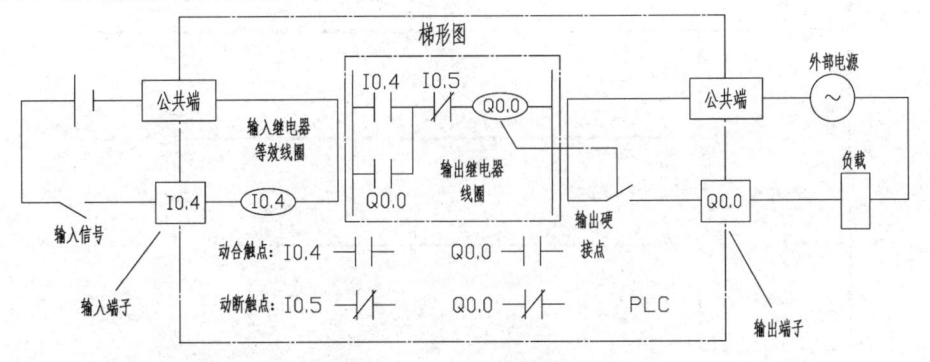

图 2-14　PLC 控制系统示意图

**2. 输出继电器（输出映像寄存器）Q**

输出继电器是 PLC 向外部负载发送信号的窗口，与 PLC 的输出端子相连。如图 2-14 所示的输出端为继电器输出型的 PLC，PLC 的一个输出端口对应一个输出继电器，PLC 通过它驱动输出负载或下一级电路，它反映了 PLC 程序执行的结果。在梯形图中，每一个输出继电器有无限多个常开、常闭触点可以使用。

### 3. 中间继电器（位存储器）M

中间继电器用来保存中间操作状态和控制信息，可实现多路同时控制，起到中间转换的作用。它不能直接接收外部输入信号，也不能直接驱动外部负载。中间继电器的线圈只能由程序驱动，触点是内部触点，在程序中可以无限次使用。图 2-15 中的 Q0.3 是线圈重复输出，在用梯形图编程中绝不允许出现，可以通过用中间继电器 M 来解决梯形图中线圈重复输出的问题，修改后的梯形图如图 2-16 所示。

图 2-15　线圈重复输出示例

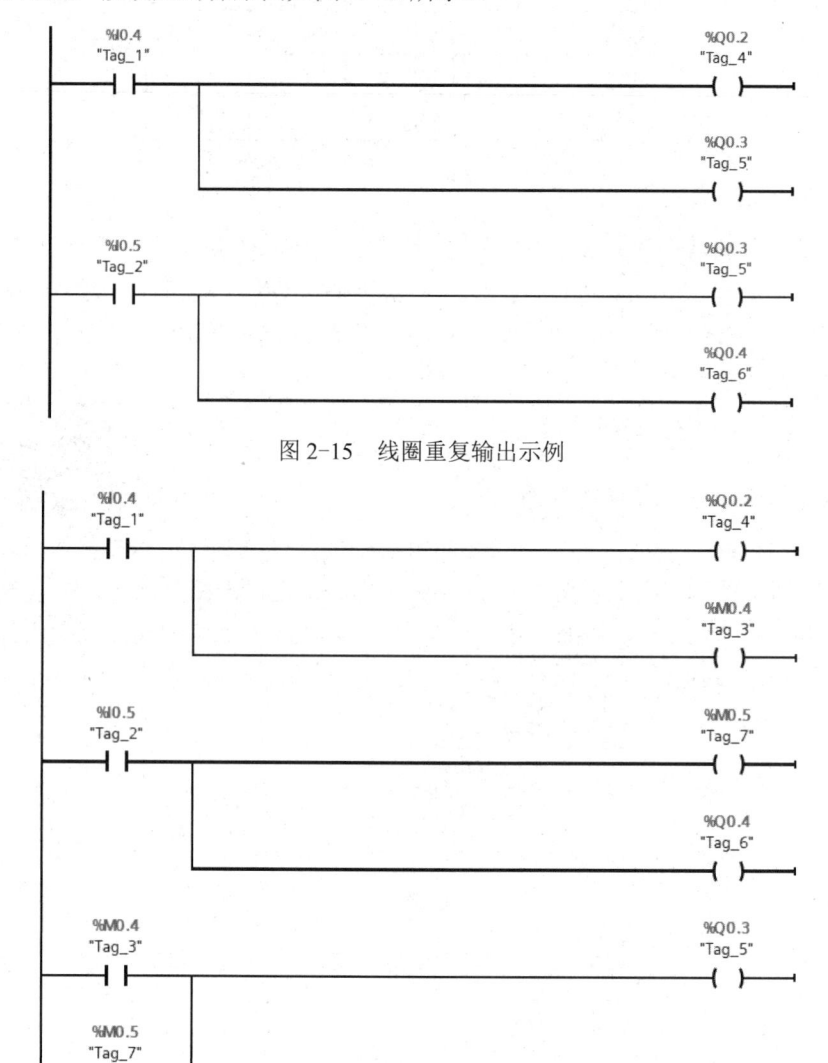

图 2-16　修改线圈重复输出示例

## 2.4　位逻辑指令及应用

S7-1200 PLC 的位逻辑指令有 17 条。在项目树中选择"程序块"→"Main[OB1]"项，界面右侧出现"指令"栏，在"基本指令"的 ▼ 位逻辑运算 文件夹下就是位逻辑指令。

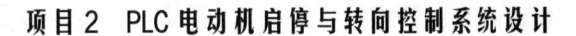

接下来我们学习基本的位逻辑指令。

## 2.4.1 触点指令与线圈指令

### 1. 常开触点与常闭触点指令

梯形图中的触点指令有常开触点和常闭触点两种,常闭触点中带"/"符号。当存储器某位地址的位(bit)值为 1,则与之对应的常开触点位值为 1,表示该常开触点闭合;而与之对应的常闭触点值为 0,表示该常闭触点断开。反之,当存储器某位地址的位(bit)值为 0,则与之对应的常开触点值为 0,表示该常开触点断开;而与之对应的常闭触点值为 1,表示该常闭触点闭合。常开、常闭触点指令的符号如图 2-17 所示。

### 2. 取非触点指令

取非触点指令 NOT 可用来改变能流的状态,能流到达取非触点指令时,能流就停止;能流未到达取非触点指令时,能流就通过。梯形图中,取非触点指令的符号如图 2-18 所示。

图 2-17 常开、常闭触点指令的符号

图 2-18 取非触点指令的符号

### 3. 输出线圈指令

如果有能流通过输出线圈,则输出位设置为 1;没有能流通过输出线圈,则输出位设置为 0。指令符号如图 2-19(a)所示。

### 4. 反向输出线圈指令

如果有能流通过反向输出线圈,则输出位设置为 0;如果没有能流通过反向输出线圈,则输出位设置为 1。反向输出线圈指令的符号如图 2-19(b)所示。

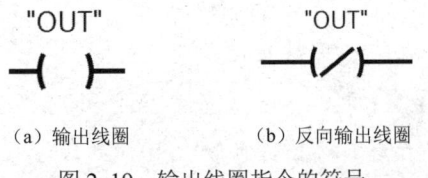

图 2-19 输出线圈指令的符号

**实例 2-1** 如图 2-20 所示的梯形图,当输入 I0.4 与 I0.5 的信号状态为 1,或者输入 I0.6 的信号状态为 1,输出 Q0.2 为 0。当输入 I0.4 与 I0.5 的信号状态为 1,或者输入 I0.6 的信号状态为 1,同时输入 I0.7 的信号状态为 1,输出 Q0.3 为 0。

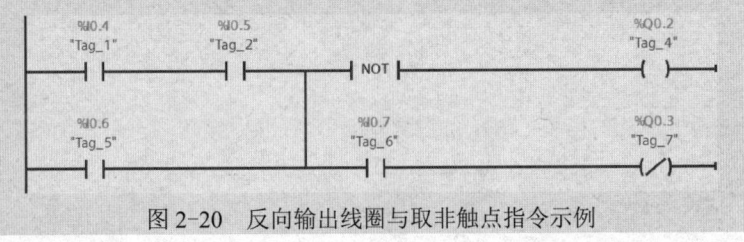

图 2-20 反向输出线圈与取非触点指令示例

## 2.4.2 置位/复位指令

### 1. 置位/复位指令

置位/复位指令指只要能流到达就能执行的置位和复位指令。执行置位指令时,指令操作数(bit)指定的地址被置位且保持,置位后即使能流中断,仍保持置位;执行复位指令时,指令操作数(bit)指定的地址被复位且保持,复位后即使能流中断,仍保持复位。由于 CPU 的扫描工作方式,程序中写在后面的指令有优先权。置位和复位指令的符号如图 2-21 所示。

图 2-21 置位和复位指令的符号
(a)置位指令  (b)复位指令

**实例 2-2** 如图 2-22(a)所示的梯形图,当输入 I0.4 的信号状态由 0 变为 1 时,输出 Q0.2 瞬间置位为 1,且 Q0.2 保持为 1,即使 I0.4 的信号状态已由 1 变为 0 时。当输入 I0.5 的信号状态由 0 变为 1 时,输出 Q0.2 瞬间复位为 0。

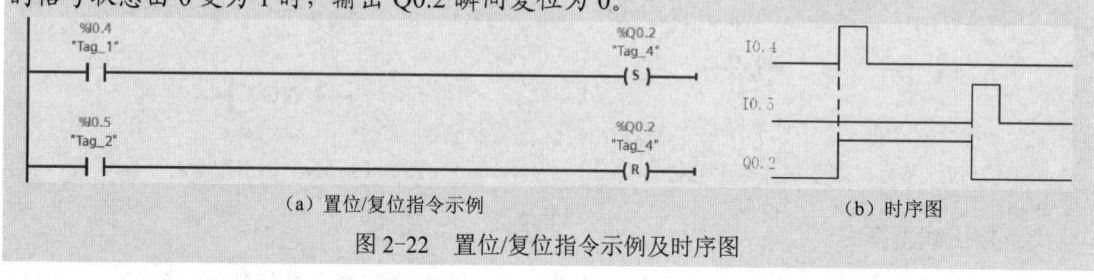

图 2-22 置位/复位指令示例及时序图
(a)置位/复位指令示例  (b)时序图

### 2. 多点置位/复位指令

多点置位/复位指令指只要能流到达就能执行的多点置位和多点复位指令。执行多点置位指令时,把从指令操作数(bit)指定地址开始的 $n$ 个点数被置位且保持,置位后即使能流中断,仍保持置位;执行多点复位指令时,把从指令操作数(bit)指定地址开始的 $n$ 个点都被复位且保持,复位后即使能流中断,仍保持复位。多点置位和复位指令符号如图 2-23 所示。

图 2-23 多点置位和复位指令的符号
(a)置位指令  (b)复位指令

**实例 2-3** 如图 2-24 所示的梯形图,让输入 I0.4 的信号状态由 0 变为 1 再变为 0,再让输入 I0.5 的信号状态做同样变化时,请观察 Q0.2、Q0.3、Q0.4 的变化情况,此梯形图编写是否完善,如何改进?

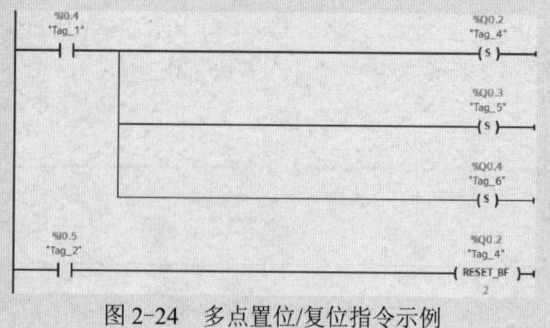

图 2-24 多点置位/复位指令示例

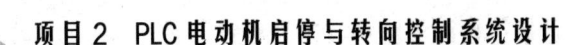

## 3. 置位/复位优先触发器

RS 是置位优先触发器，如果置位（S1）和复位（R）信号都为 1，则输出地址 OUT 将为 1；SR 是复位优先触发器，如果置位（S）和复位（R1）信号都为 1，则输出地址 OUT 将为 0。置位/复位优先触发器指令的符号如图 2-25 所示，参数含义如表 2-6 所示，RS 与 SR 触发器的功能如表 2-7 所示。

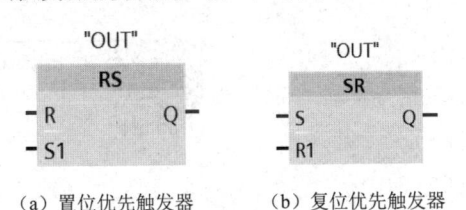

图 2-25 置位/复位优先触发器指令的符号
(a) 置位优先触发器
(b) 复位优先触发器

表 2-6 置位/复位优先触发器参数含义

| 参数 | 数据类型 | 说 明 |
|---|---|---|
| S、S1 | Bool | 置位输入：S1 表示优先 |
| R、R1 | Bool | 复位输入：R1 表示优先 |
| OUT | Bool | 分配的位输出 "OUT" |
| Q | Bool | 遵循 "OUT" |

表 2-7 RS 与 SR 触发器的功能

| 复位优先触发器 | | | 置位优先触发器 | | |
|---|---|---|---|---|---|
| S | R1 | Q | S1 | R | Q |
| 0 | 0 | 保持前一状态 | 0 | 0 | 保持前一状态 |
| 0 | 1 | 0 | 0 | 1 | 0 |
| 1 | 0 | 1 | 1 | 0 | 1 |
| 1 | 1 | 0 | 1 | 1 | 1 |

**实例 2-4** 如图 2-26（a）所示的梯形图，当输入 I0.4 和 I0.5 的信号同时为 1 时，请观察 Q0.2 是否有输出；如图 2-26（b）所示的梯形图，当输入 I0.6 和 I0.7 的信号同时为 1 时，请观察 Q0.3 是否有输出。这两者的区别在哪里？

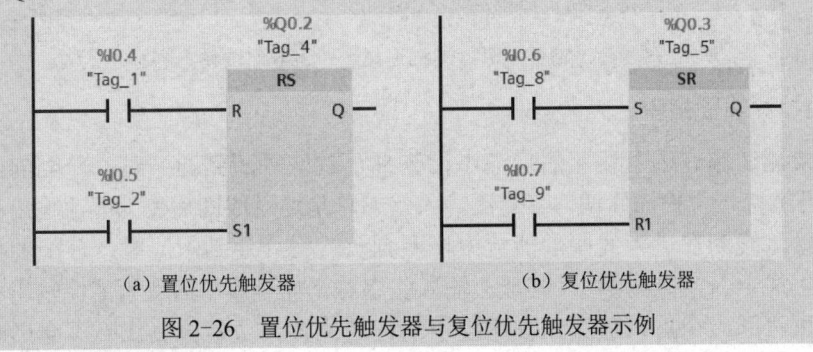

图 2-26 置位优先触发器与复位优先触发器示例
(a) 置位优先触发器
(b) 复位优先触发器

### 2.4.3 边沿检测指令

#### 1. 边沿检测触点指令

上升沿检测触点指令输入信号 "IN" 由 0 状态变为 1 状态（即输入信号 "IN" 的上升沿），则该触点 P 接通一个扫描周期。P 触点可以放置在程序段中除分支、结尾外的任何位置，其符号如图 2-27（a）所示。

P 触点下面的 M_BIT 为边沿存储位，用来存储上一次扫描循环时输入信号 "IN" 的状

态。通过比较输入信号的当前状态和上一次循环时的状态，来检测信号的边沿。边沿存储位的地址只能在程序中使用一次，它的状态不能在其他地方被改写。只能使用 M、全局 DB 和静态变量来作为边沿存储位，不能使用局部数据或 I/O 作为边沿存储位。

下降沿检测触点指令输入信号"IN"由 1 状态变为 0 状态（即输入信号"IN"的下降沿），则该触点 N 接通一个扫描周期。N 触点可以放置在程序段中除分支、结尾外的任何位置，其符号如图 2-27（b）所示。

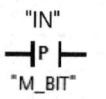

（a）上升沿检测触点指令　　（b）下降沿检测触点指令

图 2-27　边沿检测触点指令的符号

**实例 2-5**　如图 2-28 所示的梯形图，当输入 I0.4 的信号由 0 变为 1 时，Q0.2 被置位并保持；当输入 I0.5 的信号由 1 变为 0 时，Q0.2 被复位。

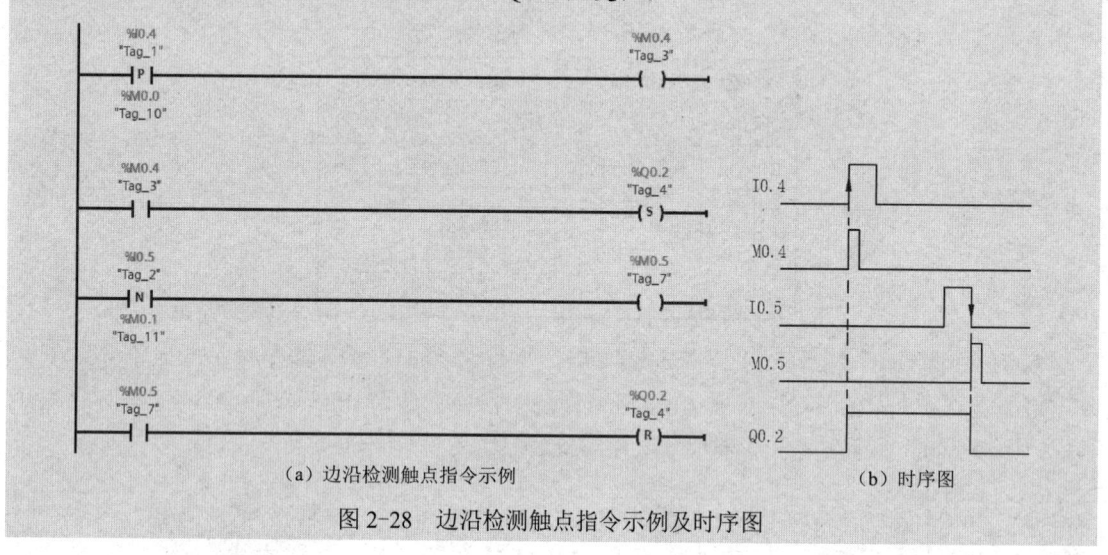

（a）边沿检测触点指令示例　　（b）时序图

图 2-28　边沿检测触点指令示例及时序图

### 2. 边沿检测线圈指令

上升沿检测线圈在进入线圈的能流中检测到正跳变（断到通）时，分配的位"OUT"为 TRUE，且维持一个扫描周期。其能流输入状态总是通过线圈后变为能流输出状态。

下降沿检测线圈在进入线圈的能流中检测到负跳变（通到断）时，分配的位"OUT"为 TRUE，且维持一个扫描周期。其能流输入状态总是通过线圈后变为能流输出状态。

边沿检测线圈指令可以放置在程序段中的任何位置，边沿检测线圈不会影响逻辑运算结果（RLO），它对能流是畅通无阻的，其输入的逻辑运算结果被立即送给线圈的输出端。边沿检测线圈指令的符号如图 2-29 所示。

（a）上升沿检测线圈指令　　（b）下降沿检测线圈指令

图 2-29　边沿检测线圈指令的符号

**实例 2-6** 如图 2-30 所示的梯形图,在运行时先将 I0.0 的状态由 0 变为 1,I0.0 的常开触点闭合,能流经 P 线圈和 N 线圈流过 Q0.2 的线圈。在 I0.0 的上升沿,M0.0 的常开触点闭合一个扫描周期,使 Q0.3 置位。再将 I0.0 的状态由 1 变为 0,在 I0.0 的下降沿,M0.1 的常开触点闭合一个扫描周期,使 Q0.3 复位,其时序图如 2-31 所示。

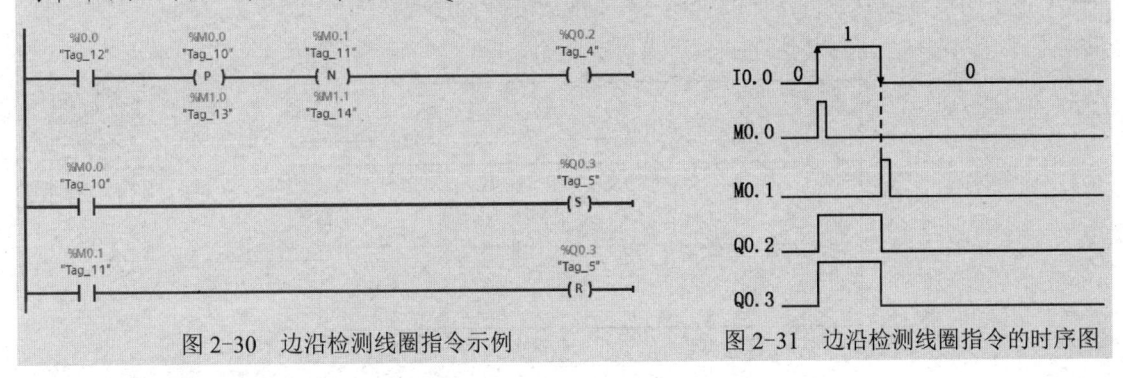

图 2-30 边沿检测线圈指令示例

图 2-31 边沿检测线圈指令的时序图

### 3. P_TRIG 指令与 N_TRIG 指令

P_TRIG 指令在 CLK 能流输入中检测到正跳变(断到通)时,Q 输出能流或逻辑状态为 TRUE。N_TRIG 指令在 CLK 能流输入中检测到负跳变(通到断)时,Q 输出能流或逻辑状态为 TRUE。M_BIT 为脉冲存储位,在梯形图中 P_TRIG、N_TRIG 指令不能放置在程序段的开头或结尾,指令符号如图 2-32 所示。

(a) P_TRIG　　(b) N_TRIG

图 2-32 P_TRIG 指令与 N_TRIG 指令的符号

**实例 2-7** 如图 2-33 所示的梯形图,在流进 P_TRIG 指令的 CLK 输入端能流的上升沿(能流刚出现),Q 端输出一个扫描周期的能流,使 Q0.4 置位。指令框下面的 M3.0 为脉冲存储位。在流进 N_TRIG 指令的 CLK 输入端能流的下降沿(能流刚消失),Q 端输出一个扫描周期的能流,使 Q0.4 复位。指令框下面的 M3.1 为脉冲存储位。

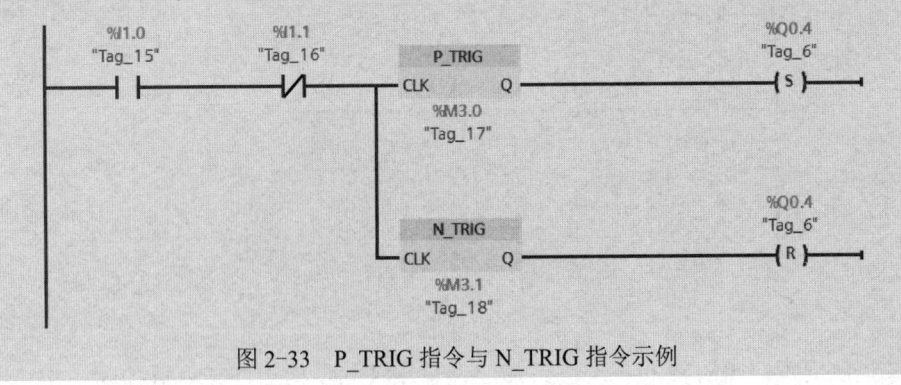

图 2-33 P_TRIG 指令与 N_TRIG 指令示例

**小试身手6　编写梯形图**

（1）通过博途软件将图2-34（a）中的梯形图写入PLC，当输入I0.4的信号由0变为1时，请观察Q0.2指示灯的变化；变换梯形图第一行和第二行如图2-34（b）所示，当输入I0.4的信号由0变为1时，此时Q0.2指示灯有变化吗，为什么？

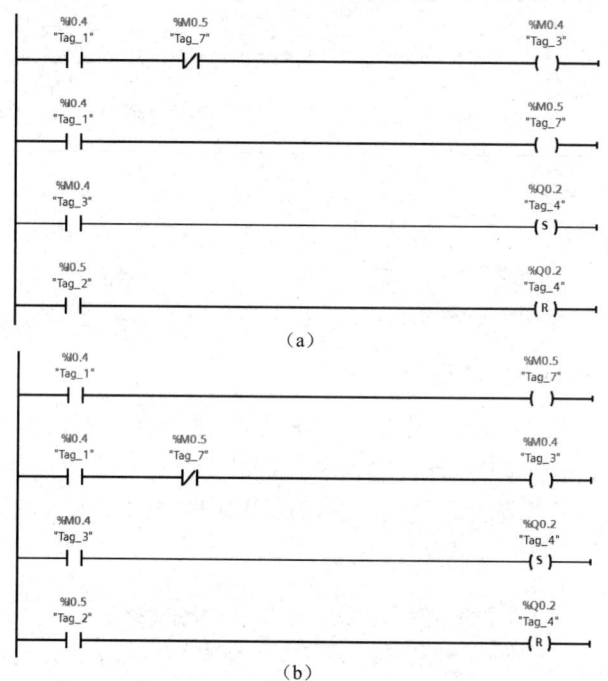

图2-34　梯形图训练

（2）请问梯形图2-35（a）和（b）有区别吗？当输入I0.4的信号一直保持为1时，按下I0.5所对应的按钮，Q0.3指示灯有什么变化，为什么？

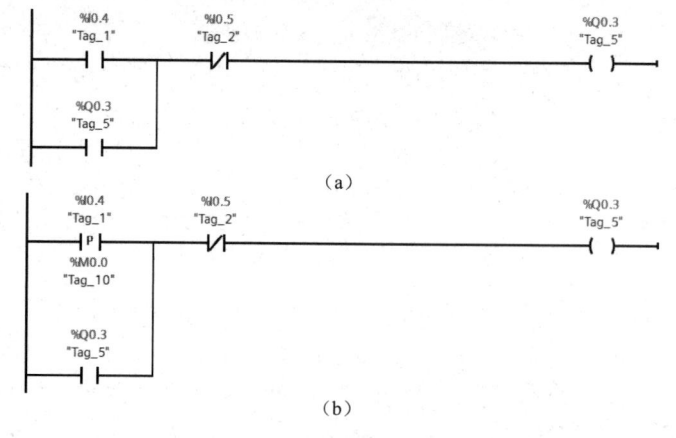

图2-35　梯形图训练

（3）控制要求：瞬时按动一次按钮I0.4，输出Q0.2指示灯亮，再按动一次该按钮，输出Q0.2指示灯灭，重复以上过程。请采用两种以上不同的方法编写此梯形图程序。

## 实训 4　单台电动机的三地控制

### 1. 实训目的

（1）熟悉 PLC 控制时 I/O 点的确定，能够正确接线；
（2）初步掌握 PLC 位逻辑指令的使用方法，能够正确将其应用于项目中；
（3）掌握博途软件的基本使用方法，能够运用该软件进行程序编写和调试。

### 2. 实训器材

（1）PLC 实训装置 1 台（含 CPU 1214C DC/DC/RLY）；
（2）计算机 1 台（已安装博途软件）以及电工常用工具 1 套、导线若干。

### 3. 实训步骤

（1）检查 PLC 与计算机的网线是否已连接，PLC 实训装置的电源是否打开。

（2）理解控制要求：用 PLC 实现三地电动机控制系统，其特点是操作人员能够在不同的三地 A、B、C 对三相异步电动机 M 进行启动、停止控制。当按下电动机 M 的启动按钮 SB1、SB2 或 SB3 时，电动机 M 启动运转；当按下停止按钮 SB4、SB5 或 SB6 时，电动机 M 停止运转。

（3）确定 I/O 端口分配，见表 2-8，绘制 I/O 接线图并正确接线，如图 2-36 所示。

表 2-8　I/O 端口分配

| 类别 | 元件 | I/O 点编号 | 备注 |
| --- | --- | --- | --- |
| 输入 | SB1 | I0.0 | A 地启动按钮，常开触点 |
| | SB2 | I0.1 | B 地启动按钮，常开触点 |
| | SB3 | I0.2 | C 地启动按钮，常开触点 |
| | SB4 | I0.3 | A 地停止按钮，常开触点 |
| | SB5 | I0.4 | B 地停止按钮，常开触点 |
| | SB6 | I0.5 | C 地停止按钮，常开触点 |
| 输出 | KM | Q0.2 | 接触器线圈 |

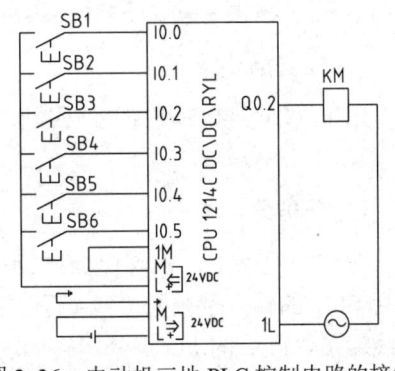

图 2-36　电动机三地 PLC 控制电路的接线

（4）绘制梯形图，对三相异步电动机进行三地控制的 PLC 控制梯形图如图 2-37 所示。

扫一扫下载电动机三地 PLC 控制电路的接线 CAD 图

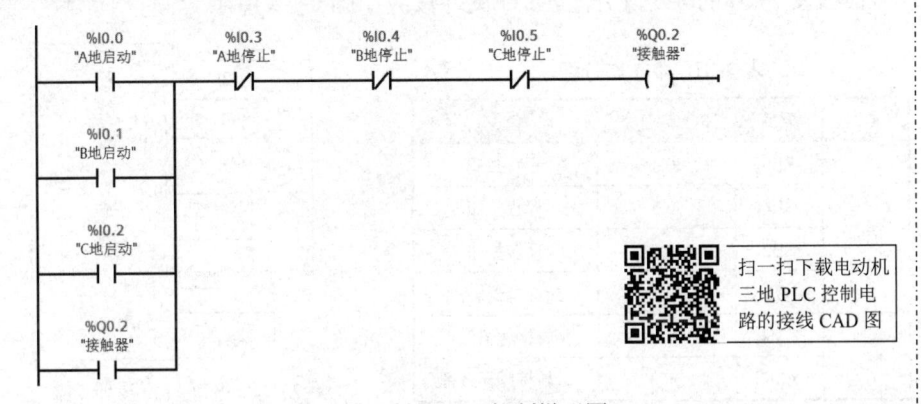

图 2-37　电动机三地控制的 PLC 控制梯形图

### 4. 实训结果分析及考核评价

根据学生在训练过程中的表现，给予客观评价，填写实训评价表 2-9。

表 2-9 实训评价

| 考核内容及依据 | 考核等级（在相应括号中打√） | | | 备注 |
|---|---|---|---|---|
| 接线与工艺（接错两根线以上时不能参加考核）<br>等级考核依据：学生接线工艺和熟练程度 | 优<br>（  ） | 良<br>（  ） | 中<br>（  ） | 占总评<br>1/3 |
| 电路检查：检查方法、步骤、工具的使用<br>（本项内容都应会，否则不能参加考核）<br>等级考核依据：学生熟练程度 | 优<br>（  ） | 良<br>（  ） | 中<br>（  ） | 占总评<br>1/3 |
| 通电调试：调试步骤（本项内容都应会，否则不能参加考核）<br>等级考核依据：学生操作过程的规范性和学习状态 | 优<br>（  ） | 良<br>（  ） | 中<br>（  ） | 占总评<br>1/3 |
| 总评<br>（3 项都为优时总评才能为优，以此类推评判良和中） | | | | 手写<br>签字 |

### 5. 实训思考

如果实验台提供的 PLC 为 CPU 1214C DC/DC/DC 版本，如何重新设计 PLC 控制电路及程序？

## 任务 3　用 PLC 实现电动机的正反转控制

> 扫一扫看任务 3 和第 2.5 与 2.6 节教学课件

### 1. 任务描述

用 PLC 实现电动机正反转控制，主回路仍然采用项目 1 中的图 1-69，控制回路需要重新设计。

### 2. 任务分析

在控制回路中，热继电器常闭触点、停止按钮、正转按钮和反转按钮属于控制信号，作为 PLC 的输入量分配接线端子；而接触器线圈属于被控对象，应作为 PLC 的输出量分配接线端子，PLC 的 I/O 点分配，如表 2-10 所示。

### 3. I/O 硬件接线

根据表 2-10 的 I/O 点分配，I/O 硬件接线如图 2-38 所示。

> 扫一扫下载 I/O 接线的 CAD 图

表 2-10 I/O 点分配

| 类别 | 元件 | I/O 点编号 | 备注 |
|---|---|---|---|
| 输入 | SB0 | I0.4 | 正转按钮 |
| | SB1 | I0.5 | 停止按钮 |
| | SB2 | I0.6 | 反转按钮 |
| | FR | I0.7 | 热继电器触点 |
| 输出 | KM1 | Q0.2 | 正转接触器线圈 |
| | KM2 | Q0.3 | 反转接触器线圈 |

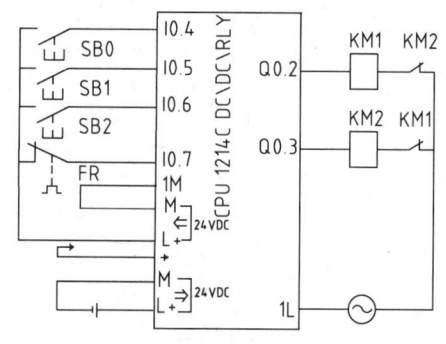

图 2-38 电动机正反转 PLC 控制的 I/O 接线

项目 2　PLC 电动机启停与转向控制系统设计

> **练一练**　请按照图 2-38 进行接线，然后通过按下输入信号端的按钮，观察所对应的输入信号指示灯，再通过博途软件中的监控表测试输出端接线是否正确。

### 4. 梯形图设计

设计电动机的正反转控制梯形图，如图 2-39 所示。

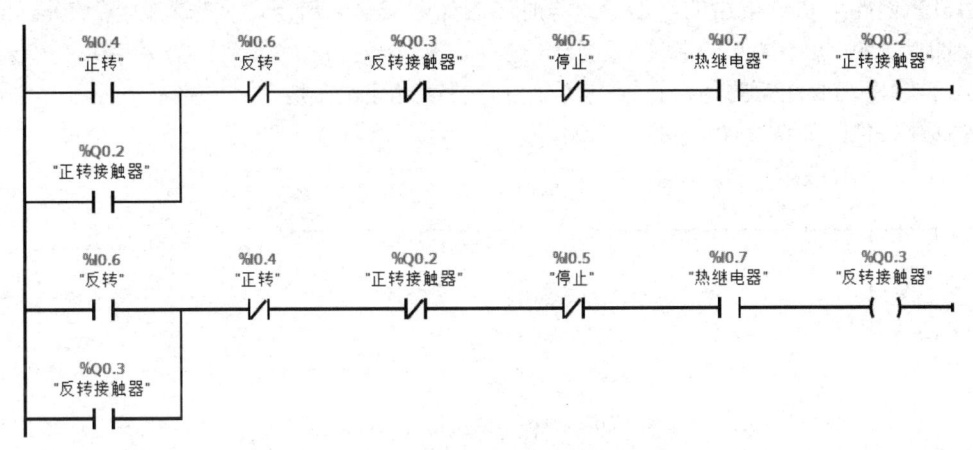

```
    %I0.4      %I0.6      %Q0.3      %I0.5      %I0.7      %Q0.2
    "正转"     "反转"    "反转接触器"  "停止"    "热继电器"  "正转接触器"
──┬──┤├──┬──┤/├──────┤/├──────┤/├──────┤/├──────(  )──
  │         │
  │  %Q0.2  │
  │ "正转接触器"│
  └──┤├──┘

    %I0.6      %I0.4      %Q0.2      %I0.5      %I0.7      %Q0.3
    "反转"     "正转"    "正转接触器"  "停止"    "热继电器"  "反转接触器"
──┬──┤├──┬──┤/├──────┤/├──────┤/├──────┤/├──────(  )──
  │         │
  │  %Q0.3  │
  │ "反转接触器"│
  └──┤├──┘
```

图 2-39　电动机的正反转控制梯形图

按下正转按钮 SB0，使与之相连的输入继电器 I0.4 的状态为 1，梯形图中 I0.4 的常开触点闭合，该闭合触点与 I0.5 和 I0.7 等的常闭触点驱使输出继电器 Q0.2 的状态为 1，同时 Q0.2 的常开触点闭合形成自锁，即 KM1 线圈通电并自锁，接通正序电源，电动机正转。

按下反转启动按钮 SB2，使与之相连的输入继电器 I0.6 的状态为 1，梯形图中 I0.6 的常开触点闭合，该闭合触点与 I0.5 和 I0.7 等的常闭触点驱使输出继电器 Q0.3 的状态为 1，同时 Q0.3 的常开触点闭合形成自锁，即 KM2 线圈通电并自锁，接通反序电源，电动机反转。

在电动机正转时，由于在反转电路中串接了 I0.5 和 Q0.2 的常闭触点，所以 SB0 不仅是电动机正转的启动按钮，也是使电动机停止反转的按钮；同理可知，SB2 是电动机反转的启动按钮，也是使电动机停止正转的按钮，这样的设计称为互锁（软互锁），保证电动机在同一时间只有正、反序电源其中的一种接通，保护电动机不被烧坏。

按下与 I0.5 相连接的停止按钮 SB1 时，使与之相连的输入继电器 I0.5 的状态为 1，梯形图中 I0.5 的常闭触点断开，使电动机的正反转电路全部断开。

> **练一练**　在博途软件中输入图 2-39 所示梯形图并下载到 PLC 中，分别按下按钮 SB2、SB1 和 SB0，观察实训装置中电动机的运行情况，小组讨论并分析原因。

---

**小试身手 7　电动机正反转联锁控制电路的编程与调试**

如果在图 2-38 所示 PLC 控制电路中设立外部正反转联锁电路，对 PLC 的 I/O 硬件接线如何进行改进，并完成程序的编写与调试。

扫一扫看小试身手 7 参考答案

## 2.5 PLC 控制程序中的自锁与互锁

### 1. 自锁的应用

在 PLC 控制程序的设计中，经常要对脉冲输入信号或者点动按钮输入信号进行保持，常采用自锁电路。自锁电路的基本形式与时序图如图 2-40 所示。将输入触点（I0.4）与输出线圈的常开触点（Q0.0）并联，这样一旦有输入信号（超过一个扫描周期），就能保持（Q0.0）有输出。要注意的是，自锁电路必须有解锁设计，一般在并联之后采用某一常闭触点作为解锁条件，如图 2-40 中的 I0.5 触点。

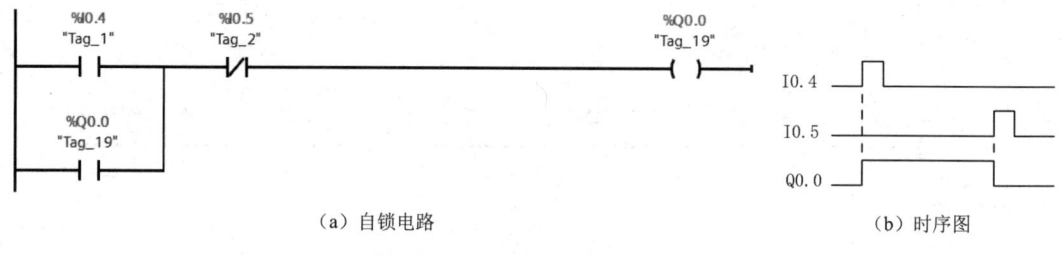

(a) 自锁电路　　　　(b) 时序图

图 2-40　自锁电路示例与时序图

### 2. 互锁的应用

互锁电路，也称优先电路，是指两个输入信号中先到信号取得优先权，后者无效。例如，在抢答器程序设计中的抢答优先，又如，防止控制电动机的正反转按钮同时按下的保护电路。图 2-41 所示为优先电路的例子，其中，I0.4 先接通，M10.0 线圈接通，则 Q0.0 线圈有输出；同时，由于 M10.0 的常闭触点断开，I0.6 输入再接通时，则无法使 M11.0 动作，Q0.1 无输出。若 I0.6 先接通，情况正好相反。

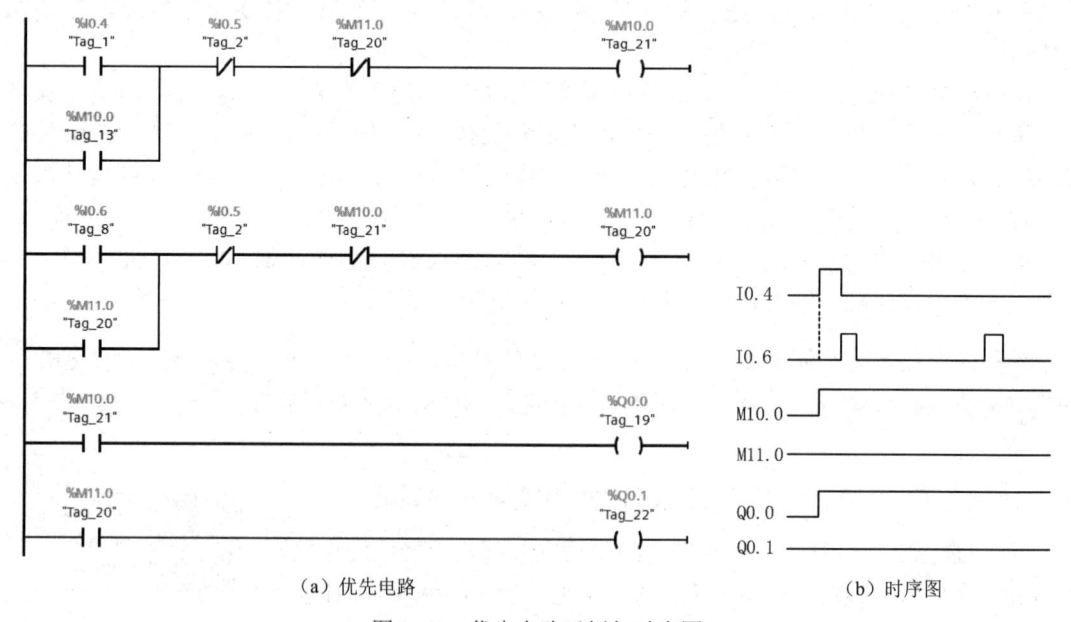

(a) 优先电路　　　　(b) 时序图

图 2-41　优先电路示例与时序图

## 2.6 编程规则及技巧

**1. 梯形图编程规则**

梯形图作为 PLC 的第一用户语言,被广大的电气设计师们使用,并广泛应用于工业现场的控制领域。为使初学 PLC 的人员能更快更好地使用这种编程语言,下面介绍一些梯形图的编程规则。

1)总的编程顺序

程序总体上应按自上而下、从左至右的顺序编写。

2)避免双线圈输出

同一操作数的输出线圈在一个程序中不能使用两次,不同操作数的输出线圈可以并行输出,如图 2-42 所示。双线圈输出就是在同一个程序中,同一元件的线圈被使用了两次甚至多次。如图 2-43 中的程序在两处使用同一线圈 Q0.2,根据 PLC 循环扫描的工作过程,PLC 从上而下扫描用户程序,输出映像寄存器里的值不断被刷新。程序中有两个相同的线圈,PLC 真正输出的是后一个线圈的状态,当 I0.4=1、I0.5=0 时,Q0.2 没有输出。

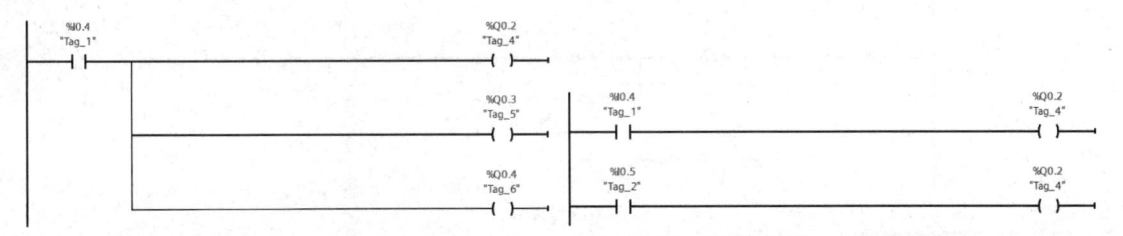

图 2-42 不同操作数的输出线圈并行　　　图 2-43 双线圈输出

双线圈输出并不违反输入程序的语法规则,但 PLC 只能按最后一个线圈的状态输出执行,会使程序的实际控制动作十分复杂。另外,图 2-43 所示程序中 Q0.2 线圈的通断状态除了对外部负载起作用外,通过它的触点还可能对程序中其他元件的状态产生影响。因此,在编写控制程序时应避免出现双线圈输出,可按如图 2-44 所示的方法对图 2-43 所示程序进行改进设计。

图 2-44 改变双线圈输出

3）适当安排编程顺序，以减少程序的步数

（1）串联多的支路应尽量放在上部，如图 2-45 所示。

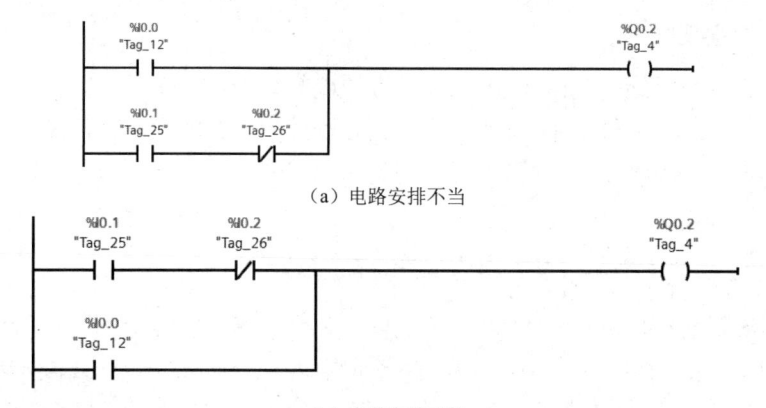

(a) 电路安排不当

(b) 电路安排正确

图 2-45　串联多的支路应放在上部

（2）并联多的支路应靠近左母线，如图 2-46 所示。

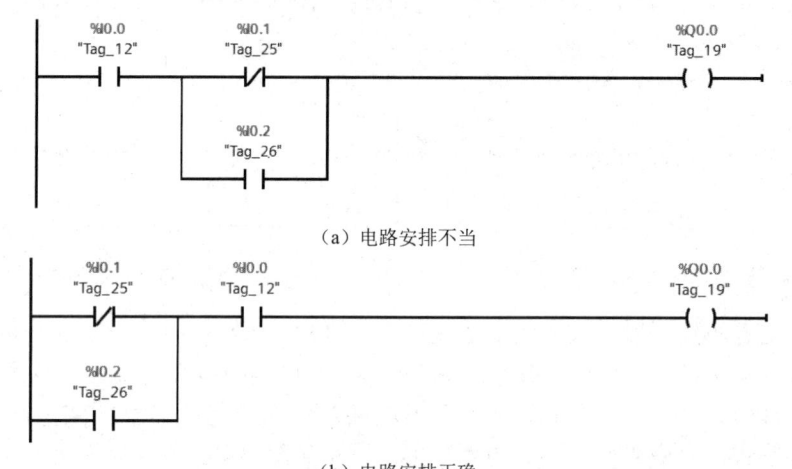

(a) 电路安排不当

(b) 电路安排正确

图 2-46　并联多的支路应靠近左母线

（3）触点不能放在线圈的右边。

### 2. 编程技巧

1）设置中间单元

在梯形图中，若多个线圈受某一触点串并联电路的控制，为了简化电路，可设置该电路控制的存储器的位，如图 2-47 所示，这类似于继电器电路中的中间继电器。

2）尽量减少可编程控制器的输入信号和输出信号

可编程控制器的价格与 I/O 点数有关，因此减少 I/O 点数是降低硬件费用的主要措施。如果几个输入器件触点的串并联电路是作为一个整体出现，可以将它们作为可编程控制器的一个输入信号，只占可编程控制器的一个输入点。如果某器件的触点只用一次并且与

项目2 PLC电动机启停与转向控制系统设计

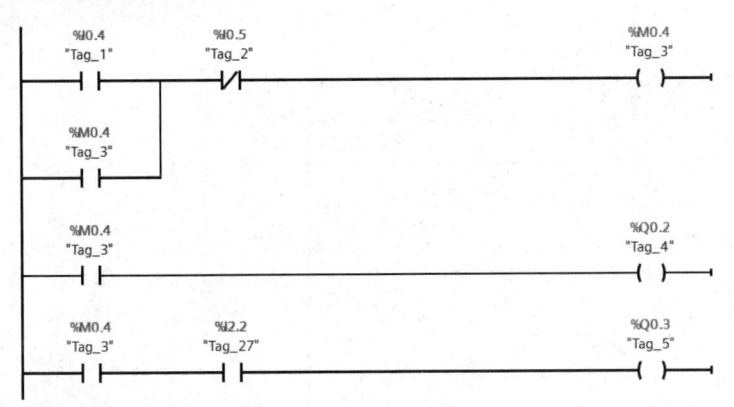

```
    %I0.4       %I0.5                                    %M0.4
    "Tag_1"     "Tag_2"                                  "Tag_3"
─────┤ ├───┬───┤/├──────────────────────────────────────( )─────
         │
    %M0.4│
    "Tag_3"
─────┤ ├───┘

    %M0.4                                                %Q0.2
    "Tag_3"                                              "Tag_4"
─────┤ ├────────────────────────────────────────────────( )─────

    %M0.4       %I2.2                                    %Q0.3
    "Tag_3"     "Tag_27"                                 "Tag_5"
─────┤ ├───────┤ ├───────────────────────────────────────( )─────
```

图 2-47 设置中间单元

PLC 输出端的负载串联，不必将它作为 PLC 输出端口的驱动对象，可以将它放在 PLC 外部的输出回路，与外部负载串联。

3）设立外部联锁电路

为了防止控制正反转的两个接触器同时动作造成三相电源短路，应在 PLC 外部设置硬件联锁电路。

## 实训 5　抢答器的 PLC 控制

### 1. 实训目的

（1）学会用 PLC 控制时 I/O 端口的确定方法，能够正确接线；
（2）掌握 PLC 位逻辑指令、自锁与互锁指令的编程方法，能够正确将其应用于项目中；
（3）掌握博途软件的使用方法，熟练运用软件进行程序编写和调试。

### 2. 实训器材

（1）PLC 实训装置 1 台（含 CPU 1214C DC/DC/DC）；
（2）计算机 1 台（已安装博途软件）以及电工常用工具 1 套、导线若干。

### 3. 实训步骤

（1）检查 PLC 与计算机的网线是否已连接，PLC 实训装置的电源是否打开。

（2）理解控制要求：有 3 组抢答台和一位主持人，每一个抢答台上各有一个抢答按钮和一盏抢答指示灯。参赛者在允许抢答时，第一个按下抢答按钮的抢答台上的指示灯将会亮，且释放抢答按钮后，指示灯仍然亮，以后另外两个抢答台上即使再按各自的抢答按钮，其指示灯也不会亮。这样主持人就可以轻易地知道谁是第一个按下抢答器的。该题抢答结束后，主持人按下主持台上的复位按钮，则指示灯熄灭，又可以进行下一题的抢答比赛。

（3）确定 I/O 端口分配，见表 2-11，绘制 I/O 接线图并正确接线，如图 2-48 所示。

（4）绘制抢答器的 PLC 控制系统梯形图如图 2-49 所示。本控制程序的关键在于：抢答器指示灯的"自锁"功能，即当某一抢答台抢答成功后，即使释放其抢答按钮，其指示灯仍然亮，直至主持人进行复位后该指示灯才熄灭；3 个抢答台之间的"互锁"功能，即只要有一个抢答台亮，另外两个抢答台上即使再按各自的抢答按钮，其指示灯也不会亮。

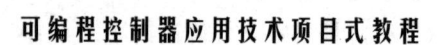

表 2-11 I/O 端口分配

| 类别 | 元件 | I/O 端口编号 | 备注 |
|---|---|---|---|
| 输入 | SB1 | I0.4 | 主持人开始按钮，常开触点 |
| | SB2 | I0.5 | 主持人复位按钮，常开触点 |
| | SB3 | I1.0 | 1#抢答按钮，常开触点 |
| | SB4 | I1.1 | 2#抢答按钮，常开触点 |
| | SB5 | I1.2 | 3#抢答按钮，常开触点 |
| 输出 | HL1 | Q0.2 | 0#指示灯 |
| | HL2 | Q0.3 | 1#指示灯 |
| | HL3 | Q0.4 | 2#指示灯 |
| | HL4 | Q0.5 | 3#指示灯 |

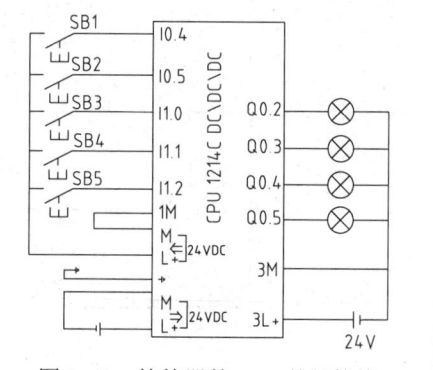

图 2-48 抢答器的 PLC 外部接线

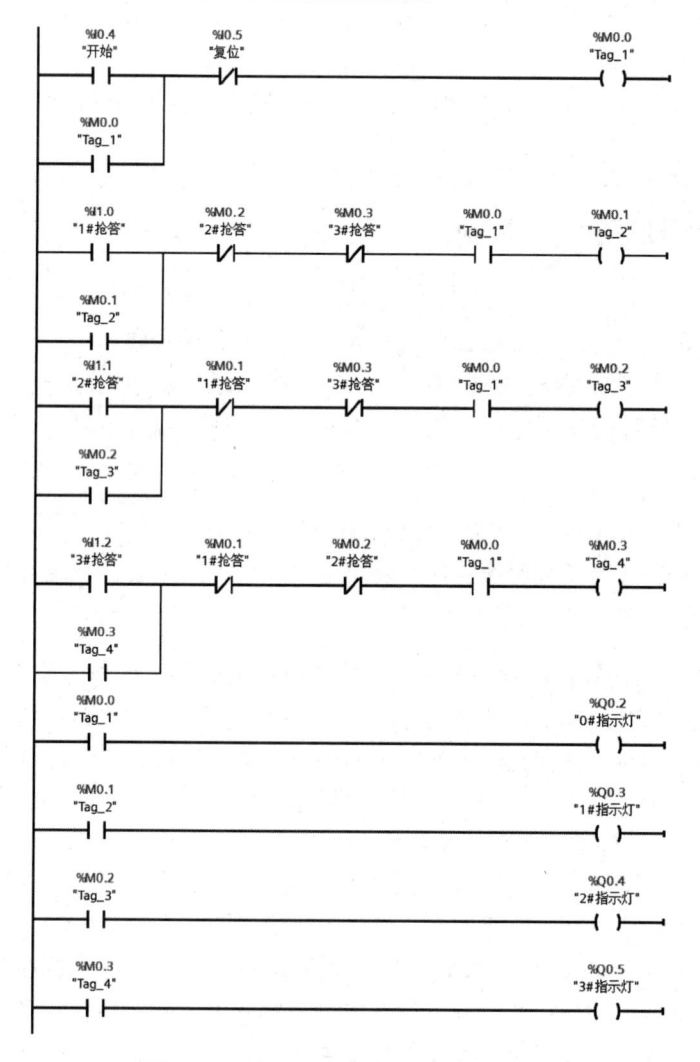

图 2-49 抢答器的 PLC 控制系统梯形图

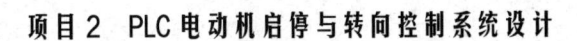

## 4. 实训结果分析及考核评价

根据学生在训练过程中的表现,给予客观评价,填写实训评价表 2-12。

表 2-12  实训评价

| 考核内容及依据 | 考核等级（在相应括号中打√） | | | 备注 |
|---|---|---|---|---|
| 接线与工艺（接错两根线以上时不能参加考核）<br>等级考核依据：学生接线工艺和熟练程度 | 优<br>（  ） | 良<br>（  ） | 中<br>（  ） | 占总评<br>1/3 |
| 电路检查：检查方法、步骤、工具的使用<br>（本项内容都应会，否则不能参加考核）<br>等级考核依据：学生熟练程度 | 优<br>（  ） | 良<br>（  ） | 中<br>（  ） | 占总评<br>1/3 |
| 通电调试：调试步骤（本项内容都会，否则不能参加考核）<br>等级考核依据：学生操作过程的规范性和学习状态 | 优<br>（  ） | 良<br>（  ） | 中<br>（  ） | 占总评<br>1/3 |
| 总评<br>（3 项都为优时总评才能为优,以此类推评判良和中） | | | | 手写 |
| | | | | 签字 |

## 5. 实训思考

如果采用置位和复位指令来实现上述功能,如何改写程序？

# 项目 3

# PLC 电动机定时与计数控制系统设计

| | |
|---|---|
| 项目导入 | 通过下部的二维码阅览我国某汽车自动化生产线运行的应用案例。在汽车自动化生产线上装有多台电动机，各电动机的启动和停止有先后的顺序要求。对多台电动机有顺序的启动或停止的控制方式称为顺序控制。在工业生产中，常需要对运料小车的运行进行自动往返控制，并对小车自动运行往返的次数进行统计。本项目通过4个任务、2个实训、4个案例，介绍如何应用PLC的定时器和计数器实现电动机的顺序控制、定时控制与运料小车自动往返控制等。<br>扫一扫看我国某汽车自动化生产线运行录像 |
| 素质目标 | （1）培养守时遵规的职业素养；<br>（2）培养安全意识、规范意识、创新意识；<br>（3）培养精益求精的工匠精神；<br>（4）培养劳动精神 |
| 知识目标 | （1）掌握定时器和计数器的基本工作原理；<br>（2）掌握软元件定时器、计数器的基本用法；<br>（3）掌握定时器和计数器的嵌套使用方法 |
| 能力目标 | （1）具有正确选用不同定时器的能力；<br>（2）具有正确分配 I/O 点和接线的能力 |

## 任务 4　电动机顺序启停控制

### 1. 任务分析

某车床主轴转动时要求油泵先给齿轮箱提供润滑油,即要求润滑油泵电动机 M1 启动一段时间后,主电动机 M2 才能启动;设备停机时,要求 M2 先停止一段时间后,M1 再停止。根据两台电动机之间具有按顺序工作的要求,可画出 M1、M2 的工作波形图,即时序图如图 3-1 所示。

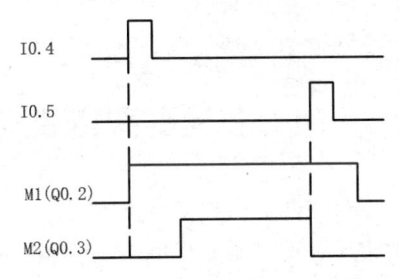

图 3-1　M1 和 M2 电动机工作时序图

### 2. I/O 点分配与接线

根据控制要求,M1 和 M2 分别需要启动、停止按钮各一个,驱动电动机 M1 和 M2 各需要接触器一个,其 I/O 点分配如表 3-1 所示。为了方便控制接线,PLC 选用继电器输出型,其接线如图 3-2 所示。

表 3-1　I/O 点分配

| 类别 | 元件 | I/O 点编号 | 备注 |
| --- | --- | --- | --- |
| 输入 | SB1 | I0.4 | M1 电动机启动按钮 |
| | SB2 | I0.5 | M1 电动机停止按钮 |
| | SB3 | I0.6 | M2 电动机启动按钮 |
| | SB4 | I0.7 | M2 电动机停止按钮 |
| 输出 | KM1 | Q0.2 | 接触器 KM1 线圈 |
| | KM2 | Q0.3 | 接触器 KM2 线圈 |

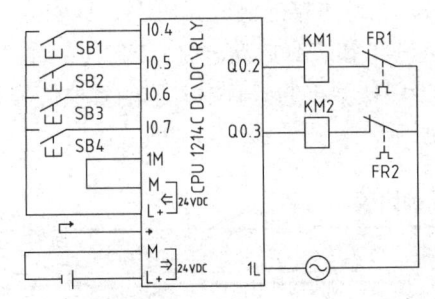

图 3-2　两台电动机的顺序启停控制电路

### 3. 梯形图设计

图 3-3 所示是两台电动机 M1、M2 顺序启停控制的梯形图。接触器 KM1 控制油泵电动机 M1,接触器 KM2 控制主电动机 M2。将 KM1（Q0.2）的辅助常开触点串入接触器 KM2（Q0.3）的线圈回路中,实现了 M1、M2 的顺序启动要求。将 KM2（Q0.3）的辅助常开触点与 KM1（Q0.2）线圈的停止按钮 SB1（I0.5）并联,实现了 M1、M2 的顺序停止要求。

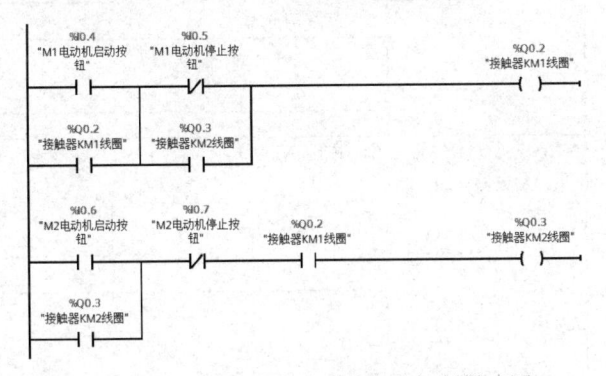

图 3-3　两台电动机的顺序启停控制梯形图

总结顺序控制梯形图设计规律：当要求 KM1 工作后方允许 KM2 工作，则在 KM2 线圈电路中串入 KM1 的常开触点。当要求 KM2 线圈断电后方允许 KM1 线圈断电，则将 KM2 的常开触点并联在 KM1 的停止按钮两端。

**练一练** 将图 3-3 所示梯形图中并联在 I0.5 常闭触点两端的 Q0.3 去掉，然后将程序输入 PLC，观察程序是否能满足停止要求。

## 3.1 PLC 的定时器及梯形图

S7-1200 PLC 的定时器有 4 种：接通延时定时器（TON）、脉冲定时器（TP）、保持型接通延时定时器（TONR）和断开延时定时器（TOF）。

S7-1200 PLC 的定时器指令采用 IEC 标准，用户程序中可以使用的定时器数仅受 CPU 存储器容量的限制。定时器均使用 16 字节的 IEC_Timer 数据类型的 DB 结构来存储定时器指令的数据，博途软件会在插入指令时自动创建该数据块 DB。

定时器指令的 IN 为输入使能端，为定时器的启动信号。IN 从 0 状态跳变到 1 状态时，接通延时定时器（TON）启动定时，脉冲定时器（TP）、保持型接通延时定时器（TONR）启动定时；但断开延时定时器（TOF），IN 从 1 状态跳变到 0 状态时启动定时。PT 为定时器的预制值，ET 为定时器开始定时后已经消耗的时间，R 为保持型接通延时定时器的复位信号。

S7-1200 PLC 的 4 种定时器功能比较，如表 3-2 所示。

表 3-2 PLC 的定时器功能比较

| LAD 功能 | 说明 |
| --- | --- |
| "IEC_Timer_0_DB_1" TON Time — IN Q — <???> — PT ET — | TON 接通延时定时器，输入 IN 为 1，经过预置的延时时间后，输出 Q 设置为 1；输入 IN 为 0，输出 Q 为 0 |
| "IEC_Timer_0_DB" TP Time — IN Q — <???> — PT ET — | TP 脉冲定时器，输入信号 IN 的上升沿生成具有预设宽度时间的脉冲 |
| "IEC_Timer_0_DB_2" TOF Time — IN Q — <???> — PT ET — | TOF 断开延时定时器，输出 IN 为 1 时，输出为 1；输入 IN 为 0，经过预设的时间后，输出 Q 为 0 |

项目 3　PLC 电动机定时与计数控制系统设计

续表

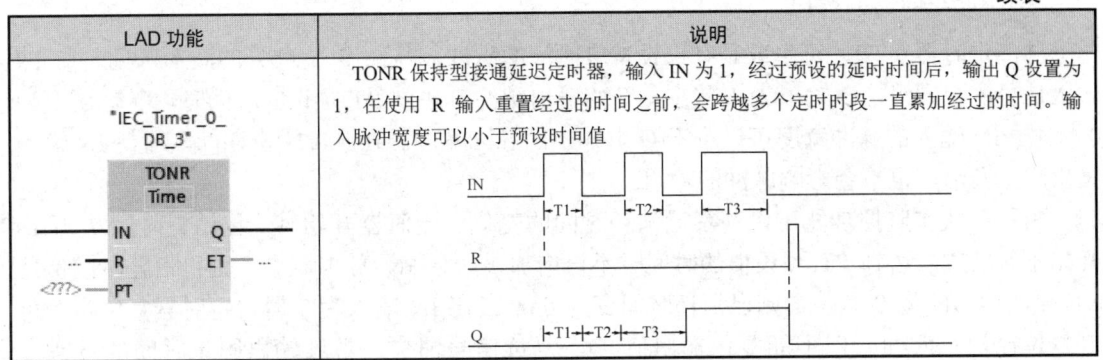

| LAD 功能 | 说明 |
|---|---|
| "IEC_Timer_0_DB_3"<br>TONR<br>Time<br>— IN    Q —<br>— R    ET —<br><???> — PT | TONR 保持型接通延迟定时器，输入 IN 为 1，经过预设的延时时间后，输出 Q 设置为 1，在使用 R 输入重置经过的时间之前，会跨越多个定时时段一直累加经过的时间。输入脉冲宽度可以小于预设时间值 |

IEC 定时器属于功能块，调用时需要知道配套的背景数据块，定时器指令的数据保存在背景数据块中。在梯形图中输入定时器指令时，打开右边的指令窗口，将"定时器操作"文件夹中的定时器指令拖放到梯形图中适合的位置，可以修改将要生成的背景数据块的名称，或采用默认的名称，单击"确定"按钮，会自动生成数据块。

IEC 定时器指令没有编号，在使用对定时器的复位（RT）指令时，可以用背景数据块的编号或符号名来指定需要复位的定时器，如果没有必要，可以不用复位指令。

**1. 接通延时定时器的应用**

接通延时定时器（TON）的使能输入端由断开变为接通时开始定时，定时时间大于等于设定时间，输出 Q 为 1。IN 输入端断开，定时器被复位，已消耗时间被清零，输出 Q 变为 0。CPU 第一次扫描时，定时器输出被清零。

图 3-4 中的 I0.3 为 1 状态时，定时器复位线圈 RT 接通，定时器被复位，已消耗时间被清零，Q 输出端为 0；I0.3 变为 0 状态时，如果 IN（I0.2）输入为 1 状态，将重新开始定时。

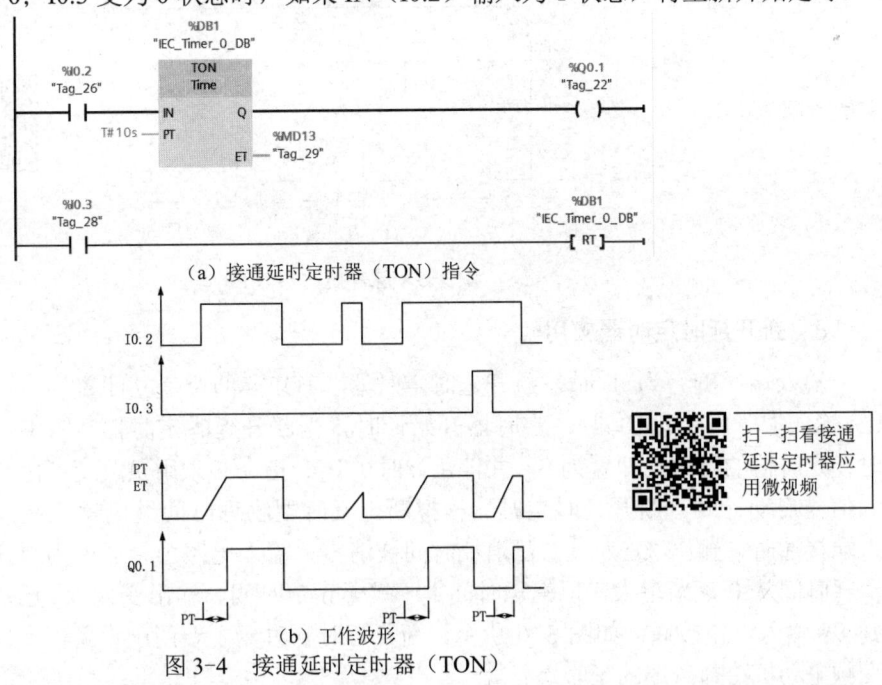

（a）接通延时定时器（TON）指令

（b）工作波形

图 3-4　接通延时定时器（TON）

扫一扫看接通延迟定时器应用微视频

### 2. 脉冲定时器的应用

脉冲定时器（TP）可生成具有预设宽度时间的脉冲，从图 3-5（b）的波形可见。在 IN 输入信号的上升沿，Q 输出为 1 状态，开始输出脉冲，达到 PT 预设的时间时，Q 输出变为 0 状态。IN 输入的脉冲宽度可以小于 Q 端输出的脉冲宽度。在脉冲输出期间，即使 IN 输入又出现上升沿，也不会影响脉冲的输出。

用程序状态监控功能可以观察已消耗时间的变化。定时器开始时，已消耗时间从 0 ms 开始不断增加，达到 PT 预设值的时间时不再增加，如果 IN 为 1 状态，则已消耗时间保持不变；如果 IN 为 0 状态，则已消耗时间变为 0 ms。在 IN 输入为 1 时，定时器复位指令可以复位已消耗时间，但不能复位输出值 Q，复位信号消失，继续输出固定时间的脉宽，如图 3-5 所示。

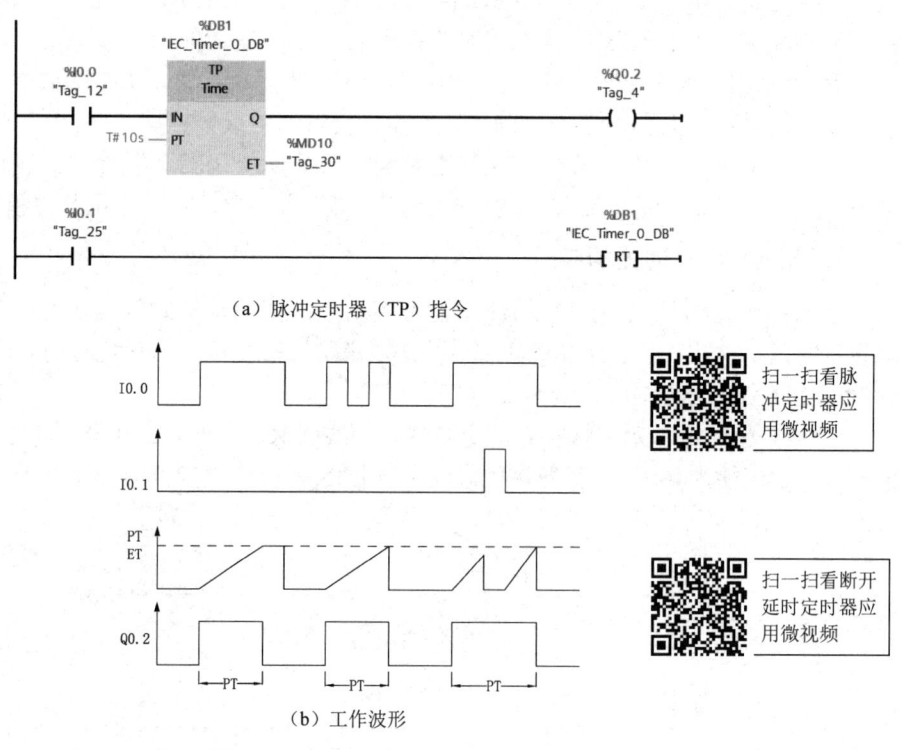

（a）脉冲定时器（TP）指令

（b）工作波形

图 3-5 脉冲定时器（TP）

### 3. 断开延时定时器应用

输入端（IN）为 1 时，断开延时定时器（TOF）的位值立即置为 1，并把预设值置为 0。输入端（IN）为 0 时，定时器开始计时，当断开延时定时器（TOF）耗尽预设值时间时，定时器的位值立即置为 0，并停止计时。TOF 指令必须用负跳变（由 ON 到 OFF）的输入信号启动计时。断开延时定时器模拟断电延时型物理时间继电器。断开延时定时器的输入端接通时，输出 Q 为 1，已消耗时间被清零，输入电路由接通变为断开时开始定时，已消耗时间从 0 逐渐增大，已消耗时间大于等于设定时间，输出变为 0，已消耗时间不变，直到 IN 输入电路接通，如图 3-6 所示。断开延时定时器主要用于设备停止后的延时，如大型变频电动机冷却风扇的延时运行。

## 项目 3　PLC 电动机定时与计数控制系统设计

(a) 断开延时定时器（TOF）指令　　　　　　(b) 工作波形

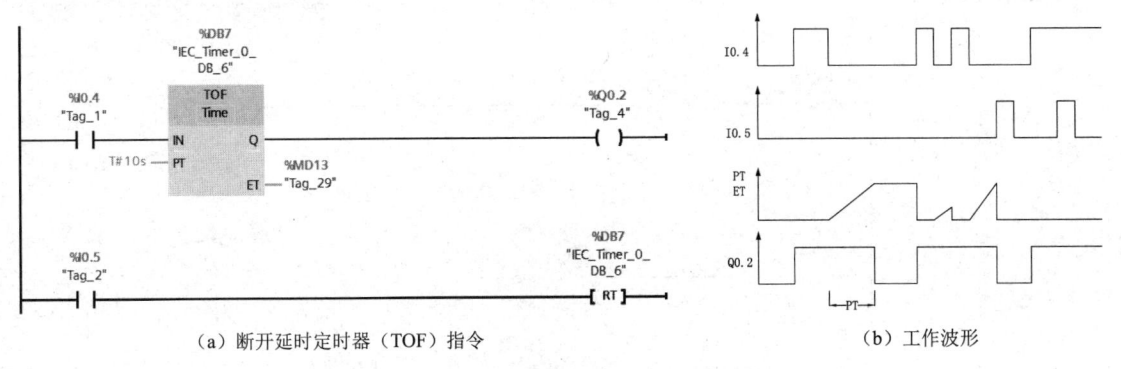

图 3-6　断开延时定时器（TOF）

当输入 IN 为低电平时，复位指令对已消耗的时间清零并复位输出；当输入 IN 为高电平时，定时器复位指令不起作用。

### 4. 保持型接通延时定时器应用

保持型接通延时定时器（TONR）的输入电路 IN 接通开始定时，输入电路断开，累计的已消耗时间保持不变。可以用来累计输入电路接通的若干时间间隔。复位输入 I0.7 为 1 状态时，TONR 被复位，其累计时间变为 0，同时输出变为 0，如图 3-7 所示。

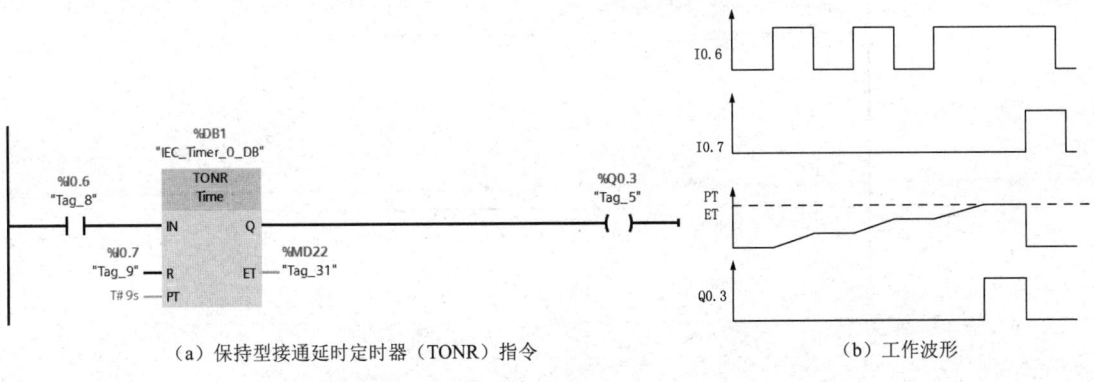

(a) 保持型接通延时定时器（TONR）指令　　　　　　(b) 工作波形

图 3-7　保持型接通延时定时器（TONR）

### 案例 2　定时闪烁电路设计

用定时器设计输出脉冲周期和占空比可调的振荡电路。要求：接通 3 s，断开 2 s（闪烁电路）。

闪烁电路实际上是一个具有正反馈的振荡电路。第一个定时器"IEC_Time_0_DB"，其输出的 Q 位信号，可以表示为"IEC_Time_0_DB".Q；第二个定时器"IEC_Time_0_DB_1"，其输出的 Q 位信号，可以表示为"IEC_Time_0_DB_1".Q，如图 3-8 所示。

上电开始，第一个定时器"IEC_Time_0_DB"输入为 1，开始定时，2 s 后定时时间到，其常开触点"IEC_Time_0_DB".Q 闭合，能流流入第二个定时器"IEC_Time_0_DB_1"，并开始定时，同时 Q0.0 线圈接通。3 s 后第二个定时器的定时时间到，输出为 1，下一个扫

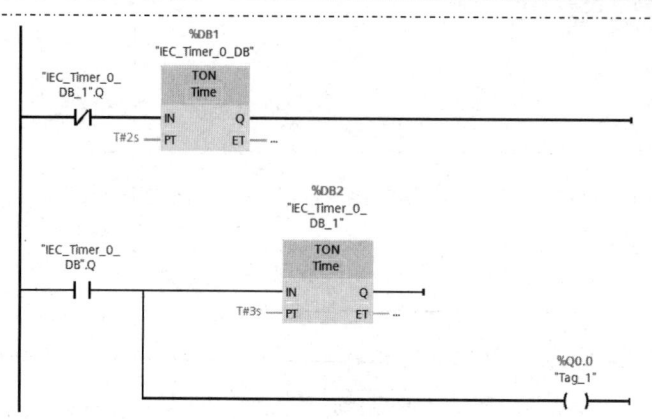

图 3-8  闪烁电路（接通延时定时器）

描周期使其输出的常闭触点"IEC_Time_0_DB_1".Q 断开，第一个定时器输入开路，使 Q 输出为 0，使 Q0.0 和第二个定时器的 Q 输出也变为 0 状态。在下一个扫描周期，因第二个定时器的常闭触点接通，第一个定时器又从预设值开始定时，以后 Q0.0 的线圈就这样周期性地接通与断开。同样，可以用脉冲定时器实现以上功能，其梯形图如图 3-9 所示。

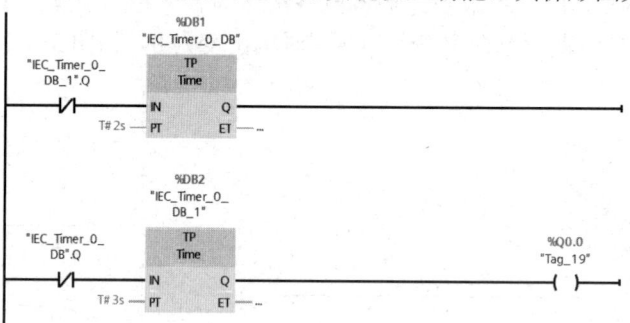

图 3-9  闪烁电路（脉冲定时器）

### 小试身手 8  电机延时启停控制电路编程

（1）请大家思考一下，M1 和 M2 电动机延时启停控制除采用 TON，还可以采用其他类型的定时器吗？程序怎么写？

（2）试设计满足图 3-10 所示波形的梯形图。

（3）试设计满足图 3-11 所示波形的梯形图。

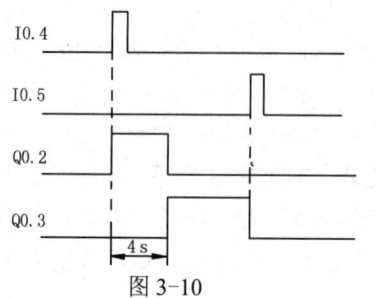

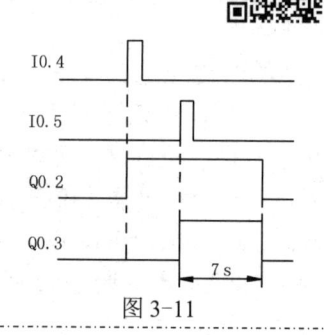

扫一扫看小试身手 8 参考答案

图 3-10

图 3-11

项目3 PLC电动机定时与计数控制系统设计

## 任务5 电动机延时启停控制

### 1. 任务分析

任务4中要求润滑油泵电动机M1启动一段时间后，主电动机M2才能启动。设备停机时，要求M2先停止一段时间后M1再停止。假设M2延时5 s启动，M1延时6 s停止，其工作时序如图3-12所示。

本任务中5 s和6 s的延时要求，可采用PLC的软元件定时器实现。

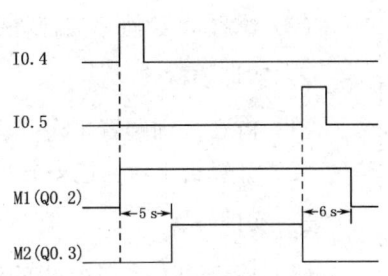

图3-12 M1和M2电动机延时启动、停止工作时序

### 2. 梯形图设计

依据M1和M2电动机的控制要求，编写梯形图，如图3-13所示。

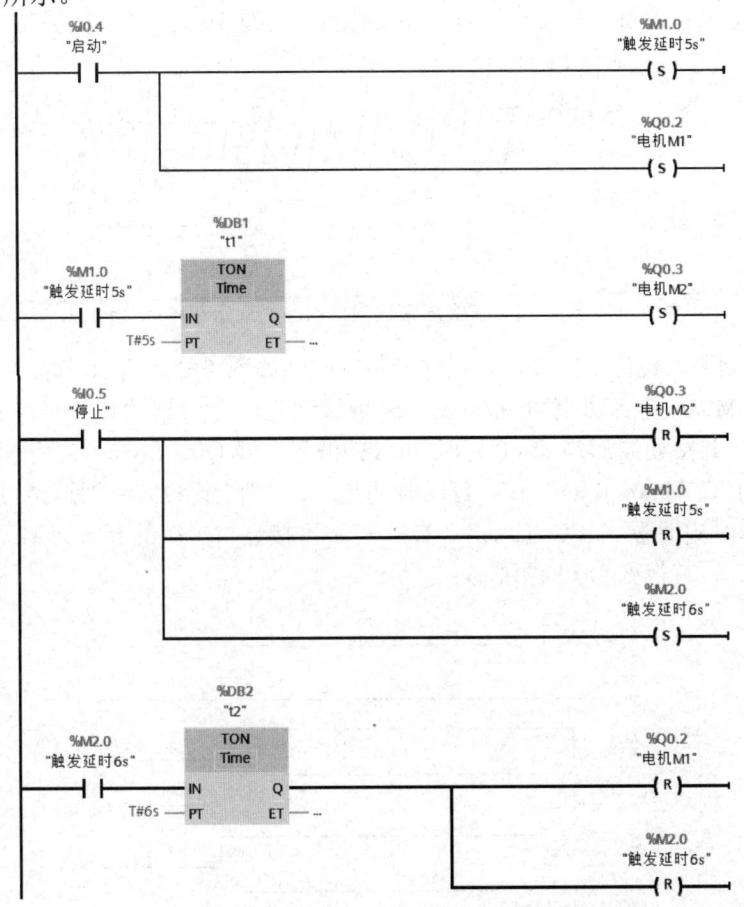

图3-13 M1和M2电动机延时启停控制梯形图

## 实训6 三级皮带运输机顺序启停控制

### 1. 实训目的

（1）掌握 PLC 定时器的使用方法，能够正确将其应用于项目中；
（2）掌握 PLC 顺序启停控制的基本方法，熟练运用软件进行程序编写和调试。

### 2. 实训器材

（1）PLC 实训装置 1 台（含 CPU 1214C DC/DC/DC）；
（2）计算机 1 台（已安装博途软件）以及电工常用工具 1 套、导线若干。

### 3. 实训步骤

（1）检查 PLC 与计算机的网线是否已连接，PLC 实训装置的电源是否打开。
（2）理解控制要求：三级皮带运输机顺序相连示意图如图 3-14 所示，为了避免运送的物料在运输带上堆积，按下启动按钮，1 号运输带开始运行，10 s 后 2 号运输带自动启动，再过 10 s 后 3 号运输带自动启动。停机的顺序与启动的顺序刚好相反，即按下停止按钮后，3 号运输带停机，10 s 后 2 号运输带停机，再过 10 s 后 1 号运输带停机。

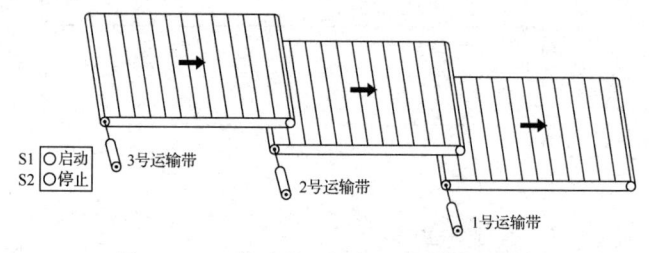

图 3-14 三级皮带运输机顺序相连示意图

（3）将控制要求转化为时序图，运输带控制时序如图 3-15 所示，时序是梯形图程序设计的思路。M0.0 是启动/停止标志位，采用接通延时定时器"IEC_Timer_0_DB"，用 M0.0 启动 T0，其接通波形是 M0.0 延时 20 s 的波形，即 Q0.2 的波形；用 M0.0 启动断开延时定时器"IEC_Timer_0_DB_1"，延时时间是 20 s，得到 Q0.0 的波形；用 M0.0 启动 10 s 的接通延时定时器"IEC_Timer_0_DB_2"，再接通 10 s 的断开延时定时器"IEC_Timer_0_DB_3"，就得到 Q0.1 的波形。

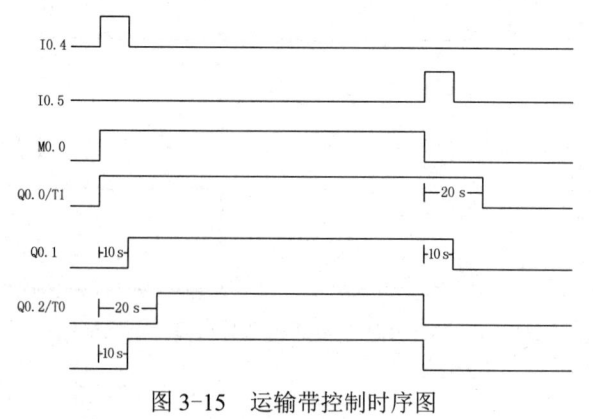

图 3-15 运输带控制时序图

(4) 确定 I/O 端口分配,见表 3-3,绘制 I/O 接线图并正确接线,如图 3-16 所示。

表 3-3  I/O 端口分配

| 类别 | 元件 | I/O 端口编号 | 备注 |
|---|---|---|---|
| 输入 | SB1 | I0.4 | 启动按钮 |
| | SB2 | I0.5 | 停止按钮 |
| 输出 | KA1 | Q0.0 | 1 号运输带 |
| | KA2 | Q0.1 | 2 号运输带 |
| | KA3 | Q0.2 | 3 号运输带 |

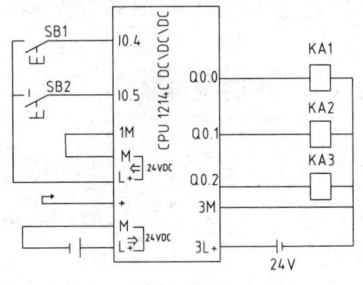

图 3-16  PLC 的 I/O 接线

(5) 绘制梯形图如图 3-17 所示。

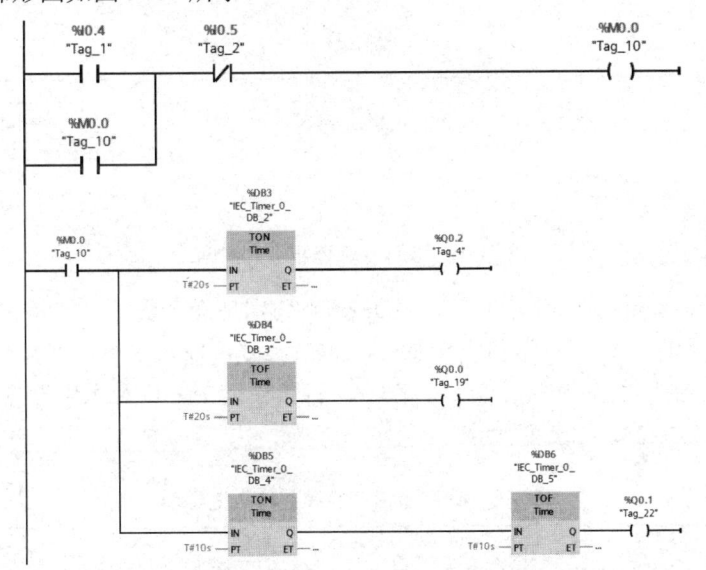

图 3-17  运输带控制梯形图

(6) 调试程序。

## 4．实训结果分析及考核评价

根据学生在训练过程中的表现,给予客观评价,填写实训评价表 3-4。

表 3-4  实训评价

| 考核内容及依据 | 考核等级（在相应括号中打√） | | | 备注 |
|---|---|---|---|---|
| 接线与工艺（接错两根线以上时不能参加考核）<br>等级考核依据：学生接线工艺和熟练程度 | 优<br>( ) | 良<br>( ) | 中<br>( ) | 占总评<br>1/3 |
| 电路检查：检查方法、步骤、工具的使用<br>（本项内容都应会，否则不能参加考核）<br>等级考核依据：学生熟练程度 | 优<br>( ) | 良<br>( ) | 中<br>( ) | 占总评<br>1/3 |
| 通电调试：调试步骤（本项内容都应会，否则不能参加考核）<br>等级考核依据：学生操作过程的规范性和学习状态 | 优<br>( ) | 良<br>( ) | 中<br>( ) | 占总评<br>1/3 |
| 总评<br>（3 项都为优时总评才能为优,以此类推评判良和中） | | | | 手写<br>签字 |

**5. 实训思考**

如果采用 TONR 和 TOF 来实现上述功能，如何改写程序？

## 3.2 PLC 的计数器

扫一扫看第 3.2 节教学课件　　扫一扫看计数器应用微视频

S7-1200 有 3 种计数器：加计数器（CTU）、减计数器（CTD）和加减计数器（CTUD）。它们属于软件计数器，其最大计数速率受到其所在 OB 的执行速率限制，如果需要速率更高的计数器，可以使用 CPU 内置的高速计数器。调用计数器指令时，需要生成保存计数器数据的背景数据块。计数器指令的符号如图 3-18 所示。

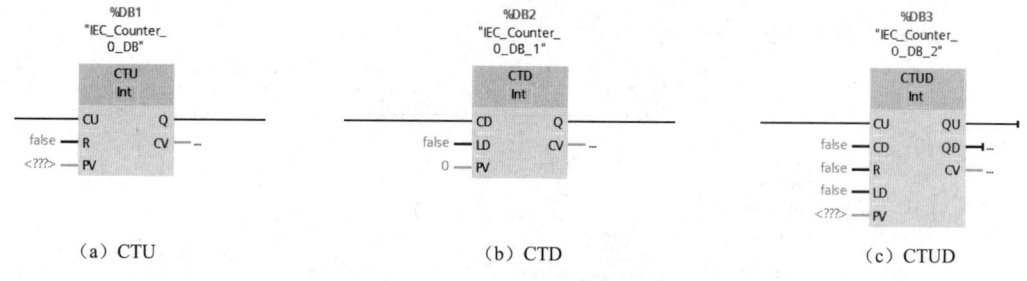

(a) CTU　　(b) CTD　　(c) CTUD

图 3-18　3 种计数器指令的符号

图中的 CU（CountUp）和 CD（CountDown）分别是加计数输入和减计数输入，在 CU 或 CD 由 0 变为 1 时，实际计数值 CV 加 1 或减 1。复位输入 R 为 1 时，计数器被复位，CV 被清 0，计数器的输出 Q 变为 0。LD 为 1，将预设值 PV 装入计数器的当前值。计数器指令的参数与数据类型如表 3-5 所示。

表 3-5　计数器指令的参数与数据类型

| 参　数 | 数据类型 | 说　明 |
| --- | --- | --- |
| CU/CD | Bool | 加计数或减计数，按加或减 1 计数 |
| R（CTU、CTUD） | Bool | 将记数值重置为 0 |
| LD（CTD、CTUD） | Bool | 预设值的装载控制 |
| PV | SInt、Int、DInt、USInt、UInt、UDInt | 预设计数值 |
| Q、QU | Bool | 计数器当前计数值大于预设值时为"1" |
| QD | Bool | CV=0 时为真 |
| CV | SInt、Int、USInt、UInt、UDInt | 当前计数值 |

计数值的数值范围取决于所选的数据类型：如果计数值是无符号整数，则可以减计数到零或加计数到范围上限值；如果计数值是有符号整数，则可以减计数到负整数下限值或加计数到正整数上限值。

用户程序中可以使用以下数据类型：

（1）对于 SInt 或 USInt 数据类型，计数器指令占用 3 个字节。

（2）对于 Int 或 UInt 数据类型，计数器指令占用 6 个字节。

（3）对于 DInt 或 UDInt 数据类型，计数器指令占用 12 个字节。

## 项目 3 PLC 电动机定时与计数控制系统设计

### 1. 加计数器指令

加计数器指令（CTU）参数 CU 的值从 0 变为 1 时，CTU 使计数值加 1，直到 CV 达到指定的数据类型的上限值，此后，CU 状态的变化，CV 值不再增加。如果参数 CV（当前计数值）的值大于或等于参数 PV（预设值）的值，则计数器输出参数 Q=1。如果复位参数 R 的值从 0 变为 1，则当前计数值 CV 复位为 0。在第一次执行程序时，CV 被清零。加计数器指令的基本应用及时序如图 3-19 所示。

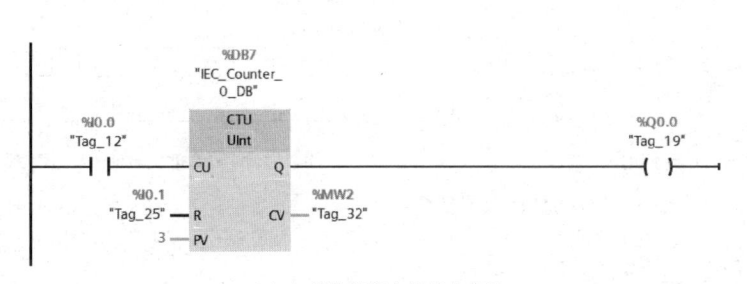

（a）加计数器指令的基本应用　　（b）加计数器指令的时序

图 3-19　加计数器指令

### 2. 减计数器指令

减计数器（CTD）指令参数 LD 的值从 0 变为 1，则参数 PV（预设值）的值将作为新的 CV（当前计数值）装载到计数器，输出 Q 为 0。参数 CD 的值从 0 变为 1 时，CTD 使计数值减 1。如果参数 CV（当前计数值）的值等于或小于 0，则计数器输出参数 Q=1。在第一次执行程序时，CV 被清零。减计数器指令的基本应用及时序如图 3-20 所示。

（a）减计数器指令的基本应用　　（b）减计数器指令的时序

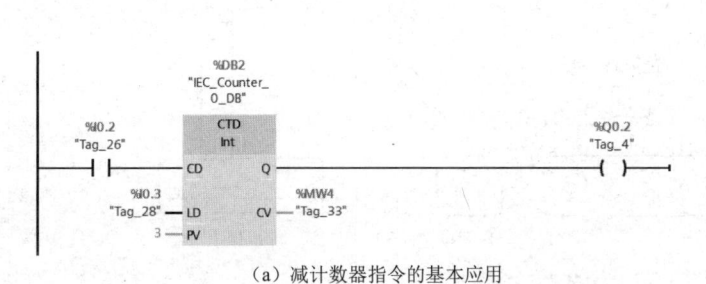

图 3-20　减计数器指令

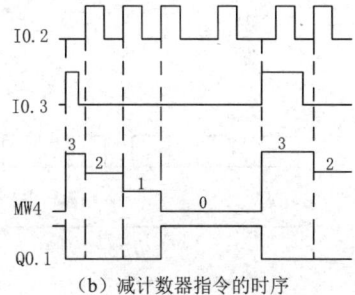

### 3. 加减计数器指令

加减计数器（CTUD）指令：加计数（CU）或减计数（CD）输入的值从 0 跳变为 1 时，CTUD 会使计数值加 1 或减 1。

如果参数 CV（当前计数值）的值大于或等于参数 PV（预设值）的值，则计数器输出参数 QU=1。如果参数 CV 的值小于或等于零，则计数器输出参数 QD=1。

如果参数 LD 的值从 0 变为 1，则参数 PV（预设值）的值将作为新的 CV（当前计数值）装载到计数器。

如果复位参数 R 的值从 0 变为 1，则当前计数值复位为 0。加减计数器指令的基本应用

及时序如图 3-21 所示。

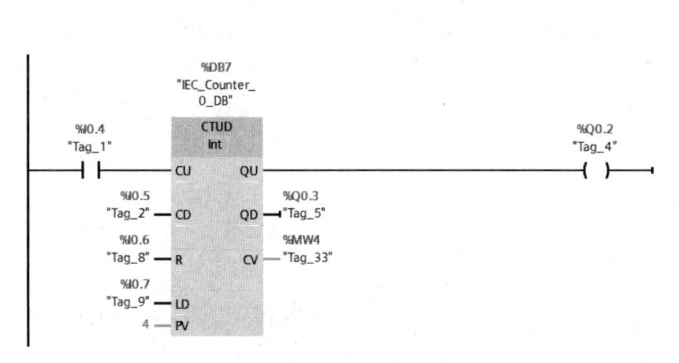

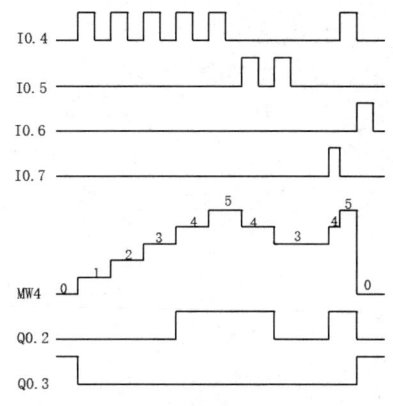

(a) 加减计数器指令的基本应用

(b) 加减计数器指令的时序

图 3-21　加减计数器指令

## 案例 3　传送带产品计数控制

由电动机带动传送带 KM1 启停，I0.0 接传送带的启动按钮，I0.1 接传送带的停止按钮，产品检测信号 PH 接到 I0.2 上，传送带电动机接输出 Q0.0，输出 Q0.1 控制机械手动作。当传送带开始运行，工件通过产品检测器检测到信号，每检测到 5 个产品已进入包装箱，机械手动作 1 次，机械手抓取包装箱送往下一工位后，延时 2 s，机械手的电磁铁断开并复位，重新开始下一次计数，示意图如图 3-22 所示，梯形图程序如图 3-23 所示。

图 3-22　计数器指令应用实例

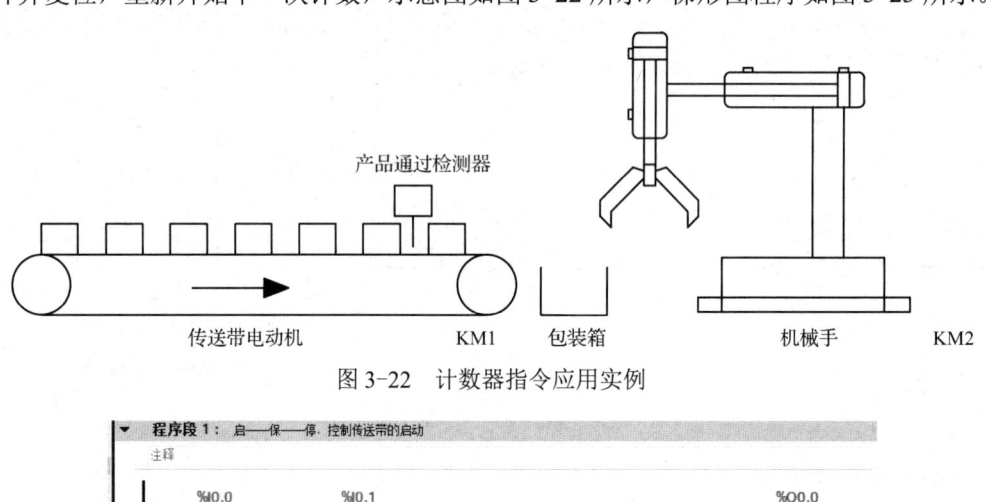

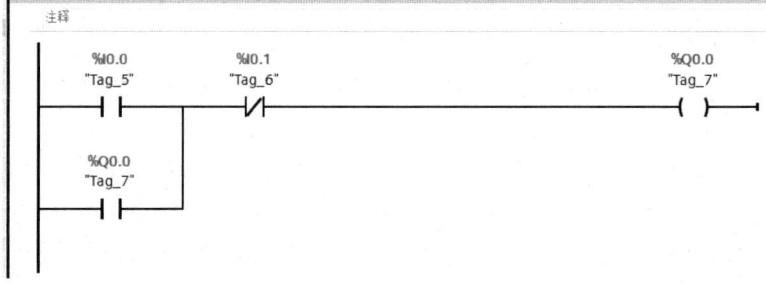

图 3-23　计数器指令应用实例梯形图

项目3 PLC电动机定时与计数控制系统设计

图3-23 计数器指令应用实例梯形图（续）

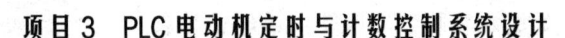

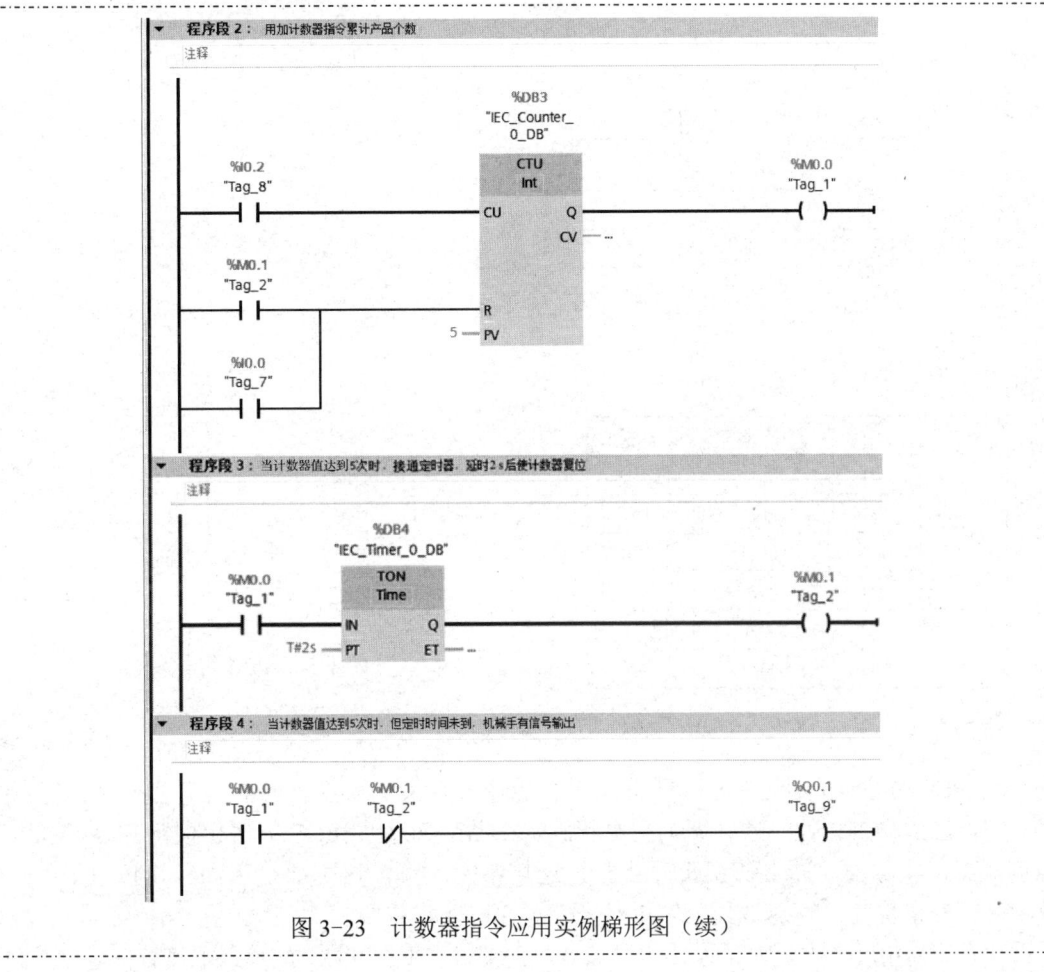

## 任务6 运料小车自动往返控制

扫一扫看任务6和第3.3节教学课件

### 1. 任务分析

小车运动示意图如图3-24所示。设小车在初始位置时停在左边（限位开关I0.1为1状态），按下启动按钮I0.4后，小车向右运动（简称右行），碰到限位开关I0.2后，停在该处，3 s后开始左行，碰到限位开关I0.1后，小车继续右行，如此往返3次后，小车停止在限位开关I0.1处。

根据Q0.0和Q0.1状态的变化，显然一个工作周期可以分为右行、暂停和左行三步，另外还应设置等待启动的初始步（M0.0），并分别用M0.0～M0.3来代表这四步。初始步M0.0通过在系统和时钟存储器中设置系统存储器字节的地址为10，当PLC由停机切换至运行状态时M10.0会激活M0.0初始步。启动按钮I0.4和限位开关的常开触点、TON接通延时定时器的常开触点是各步之间的转换条件，其顺序控制流程如图3-25所示。

### 2. I/O分配及硬件接线

综上分析，将I/O点进行分配，如表3-6所示。PLC的I/O接线如图3-26所示。

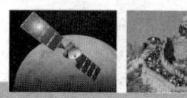

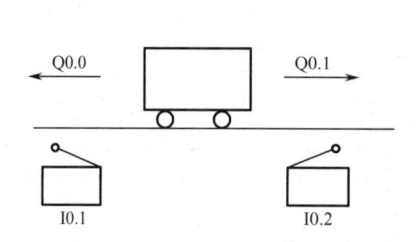

图 3-24　小车运动示意图

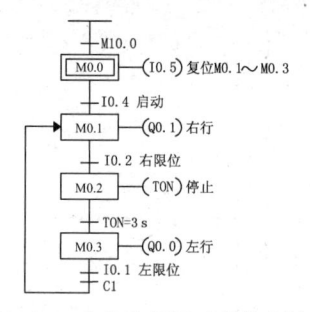

图 3-25　小车往返运动的控制流程

表 3-6　I/O 点分配

| 类别 | 元件 | I/O 点编号 | 备注 |
|---|---|---|---|
| 输入 | SB1 | I0.1 | 左限位 |
| | SB2 | I0.2 | 右限位 |
| | SB3 | I0.4 | 启动 |
| | SB4 | I0.5 | 停止 |
| 输出 | KA1 | Q0.0 | 左行 |
| | KA2 | Q0.1 | 右行 |

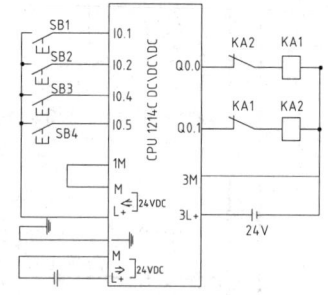

图 3-26　PLC 的 I/O 接线

**练一练**　观察实训台，按图 3-26 进行 I/O 接线，并检测是否正确。

从 PLC 的外部接线图可以看出，所有的输入开关均采用常开触点，当输入开关接通时，相对应的输入元件接通，即为得电状态。在图 3-26 中，PLC 的停止按钮 SB4 连接常开触点。而在实际中，通常情况下停止按钮连接常闭触点，这主要是因为停止按钮一般在系统中具有安全特性，特别是紧急停车对于安全生产非常重要。

从设计的角度考虑，如果连接常开触点，正常状态下在 PLC 的输入端没有信号输入。一旦停机线路发生故障时不能及时发现，等到需要紧急停机时，停止按钮失去控制功能。而连接常闭触点作为停止按钮，一旦停机线路发生故障立即停机并检修，从而保证停机线路总是完好无损。I/O 点分配如表 3-7 所示，接线如图 3-27 所示，SB4 连接常闭触点。

表 3-7　I/O 点分配

| 类别 | 元件 | I/O 点编号 | 备注 |
|---|---|---|---|
| 输入 | SB1 | I0.1 | 左限位 |
| | SB2 | I0.2 | 右限位 |
| | SB3 | I0.4 | 启动 |
| | SB4 | I0.5 | 停止 |
| 输出 | KA1 | Q0.0 | 左行 |
| | KA2 | Q0.1 | 右行 |

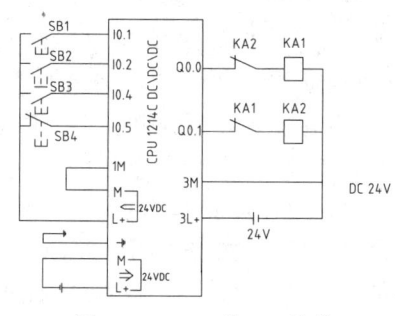

图 3-27　PLC 的 I/O 接线

### 3. 梯形图设计

根据图 3-27 的 I/O 接线，设计梯形图程序如图 3-28 所示，M10.0 用于激活初始步 M0.0，其设置方法参考 2.3.3 小节中的内容。

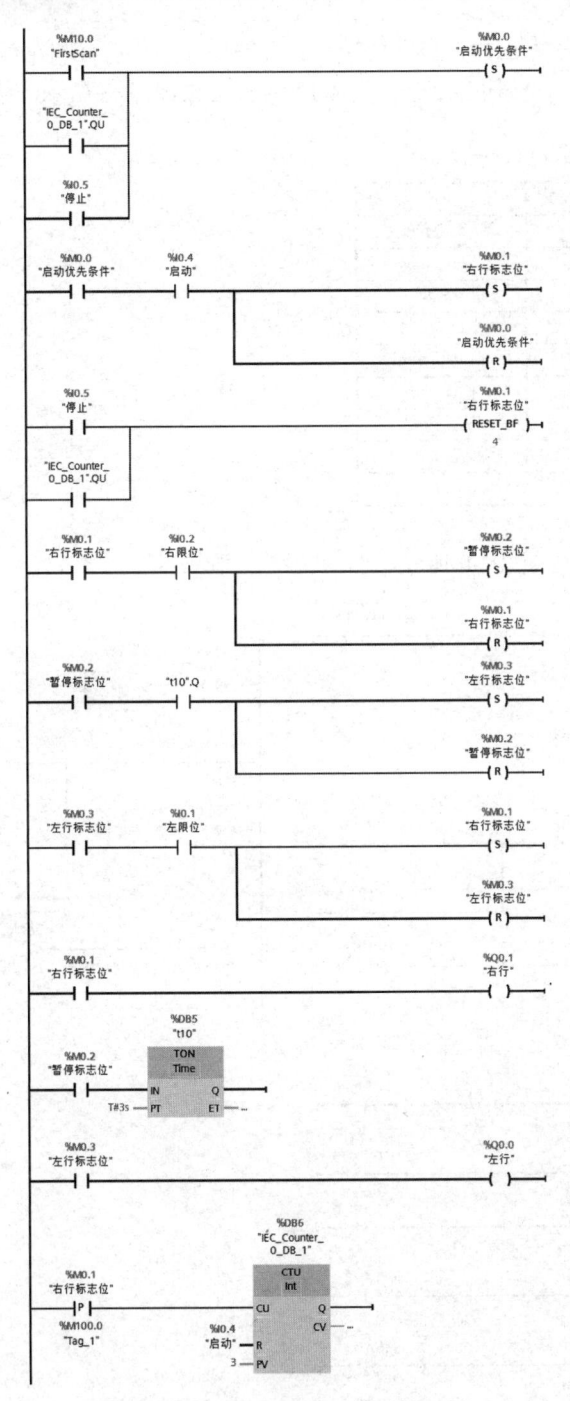

图 3-28 小车自动往返控制梯形图

## 案例 4  小车手动/自动运行控制

假设小车的初始位置不在左侧（I0.1）位置时，如何设计手动/自动运行切换程序？
（1）I/O 分配表及外部接线图。根据控制要求，小车不在初始位置时，可通过手动调

节小车的运行位置。为满足手动/自动切换,实现手动让小车右行和左行,应增加手动/自动切换开关、右行按钮和左行按钮各 1 个。具体 I/O 点分配如表 3-8 所示,接线如图 3-29 所示。

表 3-8  I/O 点分配

| 类别 | 元件 | I/O 点编号 | 备注 |
|---|---|---|---|
| 输入 | SB1 | I0.1 | 左限位 |
| | SB2 | I0.2 | 右限位 |
| | SB3 | I0.4 | 启动 |
| | SB4 | I0.5 | 停止 |
| | SA1 | I1.0 | 手/自动切换按钮 |
| | SB6 | I1.1 | 右行按钮 |
| | SB7 | I1.2 | 左行按钮 |
| 输出 | KA1 | Q0.0 | 左行 |
| | KA2 | Q0.1 | 右行 |

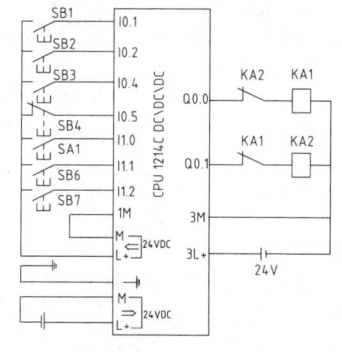

图 3-29  PLC 的 I/O 接线

(2)程序梯形图如图 3-30 所示。

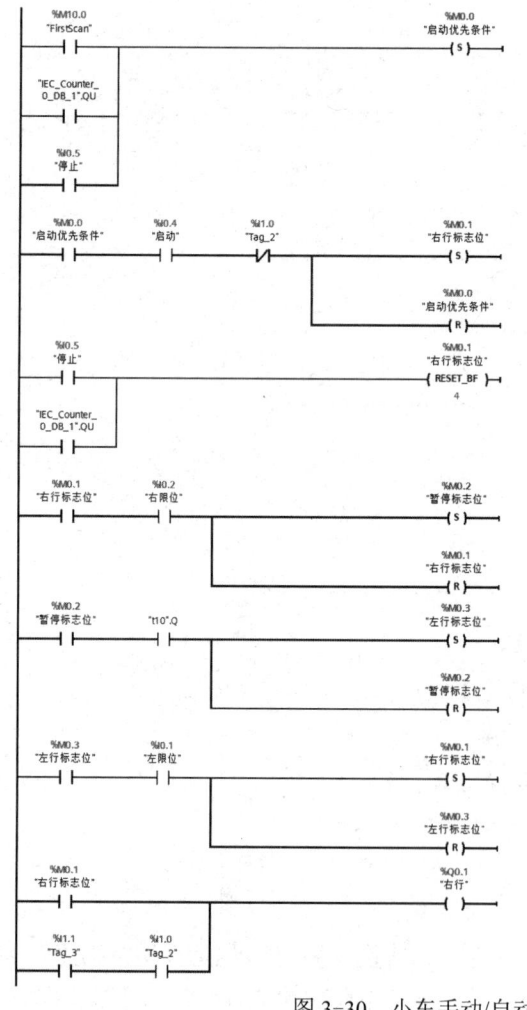

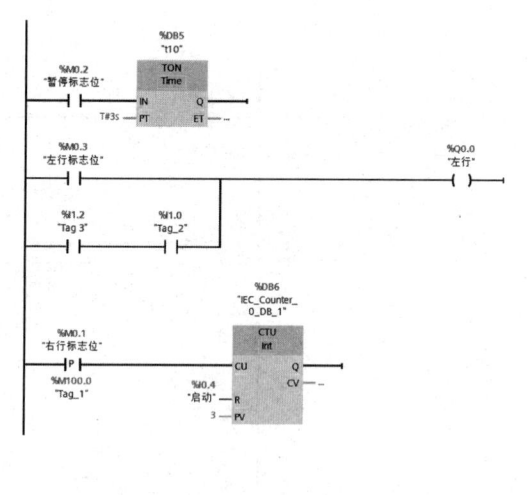

图 3-30  小车手动/自动切换往返控制梯形图

项目3 PLC电动机定时与计数控制系统设计

## 任务7 彩灯的自动循环控制梯形图设计

### 1. 任务分析

生产生活中也有许多对象是按照事先设定好的动作顺序自动循环运行的，并且每个对象的工作时间事先也已设定好。比如舞台艺术灯、交通信号灯、节日彩灯等就是典型的应用例子。

有4只节日彩灯Q0.2、Q0.3、Q0.4、Q0.5，其工作周期为4 s，4只彩灯依次点亮1 s，并且要求循环往复工作。

### 2. 梯形图设计

按照以上的控制要求，设计的彩灯自动循环控制梯形图如图3-31所示。I0.4用于程序

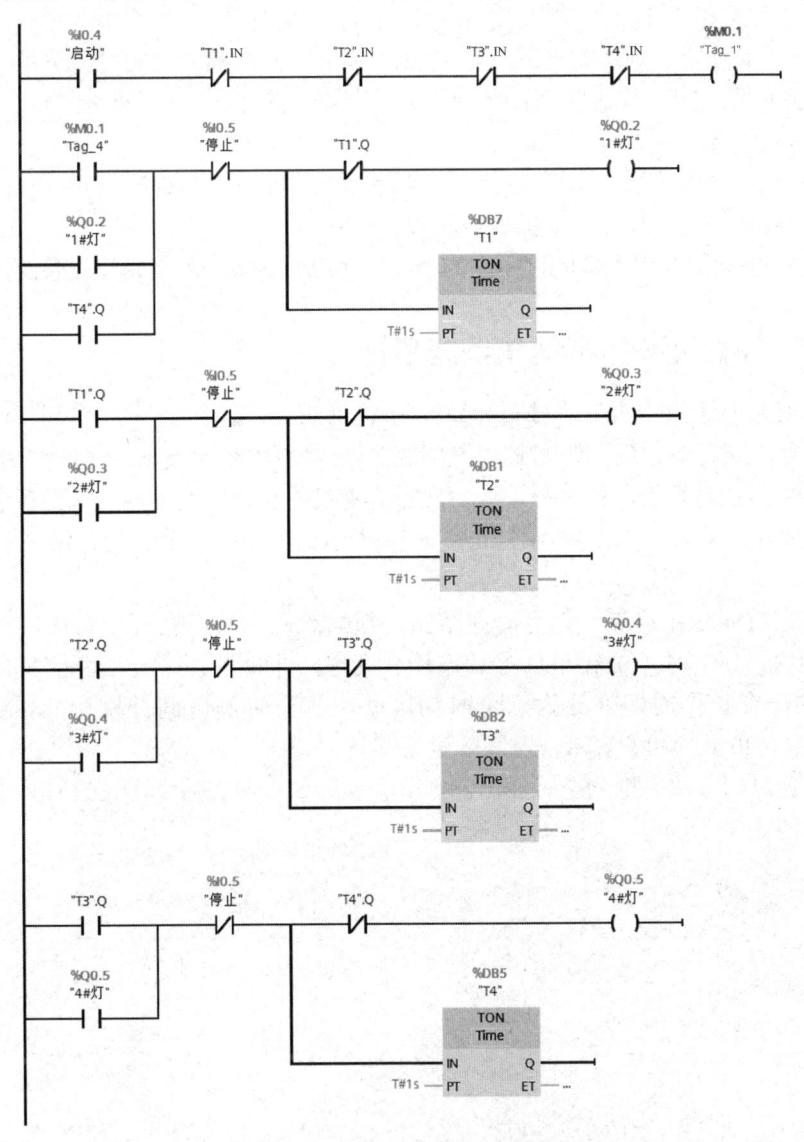

图3-31 彩灯自动循环控制梯形图

的启动信号，I0.5 用于程序的停止信号，定时器 T1、T2、T3、T4 分别用来控制 4 只灯的工作时间，依靠 T4 的常开触点实现了 4 只彩灯按照工作周期自动地循环往复工作。

**小思考**　梯形图 3-31 中的第一行删除，并将第二行的 M0.1 替换为 I0.4，会影响输出结果吗？

## 3.3　时序图法设计

时序图是信号随时间变化的图形，横坐标为时间，纵坐标为输出信号的值，取值为 0 或 1。以这种图形为基础，进行 PLC 梯形图程序设计的方法，称为时序图法。针对典型的顺序控制系统，用时序图法进行程序的分析设计，是一种实用有效的设计方法，其设计步骤如下。

（1）根据控制要求，画出时序图，建立输入/输出信号准确的时间对应关系。

（2）确定时间区间，找出时间的变化节点，即输出信号应出现变化的点，并以这些点为界限，把时段划分成若干时间节拍。

（3）设计这些时间节拍，即用辅助继电器 M、定时器 T 设计定时用的逻辑程序。

（4）确定各被控对象与时间节拍的逻辑关系。

把第（3）和第（4）两个步骤编写的梯形图程序组合起来，就是设计完整的控制程序。

### 案例 5　彩灯闪烁控制的时序图法设计

下面按时序图法设计四色节日彩灯循环闪亮的 PLC 控制程序。四组彩灯闪亮的工作周期如下：红、黄、蓝、绿四色彩灯依次闪亮 1 s，接着同时闪亮 1 s，再同时暗 1 s。

（1）根据四色彩灯的工作过程，可知四色彩灯的工作周期是 6 s。按照各彩灯与时间对应关系绘制出的彩灯工作时序图，如图 3-32 所示，其中红、黄、蓝、绿分别由 Q0.2、Q0.3、Q0.4、Q0.5 控制。

（2）找出时间变化节点，划分时间节拍。根据绘制的时序图可以看出，在彩灯的一个工作周期内，每一秒处的输出信号状态均有变化，即每秒都是一个时间变化节点。因此把彩灯的一个工作周期划分为六个时间区间，六个时间区间分别用 M0.0、M0.1、M0.2、M0.3、M0.4、M0.5 表示，时间的宽度都是 1 s。

（3）设计时间节拍。把六个时间区间 M0.0～M0.5 按照先后顺序，设计成顺序输出的节拍脉冲如图 3-33 所示。

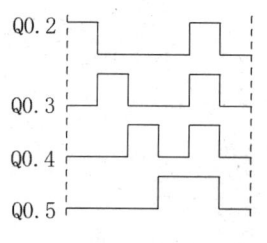

图 3-32　四色彩灯的工作时序 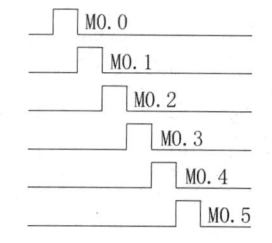　　　　图 3-33　顺序输出的节拍脉冲

# 项目 3  PLC 电动机定时与计数控制系统设计

（4）确定各色彩灯与节拍脉冲的逻辑关系，其逻辑组合如下：Q0.2=M0.0+M0.4，Q0.3=M0.1+M0.4，Q0.4=M0.2+M0.4，Q0.5=M0.3+M0.4。编写出的彩灯闪烁控制逻辑组合梯形图程序如图 3-34 所示。

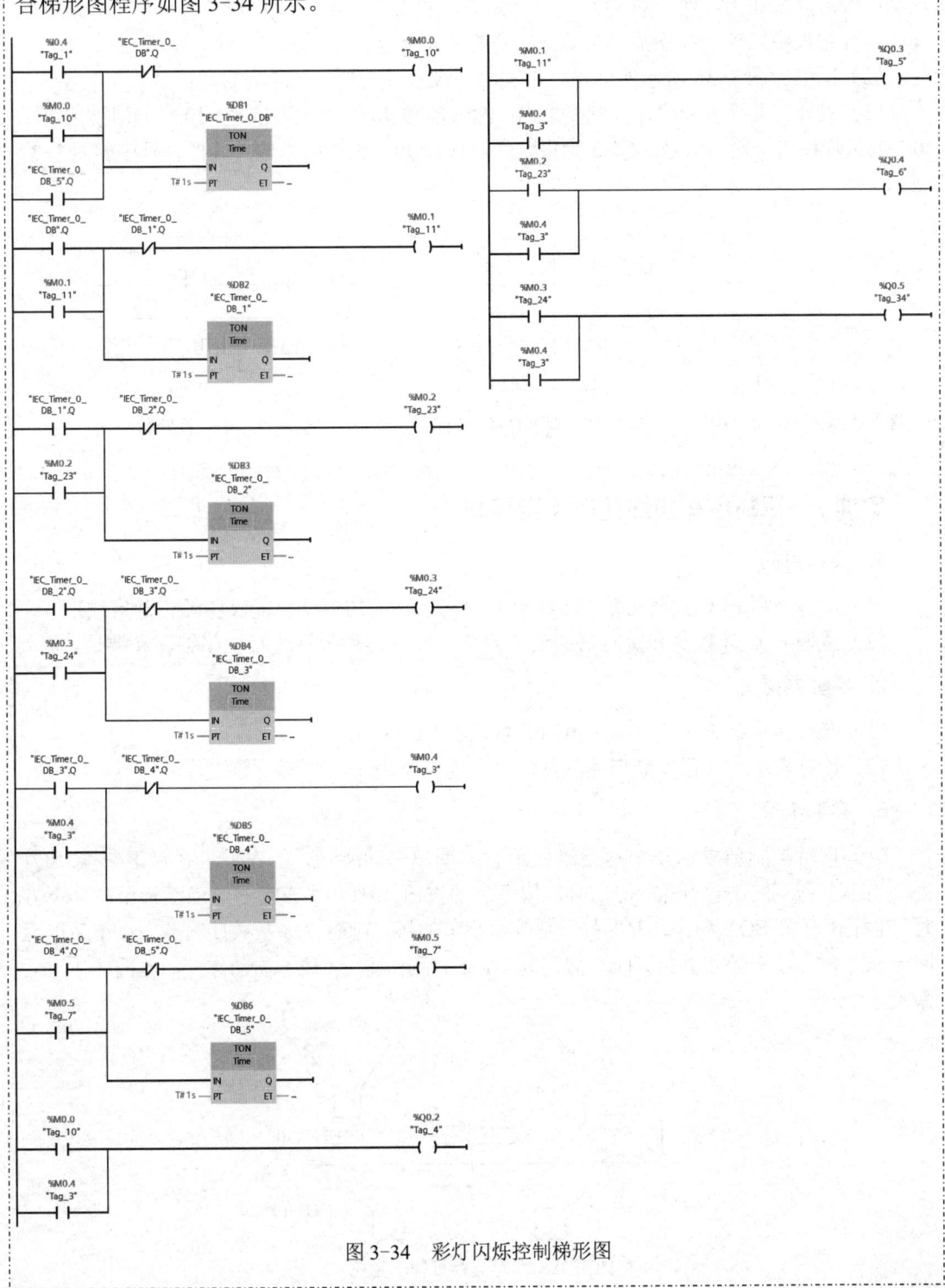

图 3-34  彩灯闪烁控制梯形图

### 小试身手 9 信号灯闪烁与报警控制

（1）请根据图 3-35 所示的信号灯亮灭时序设计程序，控制要求为：按启动按钮后，第一秒 Q0.2 亮，第二秒 Q0.3 亮，第三秒 Q0.3 和 Q0.4 亮，如此循环，运行过程中按停止按钮后信号灯灭，程序立即停止循环。

（2）试按照图 3-36 所示的信号灯控制时序图设计程序，I0.4 为启动信号。

（3）设计工业报警程序，控制要求为：输入信号 I0.0 为故障信号，I0.4 为消铃按钮，I0.5 为试灯按钮；输出信号：Q0.2 为报警信号灯，Q0.3 为报警电铃。其控制时序如图 3-37 所示。

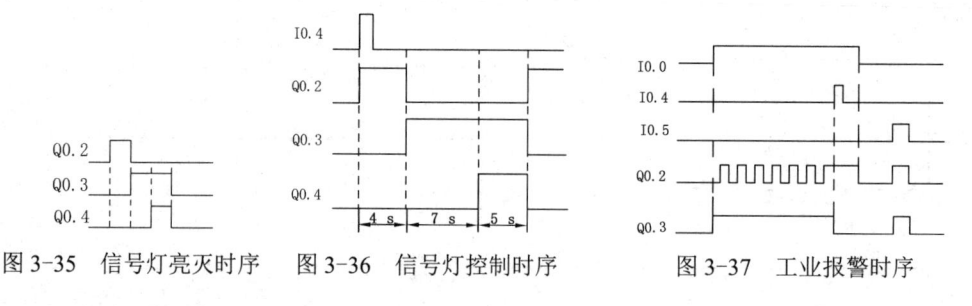

图 3-35 信号灯亮灭时序　　图 3-36 信号灯控制时序　　图 3-37 工业报警时序

## 实训 7　运料小车自动往返 4 次控制

### 1. 实训目的

（1）学会采用 PLC 控制时确定 I/O 点与绘制原理图的方法，能够实际正确接线；

（2）掌握 PLC 计数器和定时器的使用方法，能够运用软件进行程序编写和调试。

### 2. 实训器材

（1）PLC 实训装置 1 台（含 CPU 1214C DC/DC/DC）；

（2）计算机 1 台（已安装博途软件）以及电工常用工具 1 套、导线若干。

### 3. 实训步骤

（1）理解控制要求：小车运行过程示意如图 3-38 所示，小车原位在后退终端 SQ1 处，当小车压下左限位开关 SQ1 时，按下启动按钮 SB1，小车前进，当运行至料斗下方时，右限位开关 SQ2 动作，此时打开料斗给小车加料，延时 7 s 后关闭料斗，小车后退返回至 SQ1 时，小车停止并打开小车底门卸料，5 s 后结束，完成一次动作，如此循环 4 次后系统停止。

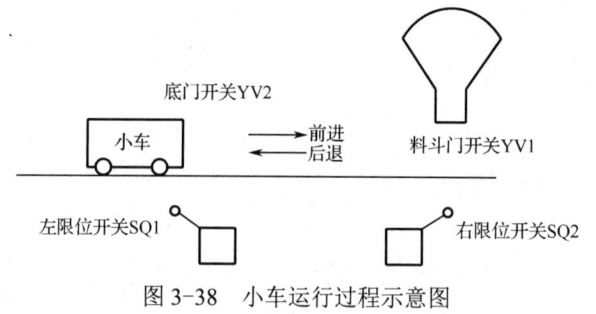

图 3-38　小车运行过程示意图

（2）确定 I/O 端口分配，如表 3-9 所示，绘制 I/O 接线如图 3-39 所示，并正确接线。

表 3-9  I/O 端口分配

| 类别 | 元件 | I/O 端口编号 | 备注 |
| --- | --- | --- | --- |
| 输入 | SQ1 | I0.1 | 左限位行程开关，常开触点 |
|  | SQ2 | I0.2 | 右限位行程开关，常开触点 |
|  | SB1 | I0.4 | 启动按钮，常开触点 |
|  | SB2 | I0.5 | 停止按钮 |
| 输出 | KA1 | Q0.0 | 小车左行控制继电器 |
|  | KA2 | Q0.1 | 小车右行控制继电器 |
|  | YV1 | Q0.4 | 料斗门开关 |
|  | YV2 | Q0.5 | 底门开关 |

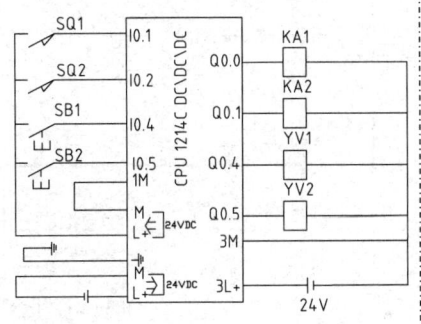

图 3-39  运料小车 PLC I/O 接线

（3）根据控制要求进行程序设计，其对应的梯形图如图 3-40 所示。

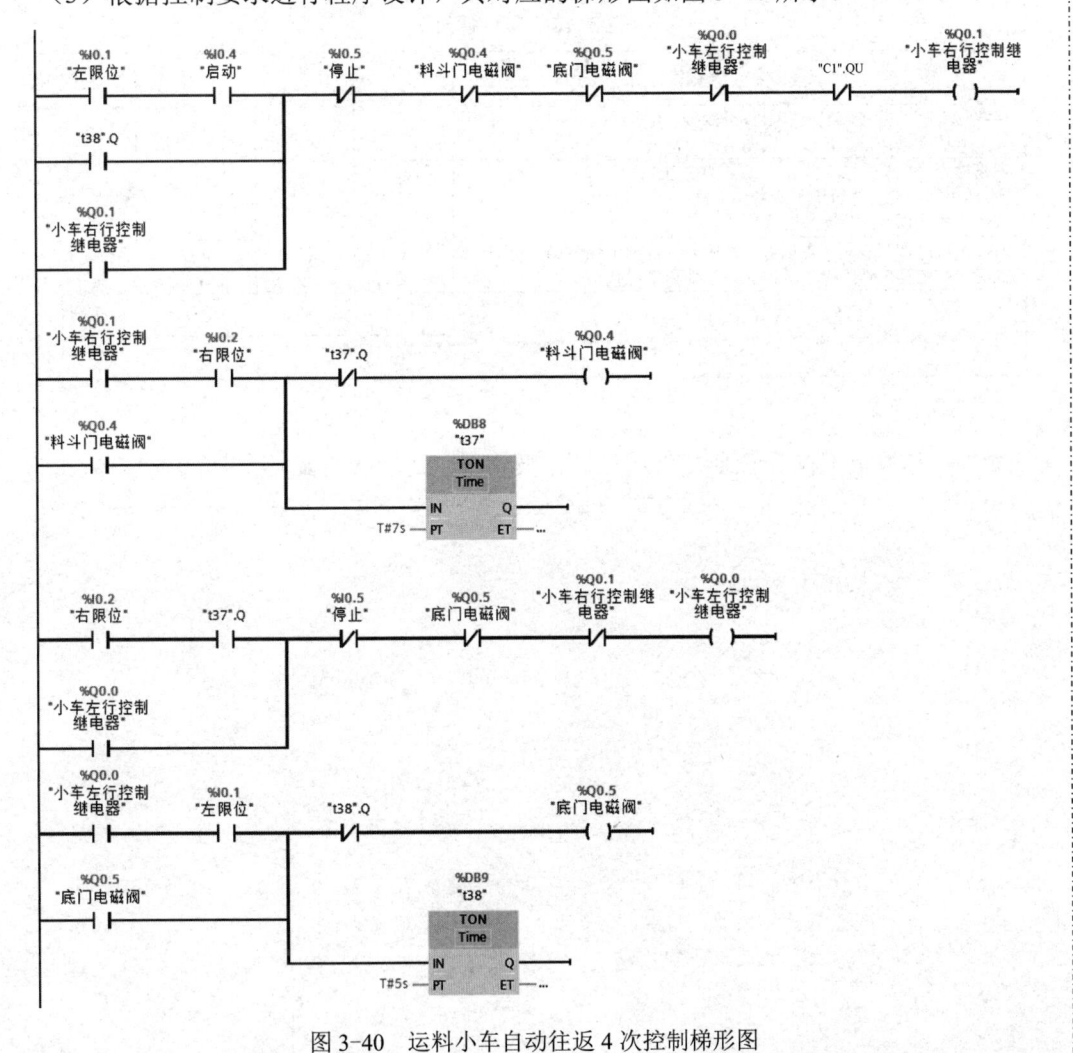

图 3-40  运料小车自动往返 4 次控制梯形图

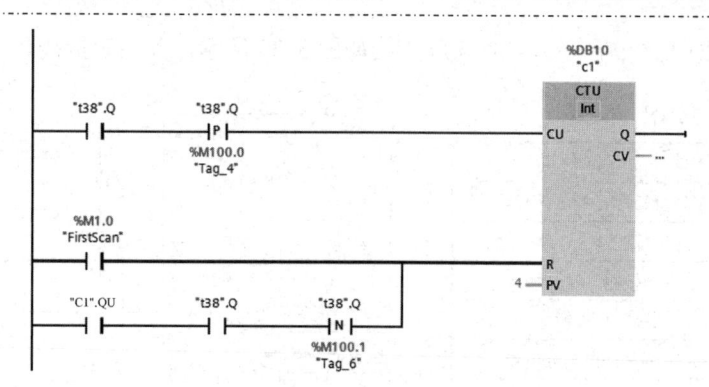

```
                                                    %DB10
                                                     "c1"
                                                     CTU
                                                     Int
  "t38".Q      "t38".Q                           ─── CU    Q ───
  ──┤├───────── ┤P├                                            
              %M100.0
               "Tag_4"

  %M1.0
 "FirstScan"
  ──┤├──────────────────────────────────── ─── R
                                          4 ── PV
  "C1".QU     "t38".Q      "t38".Q
  ──┤/├─────── ┤├────────── ┤N├
                         %M100.1
                          "Tag_6"
```

图 3-40　运料小车自动往返 4 次控制梯形图（续）

### 4. 实训结果分析及考核评价

根据学生在训练过程中的表现，给予客观评价，填写实训评价表 3-10。

表 3-10　实训评价

| 考核内容及依据 | 考核等级<br>（在相应括号中打√） | | | 备注 |
|---|---|---|---|---|
| 接线与工艺（接错两根线以上时不能参加考核）<br>等级考核依据：学生接线工艺和熟练程度 | 优<br>（　　） | 良<br>（　　） | 中<br>（　　） | 占总评<br>1/3 |
| 电路检查：检查方法、步骤、工具的使用<br>（本项内容都应会，否则不能参加考核）<br>等级考核依据：学生熟练程度 | 优<br>（　　） | 良<br>（　　） | 中<br>（　　） | 占总评<br>1/3 |
| 通电调试：调试步骤（本项内容都应会，否则不能参加考核）<br>等级考核依据：学生操作过程的规范性和学习状态 | 优<br>（　　） | 良<br>（　　） | 中<br>（　　） | 占总评<br>1/3 |
| 总评<br>（3 项都为优时总评才能为优，以此类推评判良和中） | | | | 手写<br>签字 |

### 5. 实训思考

如果小车原位不在后退终端 SQ1 处时，要实现上述功能，如何改进程序？

# 项目 4

# PLC 电动机顺序与伺服控制系统设计

| | |
|---|---|
| 项目导入 | 在工业生产中,很多设备的动作都具有一定的顺序,如机械手的物件搬运、流水线的工件分拣与包装、安装机械上的流程控制等。这些动作都是一步接一步进行的,可以很容易地画出其工作流程图。前面学习了 PLC 的逻辑处理控制,但是现代工业控制的许多场合中需要进行数据处理,要对数据进行传送、运算、变换及程序控制等,这使 PLC 成为真正意义上的计算机。在自动化流水线中有很多被控对象的工艺流程都是相似的,所以可以采用结构化程序设计,从而简化程序,提高程序的可读性。另外随着 PLC 的发展,它不仅具有逻辑控制功能,还有模拟量控制和定位等功能。本项目通过 2 个任务、4 个实训、4 个案例学习顺序控制、伺服控制、结构化编程以及模拟量处理的基本方法等。<br>扫一扫看"步步为赢,精益求精" |
| 素质目标 | (1)培养良好的工程思维意识;<br>(2)培养劳动精神;<br>(3)培养科学思维、善于总结、勇于探索的能力;<br>(4)培养精益求精的工匠精神 |
| 知识目标 | (1)掌握顺序控制的设计方法和流程图的绘制方法;<br>(2)掌握功能、功能块和数据块的基本概念;<br>(3)掌握数据处理、比较等指令的应用方法;<br>(4)掌握小车定位控制程序的编写方法;<br>(5)掌握模拟量处理的基本方法;<br>(6)掌握运动控制的基本方法 |
| 能力目标 | (1)具备将顺序流程图转换为梯形图的能力;<br>(2)具备采用功能块设计程序的能力;<br>(3)具备应用相应指令采集模拟量信号的能力;<br>(4)具备编写运动控制基本程序的能力 |

## 4.1 顺序功能图设计法

在工业控制中,许多场合要应用顺序控制的方式进行控制。顺序控制是指使生产过程按生产工艺要求预先安排的顺序进行自动控制生产。

**1. 顺序功能图的组成**

顺序功能图是描述控制系统的控制过程、功能和特性的一种图形,顺序功能图法就是依据顺序功能图设计 PLC 顺序控制程序的方法。其基本思想是将系统的一个工作周期分成若干个顺序相连的阶段,即"步"。顺序功能图主要由步、有向连线、转换条件及动作组成。

1)步

顺序功能图中把系统循环工作过程分解成若干顺序相连的阶段,称为"步",也称为"工步"。步用矩形框表示,框内的数字表示步的编号。在控制过程进展的某给定时刻,一个步可以是活动的或非活动的。当步处于活动状态时称为活动步,反之称为非活动步。控制过程开始阶段的活动步与初始状态对应,称为起始步,用双线方框表示,每个顺序功能图应有一个初始步。

2)与步相关的动作(或命令)

控制系统的每一步都要完成某些动作(或命令),当该步处于活动状态时,该步内相应的动作(或命令)被执行;反之,不被执行。与该步相关的动作(或命令)用矩形框表示,框内的文字或符号表示动作(或命令)的内容,该矩形框应与相应步的矩形框相连。在顺序功能图中,动作(或命令)可分为"非存储型"或"存储型"。当相应步活动时,动作(或命令)即被执行。当相应步不活动时,如果动作(或命令)返回到该步活动前的状态,是"非存储型";如果动作(或命令)继续保存它的状态,则是"存储型"。

3)有向连线

在顺序功能图中,步的活动状态会有进展。步之间的进展,采用有向连线表示,将步连接到转换并将转换连接到步。步的进展按有向连线规定的线路进行,有向连线为垂直或水平的线段,按习惯进展的方向总是从上到下或从左到右,为了便于理解可加箭头,箭头表示步进展的方向。

4)转换和转换条件

在顺序功能图中,步的活动状态的进展是由一个或多个状态转换来实现的,并与控制过程的发展相对应。转换的符号是一根与有向连线垂直的短画线,步与步之间由转换分割。转换条件在转换符号短画线旁用文字或符号说明。当两步之间的转换条件得到满足时,转换得以实现,即上一步的活动结束而下一步的活动开始,因此不会出现步的重叠,每个活动步之间取决于步之间转换的实现。

**2. 顺序功能图的基本结构**

单序列:为功能流程图的单流程结构形式,如图 4-1(a)所示,其特点是:每一步后面只有一个转换,每个转换后面只有一步。各个工步按顺序执行,上一工步执行结束,转

换条件成立，立即开通下一工步，同时关断上一工步。

并行序列：如图4-1（b）所示，步3为活动步，转换条件 $e=1$，则步4和步6同时转换为活动步，步3变为非活动步。步4和步6被同时激活后，每个序列中活动步的进展是独立的。步5和步7都为活动步，当转换条件 $i=1$ 时发生由步5和步7到步10的进展。

选择序列：如图4-1（c）所示，步5为活动步，转换条件 $h=1$，则发生步5→步8的转换；若步5为活动步，转换条件 $k=1$，则发生步5→步10的转换，只允许选择一个序列。

（a）单序列　　（b）并行序列　　（c）选择序列

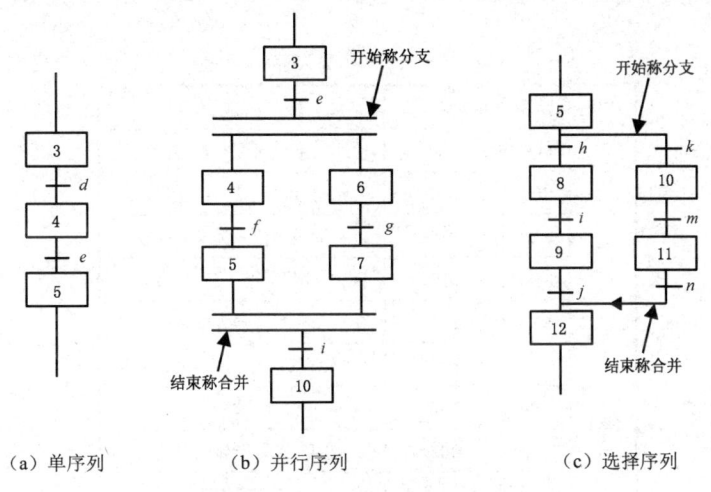

图4-1　顺序功能图的基本结构

## 任务8　机械手搬运工件控制

### 1. 控制要求分析

机械手搬运工件如图4-2所示，其控制要求如下：

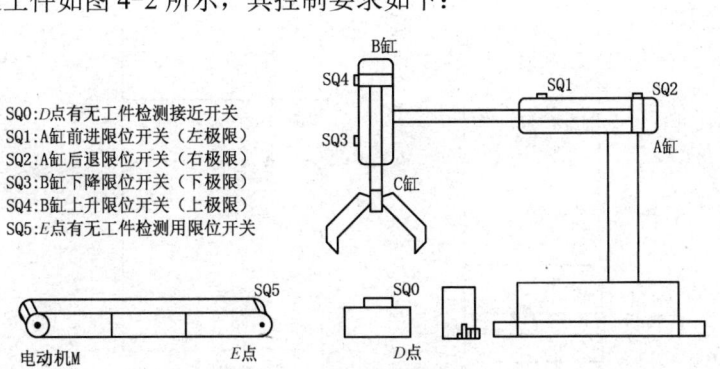

SQ0：D点有无工件检测接近开关
SQ1：A缸前进限位开关（左极限）
SQ2：A缸后退限位开关（右极限）
SQ3：B缸下降限位开关（下极限）
SQ4：B缸上升限位开关（上极限）
SQ5：E点有无工件检测用限位开关

图4-2　机械手搬运工件示意

（1）工件的补充使用人工控制，即可直接将工件放在 D 点（SQ0动作）。

（2）只要 D 点一有工件，机械手臂即先下降（B缸动作）将之抓取（C缸动作）后上升（B缸复位），再将它搬运（A缸动作）到 E 点上方，机械手臂再次下降（B缸动作）后放开（C缸复位）工件，机械手臂上升（B缸复位），最后机械手臂再回到原点（A缸复位）。

（3）A、B、C缸均为单作用气缸，使用单电控电磁阀控制的方式。

（4）C 缸抓取或放开工件，都须有 1 s 的间隔，机械手臂才能动作。

（5）当 E 点有工件且 B 缸已上升到 SQ4 时，驱动输送带电动机以运走工件，经 5 s 后输送带电动机自动停止。工件若未完全运走（计时未到）时，则应等待输送带电动机停止后 B 缸才能下移放开工件。

### 2. I/O 点分配及接线

机械手控制系统的 I/O 点分配如表 4-1 所示，PLC 的外部接线，如图 4-3 所示。

表 4-1　I/O 点分配

| 类别 | 元件 | I/O 点编号 | 备注 |
|---|---|---|---|
| 输入 | SQ0 | I0.0 | 检测 D 点有无工件的接近开关 |
| | SQ1 | I0.1 | A 缸前行限位开关（左极限） |
| | SQ2 | I0.2 | A 缸后退限位开关（右极限） |
| | SQ3 | I0.3 | B 缸下降限位开关（下极限） |
| | SQ4 | I0.4 | B 缸上升限位开关（上极限） |
| | SQ5 | I0.5 | 检测 E 点有无工件的限位开关 |
| | SB0 | I1.0 | 启动 |
| 输出 | YV1 | Q0.2 | A 缸电磁阀 |
| | YV2 | Q0.3 | B 缸电磁阀 |
| | YV3 | Q0.4 | C 缸电磁阀 |
| | KM | Q0.5 | 电动机用接触器 |

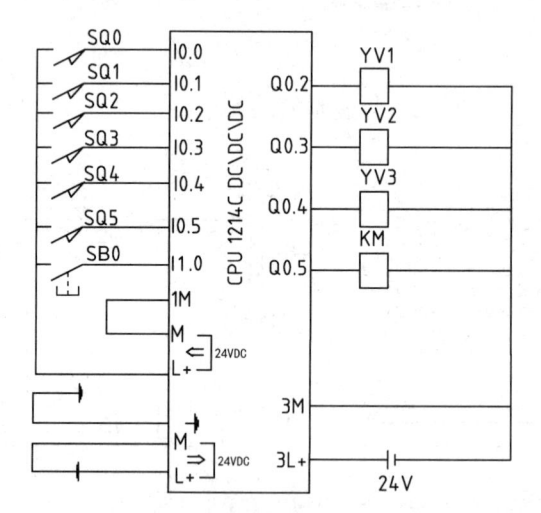

图 4-3　机械手控制系统 PLC 接线

**练一练**　按图 4-3 所示，进行 PLC 的 I/O 接线，并记录测试各输入/输出端口状态。

### 3. 绘制机械手流程图和顺序功能图

依据本任务的控制要求，可将机械手搬运动作和输送带运行作为并行分支，其中一个是机械手动作并行分支，机械手动作可分成 9 个步，每步的动作如图 4-4 中左边分支所

示，其 9 个步可分别对应 M0.1-M1.1，机械手控制系统顺序功能图如图 4-5 所示；图 4-4 中右边的并行分支是输送带流程图，输送带动作分为 2 个步，其对应 M2.0+M2.1。

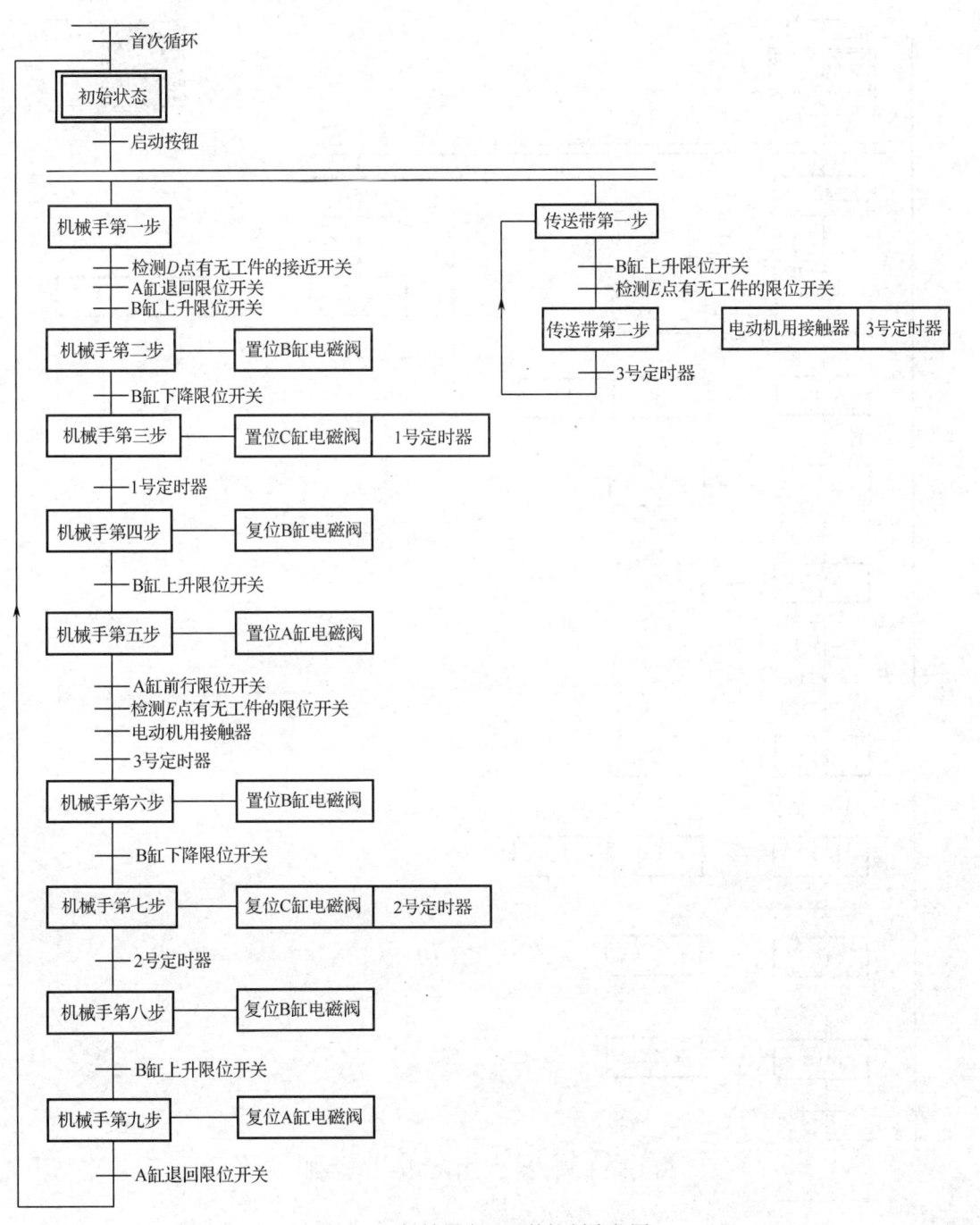

```
┌──首次循环
│  ┌─────┐
│  │初始状态│
│  └─────┘
│     │启动按钮
│─────┴──────────────────────────┐
│  ┌───────┐              ┌───────┐
│  │机械手第一步│              │传送带第一步│
│  └───────┘              └───────┘
│     ├─检测D点有无工件的接近开关      ├─B缸上升限位开关
│     ├─A缸退回限位开关             └─检测E点有无工件的限位开关
│     └─B缸上升限位开关          ┌───────┐  ┌──────────┐┌──────┐
│  ┌───────┐  ┌──────────┐  │传送带第二步│──│电动机用接触器││3号定时器│
│  │机械手第二步│──│置位B缸电磁阀│  └───────┘  └──────────┘└──────┘
│  └───────┘  └──────────┘     └─3号定时器
│     └─B缸下降限位开关
│  ┌───────┐  ┌──────────┐┌──────┐
│  │机械手第三步│──│置位C缸电磁阀││1号定时器│
│  └───────┘  └──────────┘└──────┘
│     └─1号定时器
│  ┌───────┐  ┌──────────┐
│  │机械手第四步│──│复位B缸电磁阀│
│  └───────┘  └──────────┘
│     └─B缸上升限位开关
│  ┌───────┐  ┌──────────┐
│  │机械手第五步│──│置位A缸电磁阀│
│  └───────┘  └──────────┘
│     ├─A缸前行限位开关
│     ├─检测E点有无工件的限位开关
│     ├─电动机用接触器
│     └─3号定时器
│  ┌───────┐  ┌──────────┐
│  │机械手第六步│──│置位B缸电磁阀│
│  └───────┘  └──────────┘
│     └─B缸下降限位开关
│  ┌───────┐  ┌──────────┐┌──────┐
│  │机械手第七步│──│复位C缸电磁阀││2号定时器│
│  └───────┘  └──────────┘└──────┘
│     └─2号定时器
│  ┌───────┐  ┌──────────┐
│  │机械手第八步│──│复位B缸电磁阀│
│  └───────┘  └──────────┘
│     └─B缸上升限位开关
│  ┌───────┐  ┌──────────┐
│  │机械手第九步│──│复位A缸电磁阀│
│  └───────┘  └──────────┘
└─────└─A缸退回限位开关
```

图 4-4　机械手搬运工件控制流程图

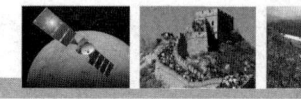

根据图 4-4 机械手搬运工件控制流程图转换为顺序功能图，如图 4-5 所示。

**练一练** 请根据图 4-4 顺序功能图转换为梯形图，并写入 PLC 后进行运行调试。

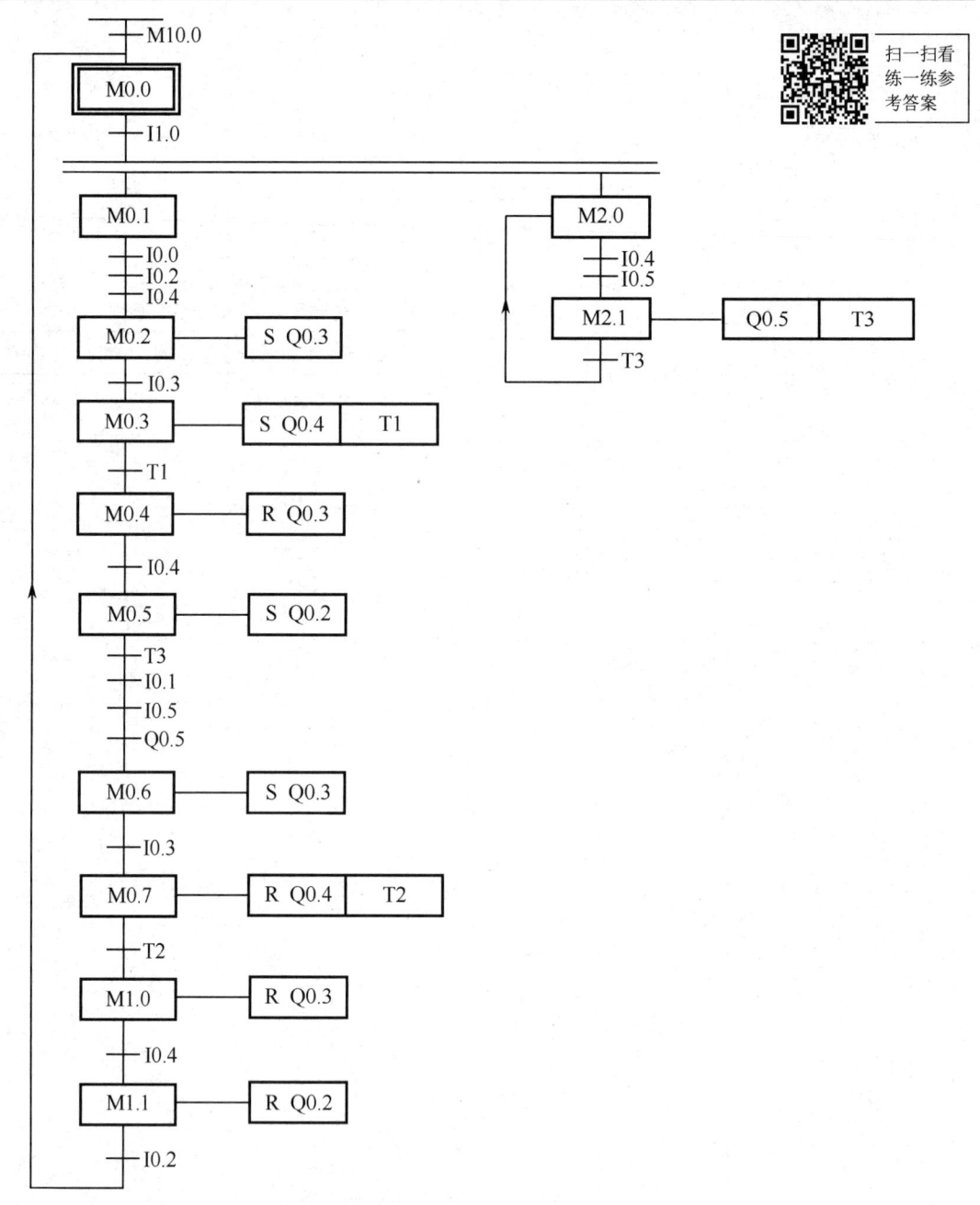

扫一扫看练一练参考答案

图 4-5 机械手搬运工件控制顺序功能图

## 4. 梯形图设计

采用置位与复位指令完成上述功能梯形图的编写，如图 4-6 所示。

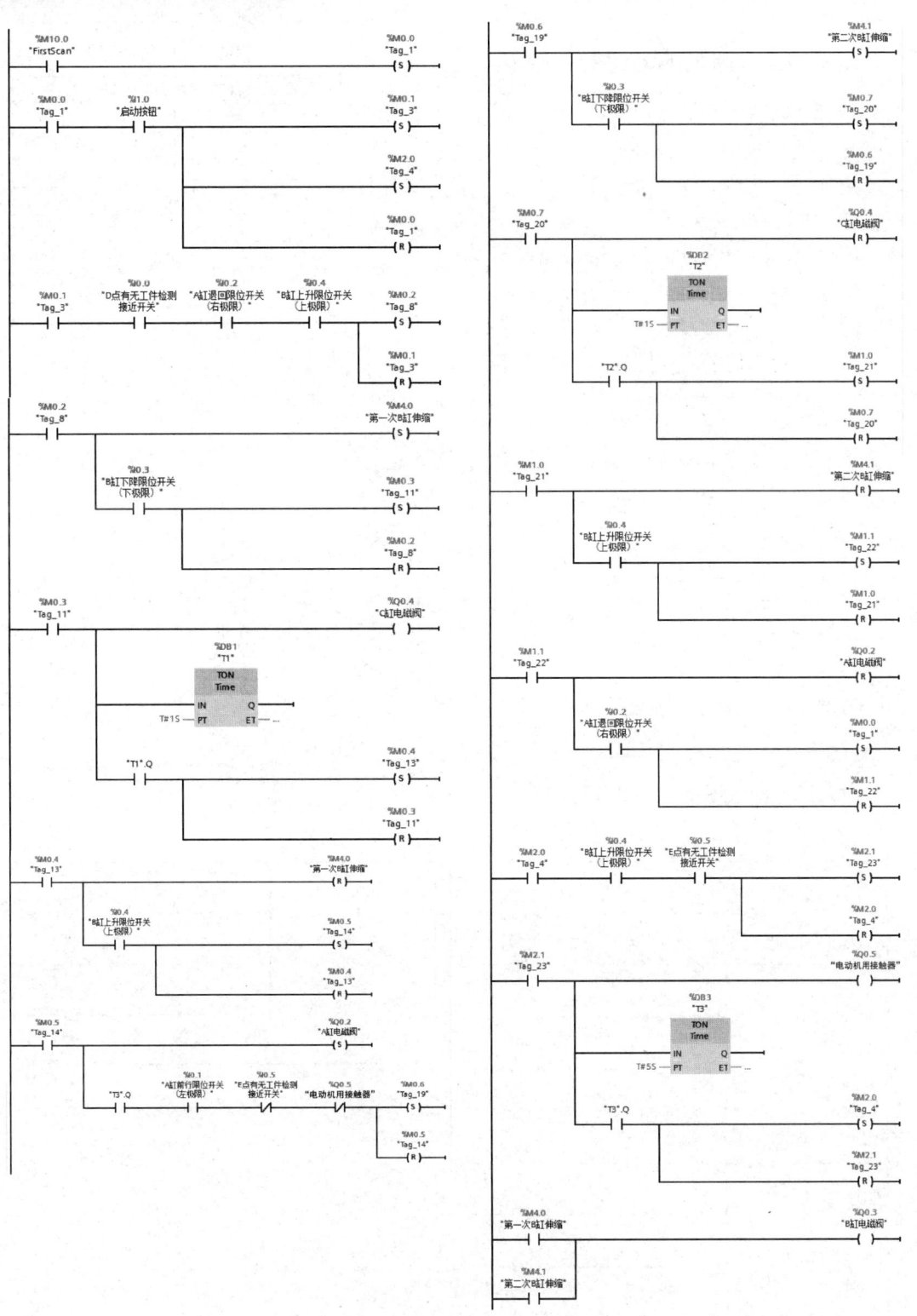

图 4-6　机械手搬运工件控制梯形图

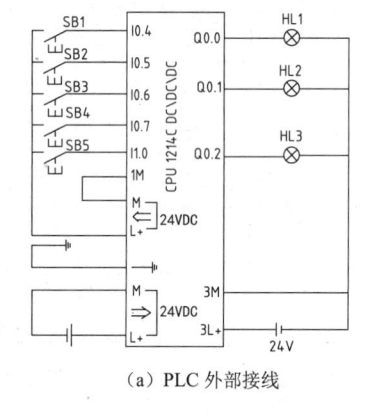

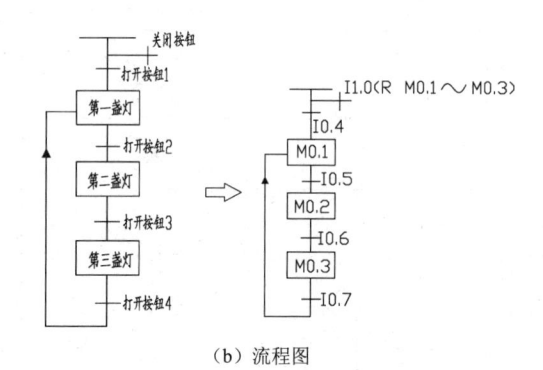

## 案例 6  三盏灯的顺序开关控制

三盏灯的顺序开关控制，按下打开按钮 SB1，第一盏灯亮；按下按钮 SB2，第二盏灯亮，同时第一盏灯灭；按下按钮 SB3，第三盏灯亮，同时第二盏灯灭；按下按钮 SB4，第一盏灯亮，同时第三盏灯灭；如此循环。请采用顺序控制设计方法编写梯形图程序。

（1）I/O 点分配，如表 4-2 所示。

（2）PLC 外部接线，如图 4-7（a）所示。

（3）绘制流程图，如图 4-7（b）所示。

表 4-2  I/O 点分配

| 类别 | 元件 | I/O 点编号 | 备注 |
|---|---|---|---|
| 输入 | SB1 | I0.4 | 打开按钮 1 |
|  | SB2 | I0.5 | 打开按钮 2 |
|  | SB3 | I0.6 | 打开按钮 3 |
|  | SB4 | I0.7 | 打开按钮 4 |
|  | SB5 | I1.0 | 关闭按钮 |
| 输出 | HL1 | Q0.0 | 第一盏灯 |
|  | HL2 | Q0.1 | 第二盏灯 |
|  | HL3 | Q0.2 | 第三盏灯 |

(a) PLC 外部接线　　　　　(b) 流程图

图 4-7  三盏灯的顺序开关控制

（4）设计梯形图程序，如图 4-8 所示。

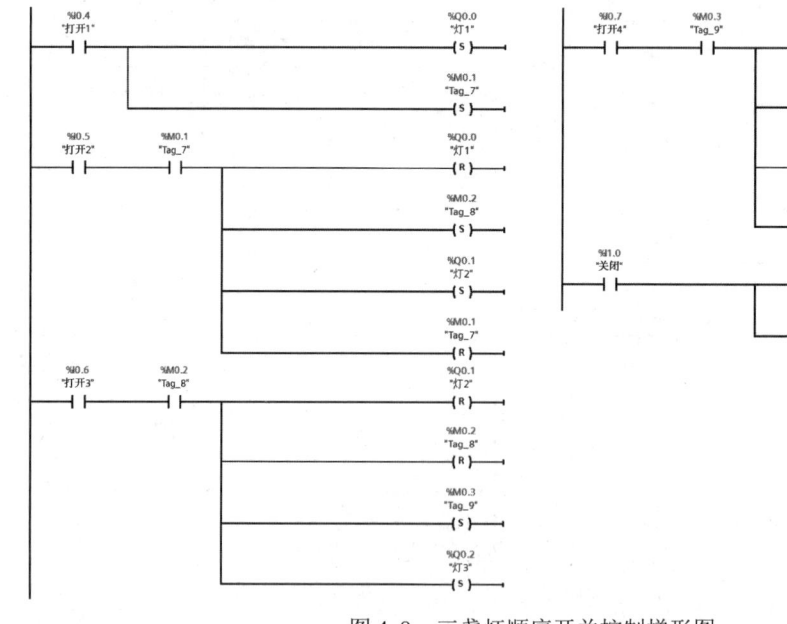

图 4-8  三盏灯顺序开关控制梯形图

## 案例 7  电动机的正反转控制

请采用选择序列的顺序功能图法设计电动机正反转控制程序。按正转启动按钮 SB1，电动机正转启动运行，按停止按钮 SB0 电动机停止运行；按反转启动按钮 SB2，电动机反转启动运行，按停止按钮 SB0，电动机停止运行；且热继电器具有保护功能。

（1）I/O 点分配，如表 4-3 所示。

表 4-3  I/O 点分配

| 类别 | 元件 | I/O 点编号 | 备注 |
|---|---|---|---|
| 输入 | SB1 | I1.0 | 正转启动按钮 |
|  | SB2 | I1.1 | 反转启动按钮 |
|  | FR | I0.4 | 热继电器 |
|  | SB0 | I0.5 | 停止按钮 |
| 输出 | KM1 | Q0.0 | 电动机正转 |
|  | KM2 | Q0.1 | 电动机反转 |

（2）外部接线，如图 4-9 所示。

（3）顺序功能图，根据控制要求，电动机的正反转控制是一个具有两个分支的选择性流程，分支转移条件是正转按钮 I1.0 和反转按钮 I1.1，汇合的条件是热继电器 I0.4 或者停止按钮 I0.5，初始状态 M0.0 由初始脉冲 M10.0 驱动。顺序功能图如图 4-10 所示。

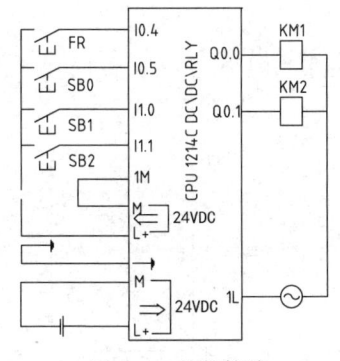

图 4-9  外部接线

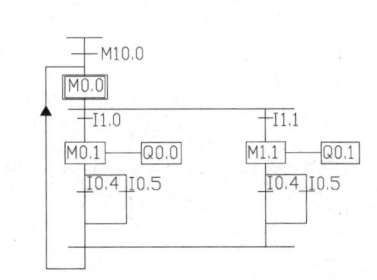

图 4-10  电动机正反转控制顺序功能图

（4）设计梯形图如图 4-11 所示。

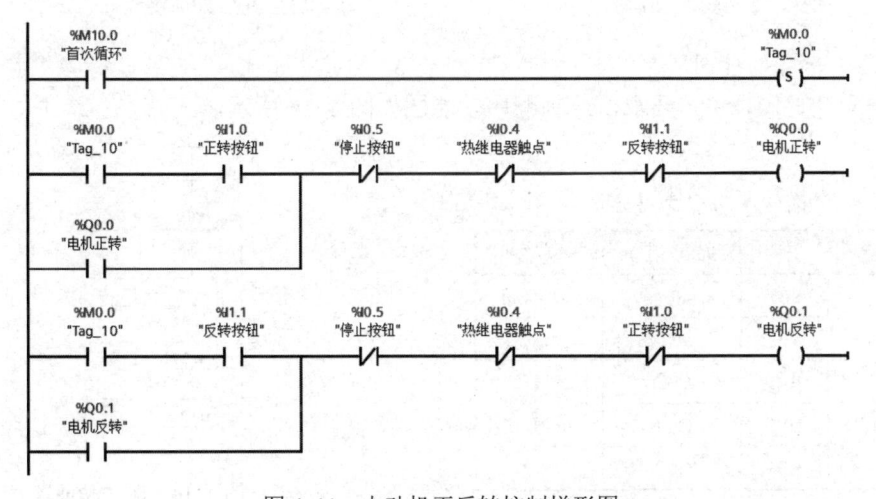

图 4-11  电动机正反转控制梯形图

## 实训 8  彩灯的顺序控制

### 1. 实训目的

（1）熟练运用博途软件编写、调试顺序控制程序；

（2）掌握顺序控制系统的设计方法，能够采用启保停电路完成顺序控制系统程序设计。

### 2. 实训器材

（1）可编程控制器 1 台（CPU 1214C DC/DC/DC）；

（2）按钮开关 2 个，彩灯 3 盏，电工常用工具 1 套及连接导线若干。

### 3. 实训步骤

1）控制要求

3 盏彩灯 HL1、HL2、HL3 的工作时序如图 4-12 所示，按下启动按钮后，3 盏彩灯按照时序图点亮，按下停止按钮后 3 盏灯熄灭。

2）I/O 地址分配与接线

PLC 外部接线如图 4-13 所示，I/O 地址分配如表 4-4 所示。

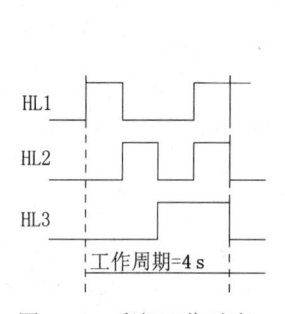

图 4-12  彩灯工作时序

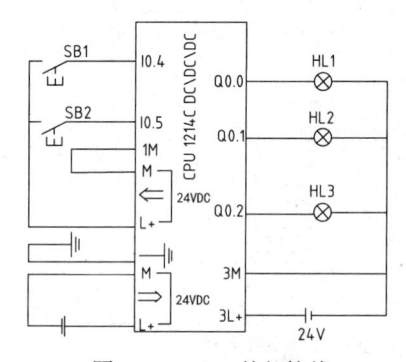

图 4-13  PLC 外部接线

3）绘制顺序功能图

根据彩灯工作时序图要求，绘制顺序功能图如图 4-14 所示。

表 4-4  I/O 地址分配

| 类别 | 元件 | I/O 点编号 | 备注 |
| --- | --- | --- | --- |
| 输入 | SB1 | I0.4 | 启动按钮 |
|  | SB2 | I0.5 | 停止按钮 |
| 输出 | HL1 | Q0.0 | 1 号彩灯 |
|  | HL2 | Q0.1 | 2 号彩灯 |
|  | HL3 | Q0.2 | 3 号彩灯 |

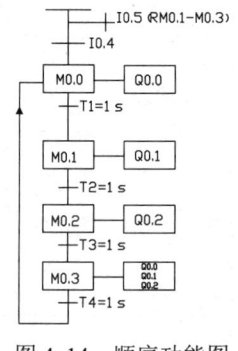

图 4-14  顺序功能图

## 项目4 PLC电动机顺序与伺服控制系统设计

4) 梯形图的编写

采用启保停电路编写的梯形图如图4-15所示。

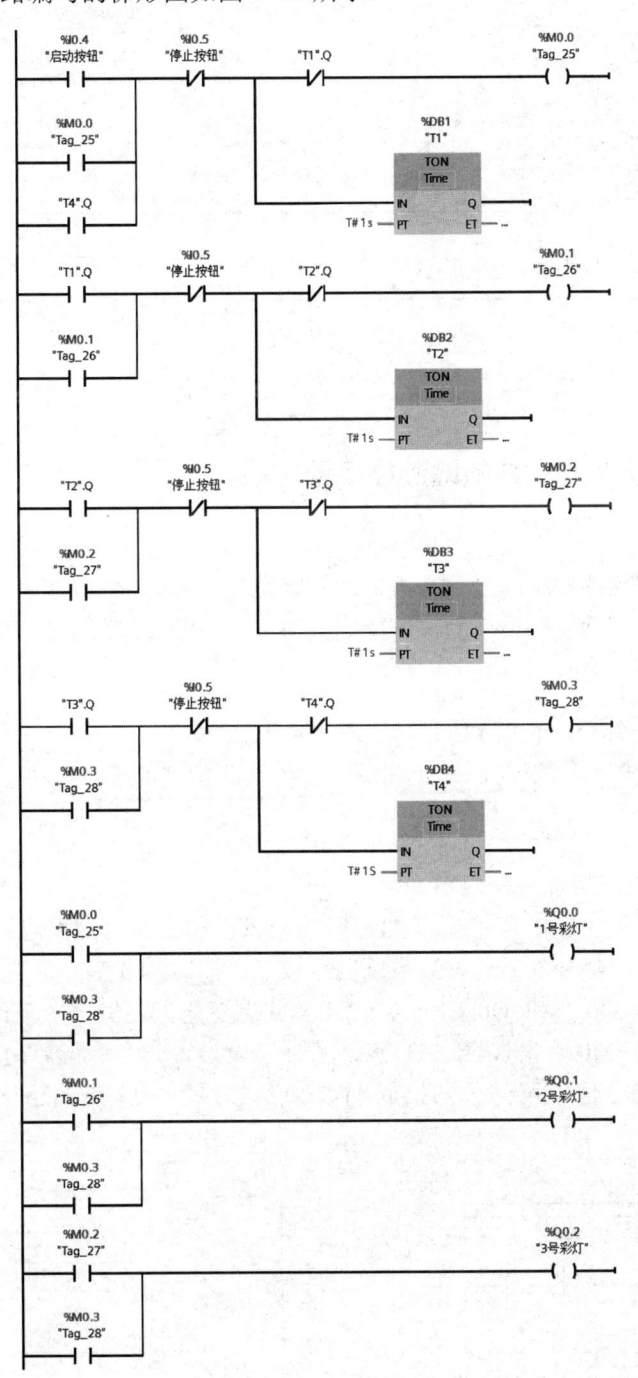

图 4-15 彩灯顺序控制梯形图

## 4. 实训结果分析及考核评价

根据学生在训练过程中的表现，给予客观评价，填写实训评价表4-5。

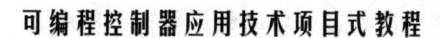

表 4-5 实训评价

| 考核内容及依据 | 考核等级（在相应括号中打✓） | | | 备注 |
|---|---|---|---|---|
| | 优 | 良 | 中 | |
| 接线与工艺（接错两根线以上时不能参加考核）<br>等级考核依据：学生接线工艺和熟练程度 | ( ) | ( ) | ( ) | 占总评 1/3 |
| 电路检查：检查方法、步骤、工具的使用<br>（本项内容都应会，否则不能参加考核）<br>等级考核依据：学生熟练程度 | ( ) | ( ) | ( ) | 占总评 1/3 |
| 通电调试：调试步骤（本项内容都应会，否则不能参加考核）<br>等级考核依据：学生操作过程的规范性和学习状态 | ( ) | ( ) | ( ) | 占总评 1/3 |
| 总评<br>（3 项都为优时总评才能为优，以此类推评判良和中） | | | | 手写 |
| | | | | 签字 |

**5. 实训思考**

如果连续多次按下启动按钮，会出现什么情况？如何去完善此程序？

## 实训 9 鼓风机和引风机的顺序启停控制

### 1. 实训目的

（1）掌握顺序启停控制的设计方法，能够将控制要求的时序图转换为顺序功能图；
（2）掌握将顺序功能图转换为梯形图的方法，并能够对梯形图程序进行调试。

### 2. 实训器材

（1）可编程控制器 1 台（CPU 1214C DC/DC/RLY）；
（2）按钮开关 2 个，鼓风机、引风机各 1 台，电工常用工具 1 套以及连接导线若干。

### 3. 实训步骤

1）控制要求转换为顺序功能图

图 4-16 所示的工作时序给出了控制锅炉鼓风机和引风机的要求。按启动按钮 I0.4 后，应先开引风机，延时 6 s 后再开鼓风机。按停止按钮 I0.5 后，应先停鼓风机，4 s 后再停引风机。根据 Q0.2 和 Q0.3 的 ON/OFF 状态变化，显然一个工作期间可以分为 3 步，分别用 M0.1～M0.3 来代表这 3 步，另外还应设置一个等待启动的初始步 M0.0，M10.0 为系统存储器位，第一个扫描周期该位为 1。图 4-17 是描述该系统的顺序功能

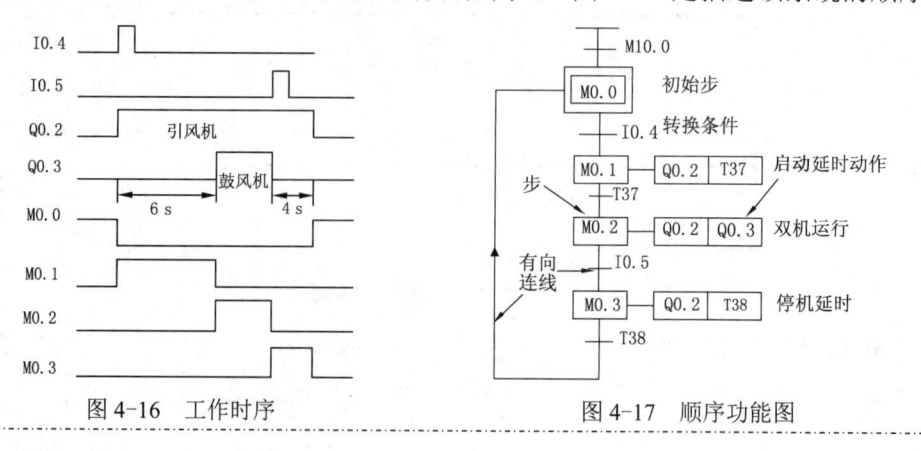

图 4-16 工作时序          图 4-17 顺序功能图

图,图中用矩形方框表示步,方框中的数字表示该步的编号,也可以用代表该步的编程元件地址作为步的编号,例如 M0.1 等。

2)输入/输出接线

I/O 外部接线如图 4-18 所示,I/O 点分配如表 4-6 所示。

表 4-6  I/O 点分配

| 类别 | 元件 | I/O 点编号 | 备注 |
|---|---|---|---|
| 输入 | SB1 | I0.4 | 启动按钮,常开触点 |
| | SB2 | I0.5 | 停止按钮,常开触点 |
| 输出 | KM1 | Q0.2 | 引风机 |
| | KM2 | Q0.3 | 鼓风机 |

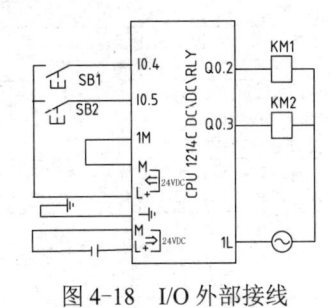

图 4-18  I/O 外部接线

3)梯形图的编写

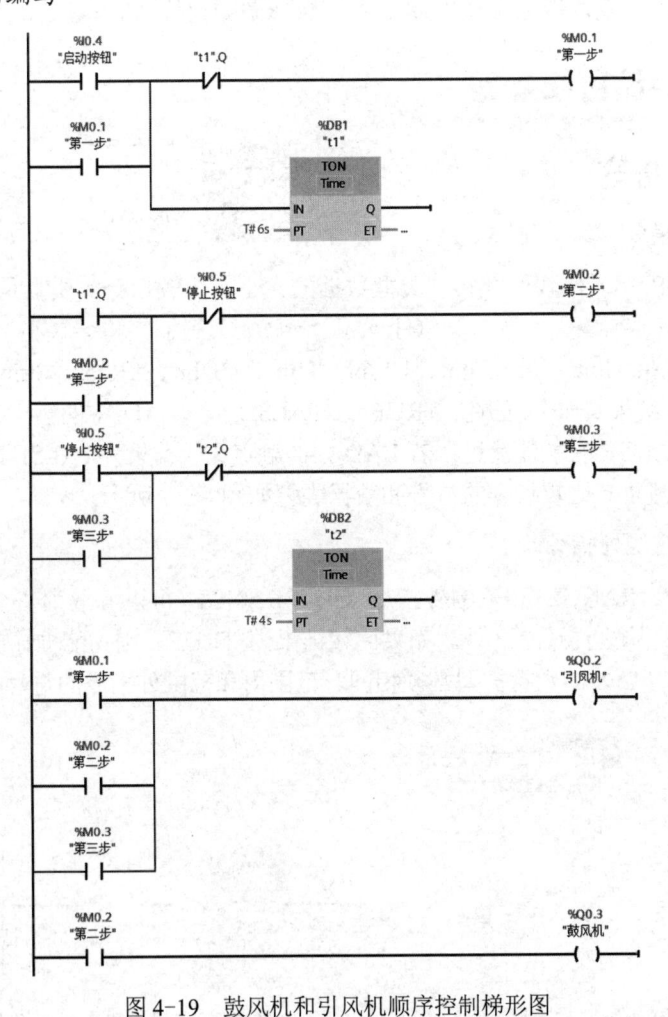

图 4-19  鼓风机和引风机顺序控制梯形图

### 4. 实训结果分析及考核评价

根据学生在训练过程中的表现，给予客观评价，填写实训评价表 4-7。

表 4-7 实训评价

| 考核内容及依据 | 考核等级（在相应括号中打√） | | | 备注 |
|---|---|---|---|---|
| 接线与工艺（接错两根线以上时不能参加考核）<br>等级考核依据：学生接线工艺和熟练程度 | 优<br>（　） | 良<br>（　） | 中<br>（　） | 占总评<br>1/3 |
| 电路检查：检查方法、步骤、工具的使用<br>（本项内容都应会，否则不予参加考核）<br>等级考核依据：学生熟练程度 | 优<br>（　） | 良<br>（　） | 中<br>（　） | 占总评<br>1/3 |
| 通电调试：调试步骤（本项内容都会会，否则不能参加考核）<br>等级考核依据：学生操作过程 规范性和学习状态 | 优<br>（　） | 良<br>（　） | 中<br>（　） | 占总评<br>1/3 |
| 总评<br>（3 项都为优时总评才能为优，以此类推评判良和中） | | | | 手写<br>签字 |

### 5. 实训思考

如果采用置位、复位指令实现上述功能，梯形图如何修改？

## 4.2 比较与移动操作指令

### 4.2.1 比较指令

扫一扫看第 4.2 节教学课件　　扫一扫看比较指令应用微视频

**1. 关系比较指令**

比较指令 CMP 用于比较两个相同类型数据的大小，比较指令实质上是关系运算，包括=（等于）、< >（不等于）、>（大于）、<（小于）、>=（大于等于）和<=（小于等于）共 6 种。比较的数据类型包括 SInt、Int、DInt、USInt、UInt、UDInt、LReal、String、Char、Time、DTL 和常数。比较结果是一个逻辑值 TRUE 或 FALSE。若 LAD 中的触点比较结果为 TRUE 时，则该触点会被激活，有能流流过；若 LAD 中的触点比较结果为 FALSE 时，该触点不能被激活，则没有能流流过。比较指令的符号和数据类型如图 4-20 所示。

**2. 范围内和范围外指令**

范围内指令 IN_RANGE 和范围外指令 OUT_RANGE 可以等效为一个触点，用于测试输入值在指定值的范围之内还是之外。如果比较结果为 TRUE，则功能框输出为 TRUE。输入参数 MIN、VAL 和 MAX 的数据类型必须相同。范围内和范围外指令的符号如图 4-21 所示。

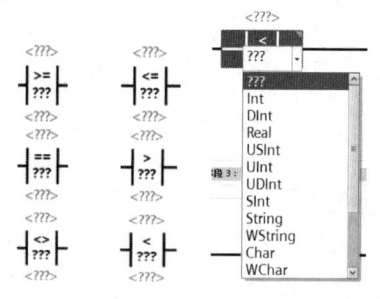

图 4-20　比较指令的符号和数据类型

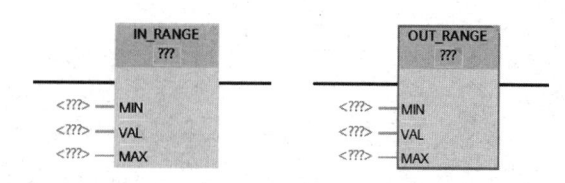

图 4-21　范围内和范围外指令的符号

满足以下条件时 IN_RANGE 比较结果为真：MIN<=VAL<=MAX；

满足以下条件时 OUT_RANGE 比较结果为真：VAL<MIN 或 VAL>MAX。

比较的数据类型可以为：SInt、Int、Dint、USint、UDInt、Real、LReal 和常数。

---

**小试身手 10　脉冲发生器程序设计**

用接通延时定时器和比较指令组成占空比可调的脉冲发生器，如图 4-22 所示。当已消耗的时间大于 1 s 输出 Q0.2 为 1，改变定时器的设定时间，即可改变周期，改变比较指令的时间常量，即可改变输出高电平的宽度。

程序段1：用定时器构成3 s的自复位电路，定时周期即为3 s。

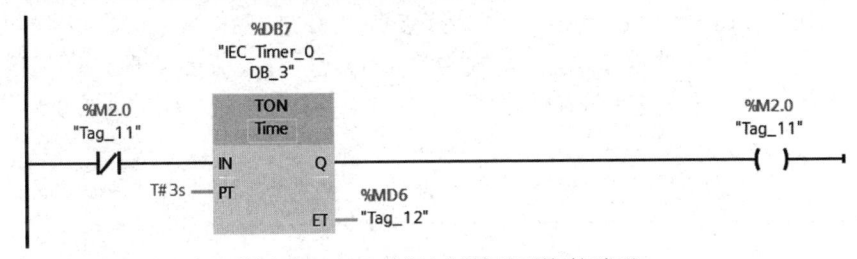

程序段2：用比较指令即可输出高电平，比较指令的数据类型是时间类型。

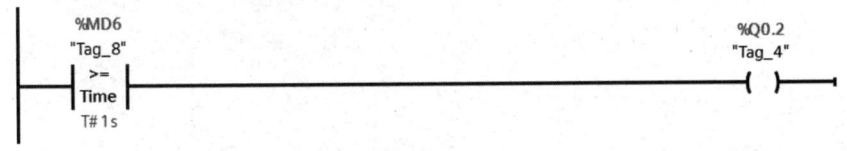

图 4-22　用接通延时定时器和比较指令组成占空比可调的脉冲发生器梯形图

---

### 4.2.2　移动和块移动指令

使用移动指令将数据复制到新的存储器中，并从一种数据类型转换为另一种数据类型，移动过程不会更改源数据，其符号如图 4-23 所示。

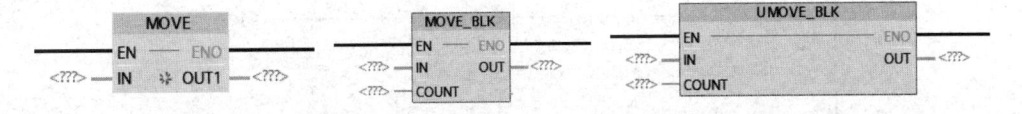

图 4-23　移动和块移动指令的符号

（1）移动指令 MOVE 将单个数据从 IN 参数指定的源地址复制到 OUT 参数指定的目标地址；MOVE 指令的数据类型有：SInt、Int、DInt、USInt、UInt、UDInt、Real、LReal、Byte、Word、DWord、Char、Array、Struct、DTL、Time。

（2）块移动指令 MOVE_BLK 将数据块复制到新地址期间可中断移动，在 MOVE_BLK 执行期间排队并处理中断事件。在中断模块 OB 子程序中未使用移动目标地址的数据时，或者虽然使用了该数据，但目标数据不一致时，使用 MOVE_BLK 指令。如果 MOVE_BLK 操作被中断，则最后移动的一个数据在目标地址中是完整并且一致的。MOVE_BLK 操作会在中断模块 OB 执行完成后继续执行。

（3）块移动指令 UMOVE_BLK 将数据块复制到新地址期间不中断移动，在 UMOVE_BLK 完成执行前排队但不处理中断事件。如果在执行中断模块 OB 子程序前移动操作必须完成且目标数据必须一致,则使用 UMOVE_BLK 指令。

MOVE_BLK 和 UMOVE_BLK 指令具有附加的 COUNT 参数,COUNT 指定要复制的数据个数。每个被复制元素的字节数取决于 PLC 变量表中分配给 IN 和 OUT 参数变量名称的数据类型。

MOVE_BLK 和 UMOVE_BLK 指令用到的 IN/OUT 数据类型有:SInt、Int、Dint、USInt、UInt、UDInt、Real、Byte、Word、DWord。COUNT 为要复制的数据的个数,数据类型为 UInt。

### 小试身手 11 灯闪烁控制程序设计

若 SB1 接到 PLC 的输入端 I0.4,一盏灯接到 PLC 的输出端 Q0.2。要求按一下按钮 SB1,灯按亮 3 s、灭 1 s 的规律闪亮,再按一下 SB1,灯熄灭,如此循环,请设计梯形图程序如图 4-24 所示。M10.0 是系统存储器位,第一个扫描周期该位为 1,M2.0 为按钮第一

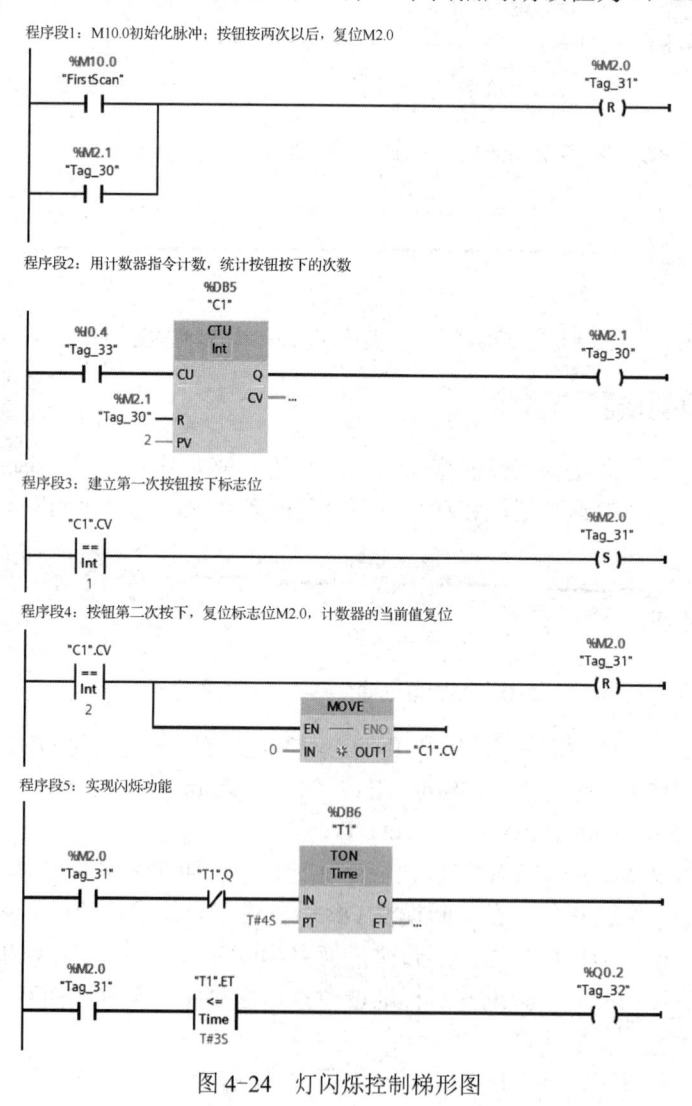

图 4-24 灯闪烁控制梯形图

次按下标志位，M2.1 为按钮第二次按以后的标志位。注意，在程序中，用"C1".CV 表示计数器的当前值，这是背景数据块中每一单元数据的表示方法，同样，定时器的位值"T1".Q 和消耗时间"T1".ET 也采用同样的方式。

### 4.2.3 移位与循环移位指令

#### 1. 移位指令

移位指令包括左移指令（SHL）和右移指令（SHR），将输入单元 IN 的值左移或右移 N 位，移位的结果保存到 OUT 单元中。对于无符号数，移位后空出位填 0；对于有符号数，左移后空出位填 0，右移后空出位用符号位填空，正数的符号位为 0，负数的符号位为 1。移位指令的数据类型包括 SInt、Int、DInt、USInt、UInt、UDInt、Word、DWord、Byte，移位指令的符号及数据类型如图 4-25 所示。

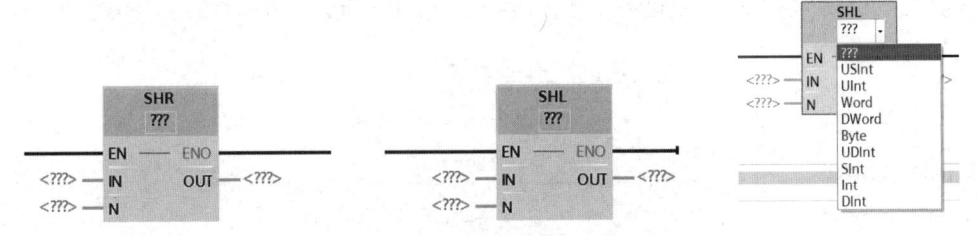

图 4-25 移位指令的符号及数据类型

移位指令 IN、OUT 的数据类型为 Byte、Word、DWord，N 的数据类型为 UInt。

例如，以 Word 的 SHL 示例，输入 MW0 为 1110001010101101；第一次执行指令，移位 1 位，输出 MW2 的值为 1100010101011010；第二次执行指令，移位 1 位，输出 MW2 的值为 1000101010110100；第三次执行指令，移位 1 位，输出 MW2 的值为 000101101000；第四次执行指令，移位 1 位，输出 MW2 的值为 0010101011010000。

N=0 时，不进行移位，并将 IN 值分配给 OUT。如果要移位的位数 N 超过目标值中的位数（Byte 为 8 位、Word 为 16 位、DWord 为 32 位），则所有原始位值将被移出并用 0 代替（将 0 分配给 OUT），对于移位操作，ENO 总是为 TRUE。

#### 2. 循环移位指令

循环移位指令包括循环左移指令 ROL 和循环右移指令 ROR，循环移位指令用于将参数 IN 的位序列循环左移或右移，结果分配给参数 OUT。参数 N 定义循环移位的位数。循环移位指令的数据类型包括 Word、DWord、Byte。循环移位指令的符号及数据类型如图 4-26 所示。

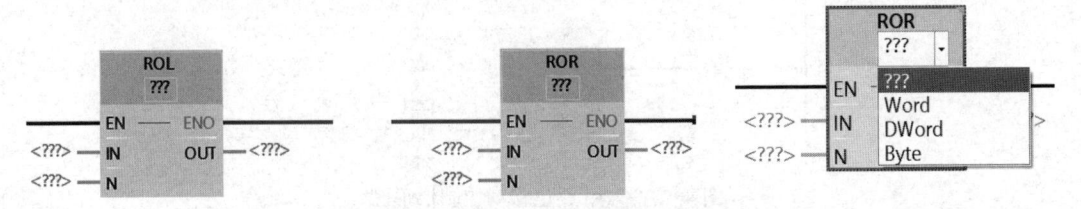

图 4-26 循环移位指令的符号及数据类型

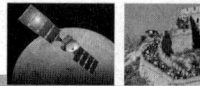

N=0 时，不进行循环移位，并将 IN 值分配给 OUT。从目标值一侧循环移出的位数据将循环移位到目标值的另一侧，因此原始位值不会丢失。如果要循环移位的位数 N 超过目标值中的位数（Byte 为 8 位、Word 为 16 位、DWord 为 32 位），仍将执行循环移位。执行循环指令之后，ENO 始终为 TRUE。

例如，以 Word 的 ROR 示例，输入 MW0 为 0100000000000001：第一次执行指令，移位 1 位，输出 MW2 的值为 1010000000000000；第二次执行指令，移位 1 位，输出 MW2 的值为 0101000000000000；第三次执行指令，移位 1 位，输出 MW2 的值为 0010100000000000；第四次执行指令，移位 1 位，输出 MW2 的值为 0001010000000000。

### 小试身手 12　彩灯逐位移动控制程序设计

选择开关 SA 高电平时，8 盏彩灯逐位左移；选择开关 SA 低电平时，8 盏灯逐位右移，其梯形图如 4-27 所示。

程序段 1：M10.0 为系统存储器，初始扫描为 1，其作用是给 MB2、MB3 赋初始值，分别表示循环左移和循环右移的初值

程序段 2：根据选择开关（I/O）的值，选择是循环左移还是循环右移，其中 MB11 为时钟存储器，M11.7 为 0.5Hz 的时钟信号

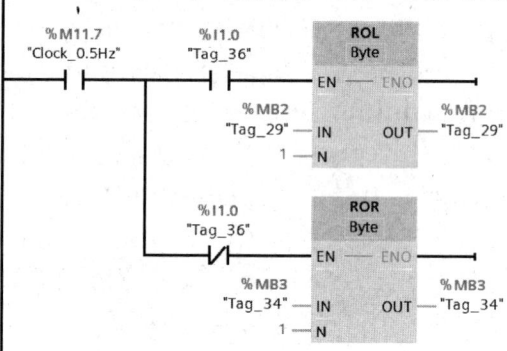

程序段 3：输出

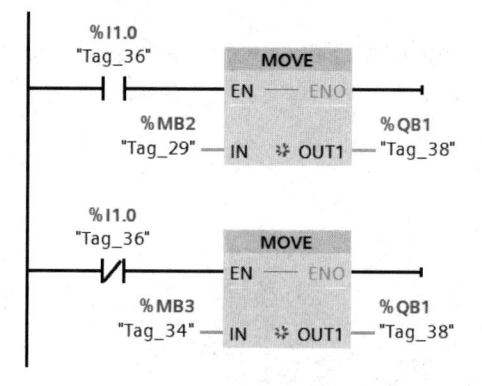

图 4-27　彩灯逐位移动控制梯形图

项目 4　PLC 电动机顺序与伺服控制系统设计

## 任务 9　小车定位运行控制

### 1. 任务分析

设计一个小车定位运行的程序，小车定位示意如图 4-28 所示。

控制要求：当小车所停位置限位开关 SQ 的编号大于呼叫位置按钮 SB 的编号时，小车向左运行到呼叫位置时停止；当小车所停位置限位开关 SQ 的编号小于呼叫位置按钮 SB 的编号时，小车向右运行到呼叫位置时停止；当小车所停位置限位开关 SQ 的编号等于呼叫位置按钮 SB 的编号时，小车不动作。

### 2. I/O 分配及接线

根据控制要求及图 4-28 中所示的按钮及行程开关，小车定位 PLC 控制系统的 I/O 端口分配如表 4-8 所示。实验台上的小车左右运动采用直流电动机驱动，左行用继电器 KA1、右行用继电器 KA2，根据 I/O 端口分配可画出 PLC 控制系统的外部接线如图 4-29 所示。

图 4-28　小车定位示意

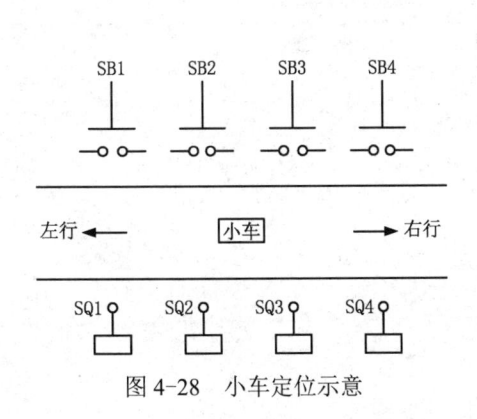

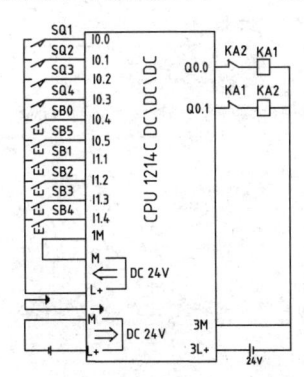

图 4-29　小车定位控制的 PLC 外部接线

表 4-8　I/O 端口分配

| 类别 | 元件 | I/O 端口编号 | 备注 |
| --- | --- | --- | --- |
| 输入 | SB0 | I0.4 | 启动按钮，常开 |
| | SB5 | I0.5 | 停止按钮，常开 |
| | SB1~SB4 | I1.1~I1.4 | 四个位置的呼叫按钮，常开 |
| | SQ1~SQ4 | I0.0~I0.3 | 1#~4#位置开关 |
| 输出 | KA1 | Q0.0 | 小车左行继电器线圈 |
| | KA2 | Q0.1 | 小车右行继电器线圈 |

**练一练**　观察实训台，按如图 4-29 所示电路接线，并测试和记录各输入/输出端口的接线是否正确。

### 3. 梯形图程序设计

根据任务控制要求，其对应的梯形图程序设计如图 4-30 所示。

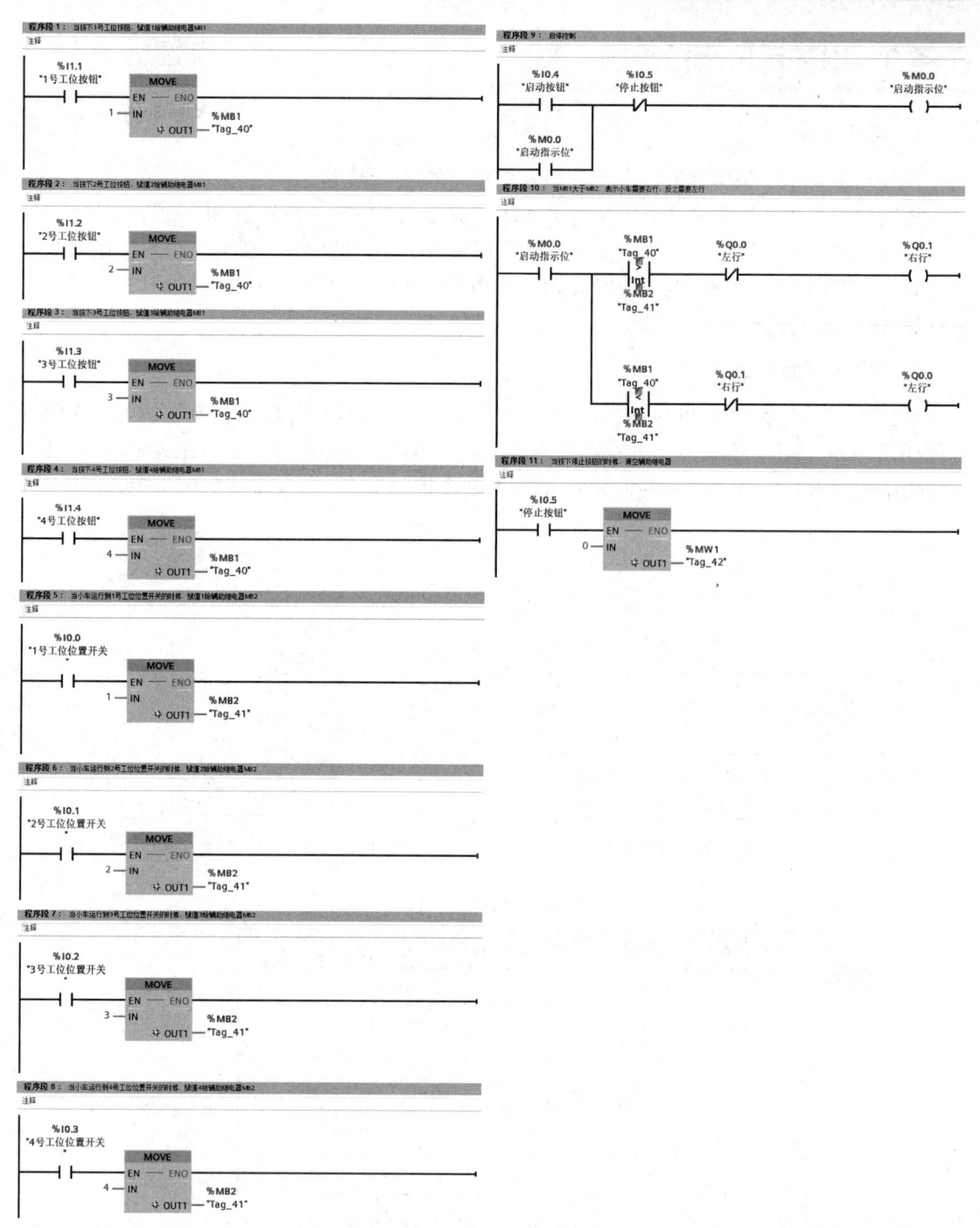

图 4-30　小车定位控制梯形图

**小思考**　将图 4-30 中程序段 11 中的 MW1 换成 MB1，会影响执行结果吗？

## 实训 10  8 盏彩灯依次点亮控制

### 1. 实训目的

（1）掌握 PLC 输入/输出端子的分布及接线方法，能够按照原理图正确接线；
（2）掌握常用数据处理、比较等指令，能够将其应用于彩灯依次点亮控制任务中。

### 2. 实训器材

（1）可编程控制器 1 台（CPU 1214C DC/DC/DC）；
（2）按钮开关 3 个，彩灯 8 盏，电工常用工具 1 套以及连接导线若干。

### 3. 实训步骤

**1）控制要求**

当按下启动按钮 SB1 时，点亮彩灯 HL1，之后每按一次控制按钮 SB2 彩灯后移一位点亮，如果按下停止按钮 SB3，所有的彩灯都熄灭。

**2）输入/输出接线**

根据控制要求，8 盏彩灯依次点亮的 PLC 控制系统的 I/O 点分配如表 4-9 所示，其外部接线如图 4-31 所示。

表 4-9  I/O 点分配

| 类别 | 元件 | I/O 点编号 | 备注 |
| --- | --- | --- | --- |
| 输入 | SB1 | I0.4 | 启动按钮，常开 |
|  | SB2 | I1.0 | 控制按钮，常开 |
|  | SB3 | I0.5 | 停止按钮，常开 |
| 输出 | HL1～HL8 | Q0.0～Q0.7 | 8 盏彩灯 |

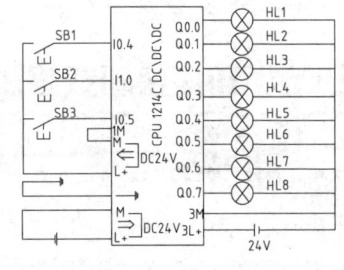

图 4-31  8 盏彩灯依次点亮控制的 PLC 外部接线

**3）程序设计**

根据控制要求，其对应的梯形图程序设计如图 4-32 所示。

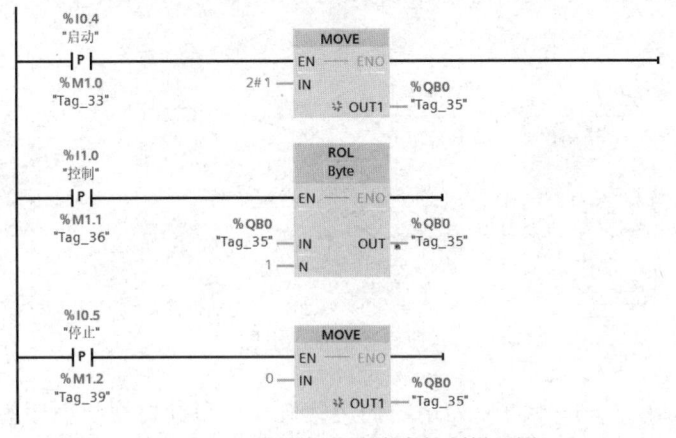

图 4-32  8 盏彩灯依次点亮控制梯形图

在计算机上打开博途软件,将图 4-32 所示的梯形图写入 PLC。在实训装置上操作启动按钮和停止按钮,观察 PLC 和实训装置上彩灯的状态并记录下来。

**4. 实训结果分析及考核评价**

根据学生在训练过程中的表现,给予客观评价,填写实训评价表 4-10。

表 4-10 实训评价

| 考核内容及依据 | 考核等级(在相应括号中打√) | | | 备注 |
|---|---|---|---|---|
| 接线与工艺(接错两根线以上时不能参加考核)<br>等级考核依据:学生接线工艺和熟练程度 | 优<br>( ) | 良<br>( ) | 中<br>( ) | 占总评<br>1/3 |
| 电路检查:检查方法、步骤、工具的使用<br>(本项内容都应会,否则不能参加考核)<br>等级考核依据:学生熟练程度 | 优<br>( ) | 良<br>( ) | 中<br>( ) | 占总评<br>1/3 |
| 通电调试:调试步骤(本项内容都应会,否则不能参加考核)<br>等级考核依据:学生操作过程的规范性和学习状态 | 优<br>( ) | 良<br>( ) | 中<br>( ) | 占总评<br>1/3 |
| 总评<br>(3 项都为优时总评才能为优,以此类推评判良和中) | | | | 手写<br>签字 |

**5. 实训思考**

如果将梯形图 4-32 中的启动信号 I0.4 上升沿触点改为普通的常开触点,程序的输出结果会有什么变化,为什么?

## 4.3 功能、功能块和数据块

### 4.3.1 用户程序结构

线性程序按顺序逐条执行用于自动化任务的所有指令,通常线性程序将所有程序指令都放入用于循环执行程序的组织块 OB(如 OB1)中。

模块化程序包含调用时可执行特定任务的特定代码块(功能或功能块)。要创建模块化结构,需要将复杂的自动化任务划分为与控制过程的工艺功能相对应的更小的次级任务。每个代码块都为每个次级任务提供程序段,通过从另一个组织块中调用其中一个代码块来构建程序,如图 4-33 所示。

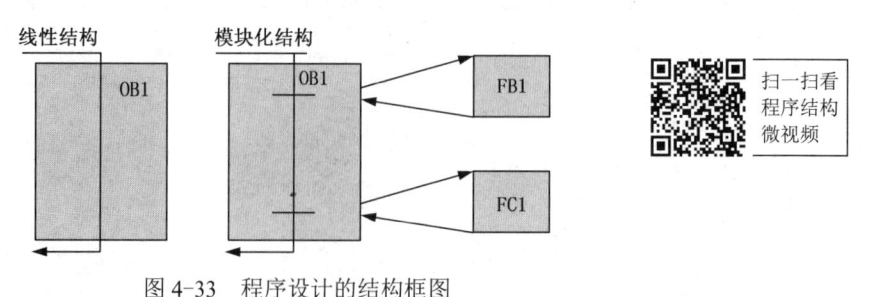

图 4-33 程序设计的结构框图

通过创建可在用户程序中重复使用的通用代码块,可简化用户程序的设计和实现。使用通用代码块主要有以下优点:

（1）可为标准任务创建能够重复使用的代码块（如用于控制泵或电动机），模块化组件不仅有助于标准化程序设计，也使得更新或修改程序代码更加快速和容易；

（2）创建模块化组件可简化程序的调试，通过将整个程序构建为一组模块化程序段，可在开发每个代码块时测试其功能；

（3）创建与特定工艺功能相关的模块化组件，有助于简化对已完成应用程序的调试并减少调试过程中所用的时间。

### 4.3.2 块的类型

S7-1200 PLC 的块包括组织块、功能、功能块和数据块，而数据块又包括全局数据块和背景数据块。如图 4-34 所示，组织块 OB 中，可以包含全局数据块，组织块可以调用功能块和功能，而功能块和功能又可以调用功能块或功能。

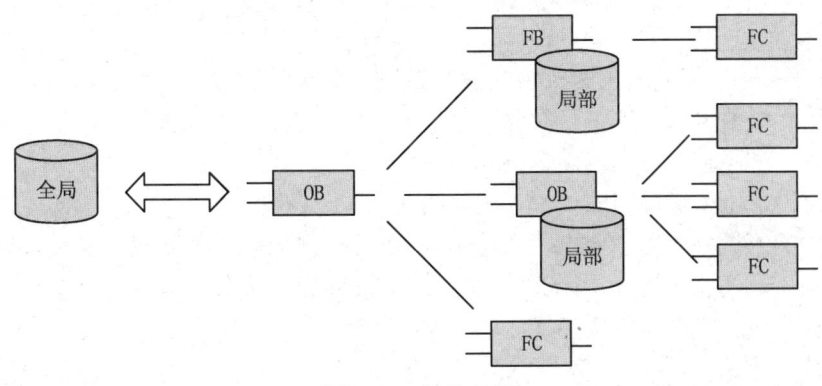

图 4-34 块的类型

#### 1. 组织块（OB）

组织块控制用户程序的执行，每个组织块都需要一个唯一的编号，小于 123 的某些编号保留给响应特定事件的组织块使用。CPU 中的特定事件可触发组织块的执行，其他组织块、功能或功能块不能调用组织块。仅启动事件，如诊断中断（OB82）或延时中断（≥OB123），才可以启动组织块的执行。如果同时到达多个中断事件，则按组织块的优先级确定它们的执行顺序，具备较高优先级的组织块会先执行。

组织块是操作系统与用户程序之间的接口，组织块由操作系统调用，用于处理启动行为、执行循环程序、执行中断驱动程序和错误处理事件。在添加组织块时，可以选择相应的组织块类型，如图 4-35 所示，有以下三大类型组织块。

（1）启动组织块。CPU 的工作模式从 STOP 切换到 RUN 时，执行一次启动组织块。执行完启动组织块后，就开始循环执行循环组织块。由于

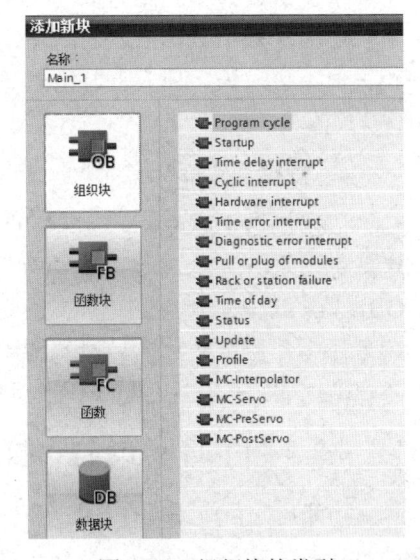

图 4-35 组织块的类型

启动组织块只执行一次，因此一般用于初始化项目中的变量。一个项目的程序块中可以添加多个启动组织块，默认的启动组织块为 OB100。

（2）循环组织块。在每个扫描周期都会被执行到的组织块，默认的循环组织块为 OB1，同样，一个项目的程序块中可以添加多个循环组织块，CPU 会按数字顺序从主程序循环组织块（默认为 OB1）开始执行每个程序循环组织块。例如，当第一个程序循环组织块（如 OB1）完成后，CPU 将执行第二个程序循环组织块（如 OB200）。

（3）中断组织块。中断组织块包括延时中断组织块（Time Delay Interrupt）、循环中断组织块（Cyclic Interrupt）、硬件中断组织块（Hardware Interrupt）、时间错误中断组织块（Time Error Interrupt）和诊断错误中断组织块（Diagnostic Error Interrupt）。用来对内部或外部事件做出快速响应，一旦出现中断事件，操作系统执行完当前的指令后，立即响应中断，中断执行结束后，返回到断点处继续执行循环组织块。

### 2. 功能（FC）

功能（FC）是一种可以快速执行的子程序块，也称为函数。它包含特定任务的代码和参数，通常用于根据输入参数执行指令。使用 FC 可以完成以下任务：

（1）创建一个可重复使用的操作（如公式计算）；

（2）创建一个可重复使用的技术工艺功能（如阀门控制）。

在程序中的不同点可以多次调用功能，功能没有分配给它的背景数据块，功能使用临时堆栈保存数据，功能退出后，临时堆栈中的变量数据将丢失。功能分有参功能和无参功能两大类，有参功能的调用每次必须提供功能的实参。

### 3. 功能块（FB）

功能块（也称函数块）是一种使用参数进行调用的程序块，其参数存储在局部数据块（背景数据块）内，功能块退出运行后，保存在背景数据块内的数据不会丢失，功能块可以多次调用，每次调用都可以分配一个独立的背景数据块，多个独立的背景也可以组合成一个多重背景数据块。与有参数的 FC 不同的是，FB 的参数可以赋值，也可以不赋值。

功能块是将其值长期保存在背景数据块中的程序块，这类程序块执行完毕后，该块的相关值不会丢失，所有的输入和输出及输入/输出参数均保存在背景数据块内，背景数据块是 FB 的存储器。

### 4. 数据块（DB）

数据块用于保存用户数据，数据块的最大存储空间大小由 CPU 的工作存储器容量决定。数据块分为全局数据块和背景数据块。全局数据块可以被所有的程序块访问，即任何 OB、FB 或 FC 都可访问全局 DB 中的数据，全局数据块的结构可自由选用，还可以采用 UDT（用户自定义数据类型）创建全局数据块模板。背景数据块用于分配给特定的 FB，背景数据块的结构与相应的 FB 接口相一致。

### 4.3.3 功能块的生成与调用

功能块（FB）是用户编写的有自己的存储区（背景数据块）的程序块，FB 的典型应用是执行不能在一个扫描周期结束的操作。每次调用功能块时，需要指定一个背景数据块，

随着功能块的调用而打开,在调用结束时自动关闭。功能块的输入、输出参数和静态参数(Static)由指定的背景数据块保存,但是不会保存临时局部变量(Temp)。功能块执行完毕后,背景数据块中的数据不会丢失。

### 案例8 两台电动机启停控制

设计控制程序,有两台电动机启停的工艺流程一样,其工艺流程是:按下启动按钮后电动机瞬时启动,按下停止按钮后,电动机延时停止,这两台电动机延时停止的时间可以根据实际要求设定。

#### 1. 生成功能块

打开项目树,双击"程序块"下的"添加新块"命令项,在打开的对话框中单击"函数块"按钮,FB 默认的编号为"1",语言为"LAD",设置函数块的名称为"电机控制",单击"确认"按钮,自动生成 FB1,如图 4-36 所示。

图 4-36 添加新的函数块 FB1

#### 2. 生成局部变量

功能块的局部变量中有输入(Input)、输出(Output)、输入/输出(In/Out)和临时数据(Temp),除此之外,还有静态(Static)变量。

背景数据块中的变量其实就是功能块中的输入、输出、输入/输出和静态参数。功能块的数据永久地保存在它的背景数据块中,在功能块执行完毕后不会丢失,以供下次执行时使用。其他程序块可以访问背景数据块中的变量,但不能直接删除和修改背景数据块中的数据。

在接口参数中,设置 Input 变量有启动、停止以及定时时间,它们的数据类型分别是 Bool、Bool、Time;另外有 InOut 变量 timeer、电动机、启动标志位,数据类型为 IEC_TIMER、Bool、Bool,作为定时器的背景数据块,如图 4-37 所示。

图 4-37　接口变量的定义

### 3. 编写 FB1 块的梯形图

编写功能块 FB1 的梯形图如图 4-38 所示。梯形图中包括启保停运行控制电动机的输出，在启保停控制的基础上，加断开延时定时器，定时时间来自主程序的实际参数，定时器的背景数据采用输入/输出类型为 IEC_TIMER 的接口参数。

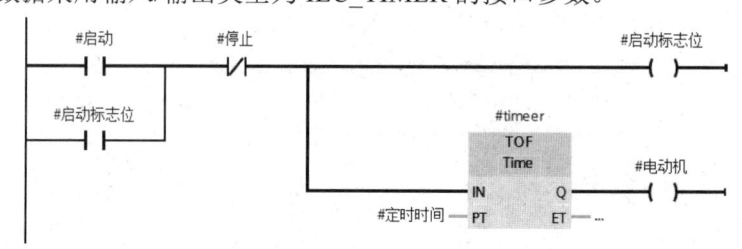

图 4-38　功能块的梯形图

### 4. 定义两个数据块

定义电动机 1（DB5）、电动机 2（DB9）两个数据块，如图 4-39 所示，其数据类型为 IEC_TIMER，生成的数据块在系统块中，如图 4-40 所示。

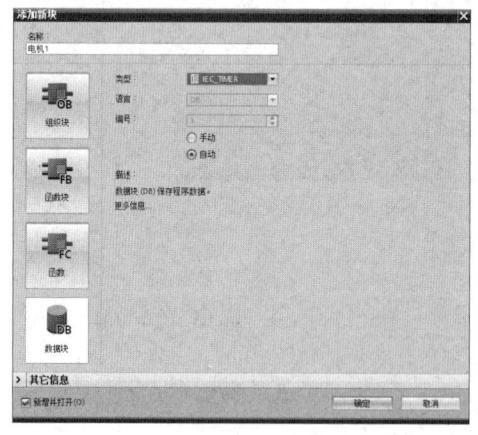

图 4-39　添加定时器的背景数据块　　　　图 4-40　系统块的结构

### 5. 在 OB1 中调用 FB1 块

在 OB1 中两次调用 FB1 块，调用时会自动产生背景数据，自行定义背景数据块的名称分别为 DB14、DB15，并给接口参数赋类型一致的实际参数值，完成参数的传递，如图 4-41 所示。

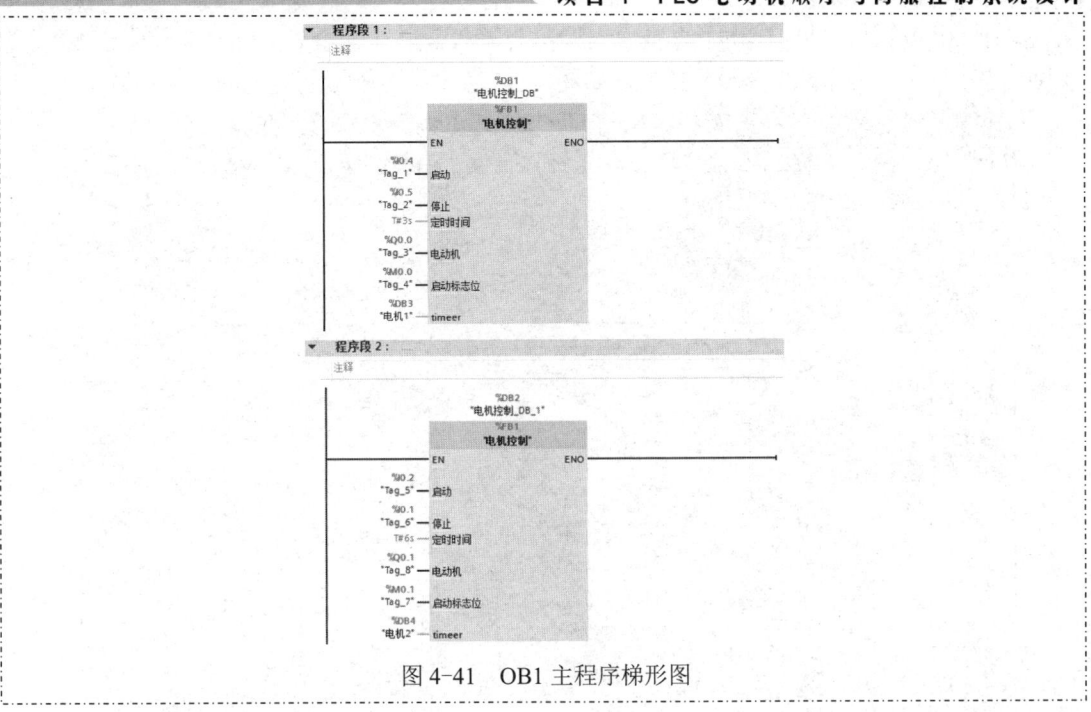

项目 4　PLC 电动机顺序与伺服控制系统设计

图 4-41　OB1 主程序梯形图

## 4.4　PLC 的模拟量处理模块

生产过程中大量连续变化的模拟量信号，如温度、压力、流量、液位、速度等，需要利用传感器进行检测，用变送器将非电量转换为标准的电压或电流信号，并将信号输送到模拟量输入模块，模拟量输入模块完成 A/D 转换，生成数字量送到 CPU 进行数据处理。同时，CPU 可以将处理后的数字量送到模拟量输出模块，进行 D/A 转换后生成模拟量，放大后驱动执行机构，模拟量模块的作用如图 4-42 所示。

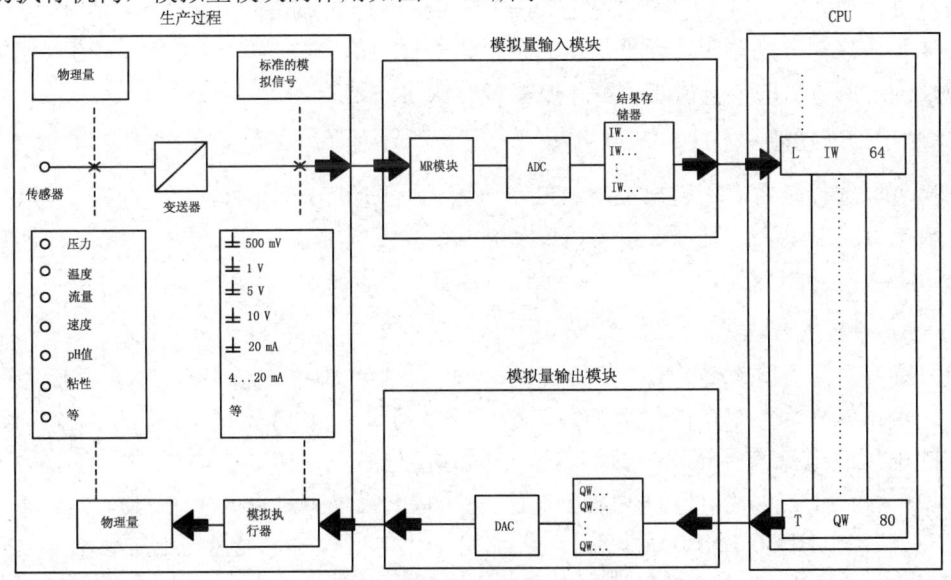

图 4-42　模拟量模块的作用

S7-1200 PLC 的 CPU 模块上自带 2 路模拟量输入，默认地址为 IW64 和 IW66，输入量为电压信号，输入电压范围为 0～10 V，如图 4-43 所示。与模拟量有关的主要参数如下。

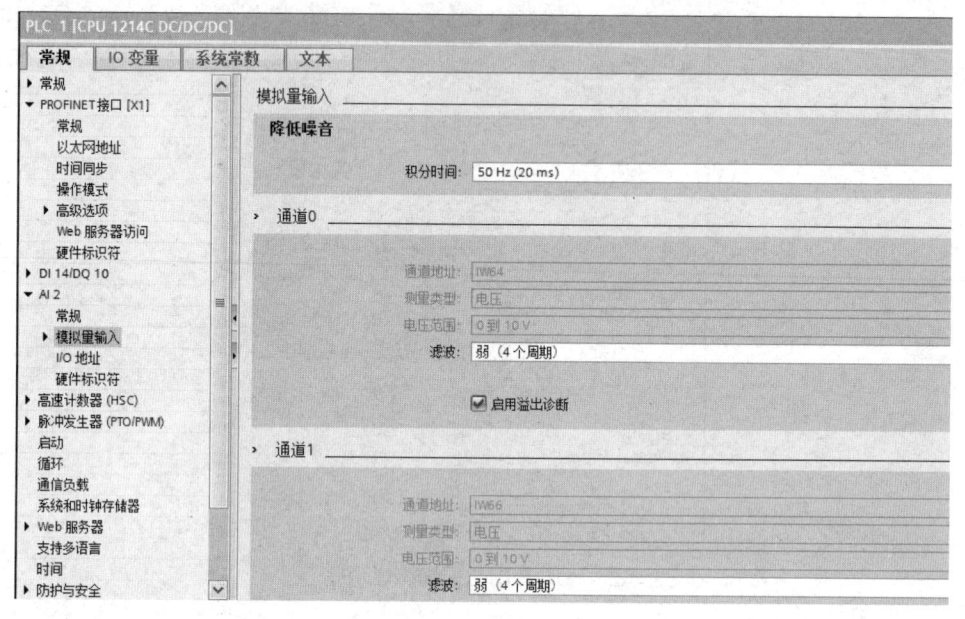

图 4-43 模拟量输入界面

### 1. 积分时间

积分时间可选 10 Hz（100 ms）、50 Hz（20 ms）、60 Hz（16.6 ms），如果积分时间为 20 ms，对于 50 Hz 的干扰噪声有很强的抑制作用。为了抑制工频信号对模拟量信号的干扰，一般选择积分时间为 20 ms。

### 2. 滤波等级

用户可以在滤波的 4 个等级"无、弱、中、强"中进行选择。设置 A/D 转换得到模拟量值的 4 个等级，分别对应计算平均值的模拟量采样值的个数为 1、4、16 和 32。所选的滤波等级越强，滤波后的模拟值越稳定，但测量的快速性越差。

### 3. 溢出诊断功能

用户可以选择是否启用超出上限或低于下限值时的溢出诊断功能。S7-1200 CPU 模块上没有模拟量输出模块，但可以在 CPU 模块上添加模拟量输出的信号板，或者扩展模拟量输入/输出模块。

1）模拟量输入模块

模拟量输入模块用于将模拟信号转换为 CPU 内部处理的数字信号，其主要部件是 A/D 转换器。根据转换为数字量的位数不同，A/D 转换可以分为 13 位或 16 位的 A/D 转换器，将标准的电压或电流信号转换为数字信号。同时，也有热电阻、热电偶的 A/D 转换器，图 4-44 所示为 S7-1200 PLC 可以扩展的模拟量模块。以模拟量输入模块 SM1231AI4（订货号为 6ES7 231-4HD30-0XB0）为例，其测量类型为电压信号，测量的电压范围为：-2.5～+2.5 V、-5～+5 V、-10～+10 V，其接线如图 4-45 所示。

项目4  PLC电动机顺序与伺服控制系统设计

```
▼ 📁 AI
  ▼ 📁 AI 4x13BIT
      📄 6ES7 231-4HD30-0XB0
      📄 6ES7 231-4HD32-0XB0
  ▼ 📁 AI 4x16BIT
      📄 6ES7 231-5ND30-0XB0
      📄 6ES7 231-5ND32-0XB0
  ▼ 📁 AI 8x13BIT
      📄 6ES7 231-4HF30-0XB0
      📄 6ES7 231-4HF32-0XB0
  ▼ 📁 AI 4xRTD
      📄 6ES7 231-5PD30-0XB0
      📄 6ES7 231-5PD32-0XB0
  ▼ 📁 AI 8xRTD
      📄 6ES7 231-5PF30-0XB0
      📄 6ES7 231-5PF32-0XB0
  ▼ 📁 AI 4xTC
      📄 6ES7 231-5QD30-0XB0
      📄 6ES7 231-5QD32-0XB0
  ▼ 📁 AI 8xTC
      📄 6ES7 231-5QF30-0XB0
      📄 6ES7 231-5QF32-0XB0
  ▼ 📁 AI Energy Meter
      📄 6ES7 238-5XA32-0XB0
```

图 4-44  模拟量输入模块

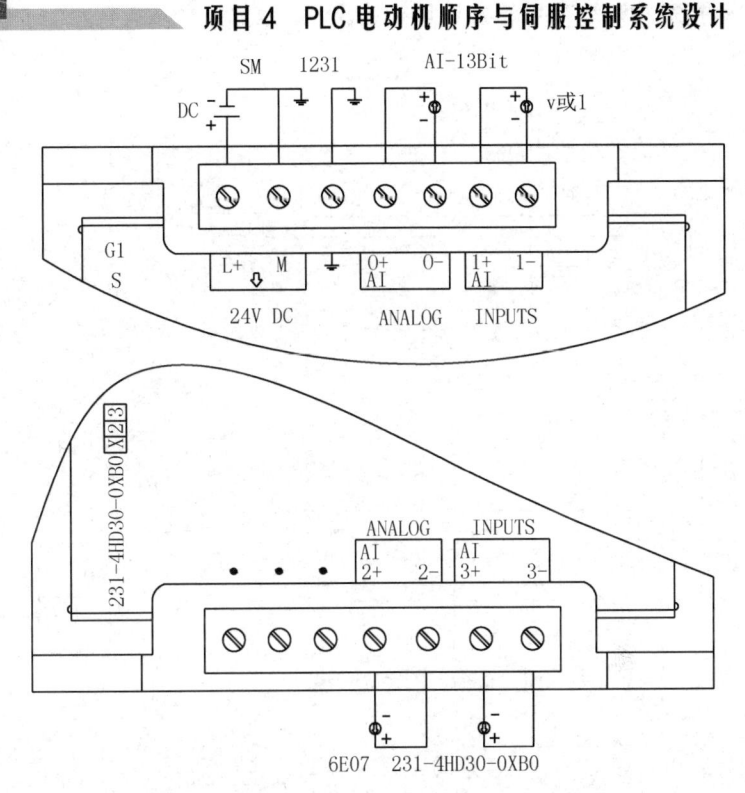

图 4-45  模拟量输入模块的接线

2）模拟量输出模块

模拟量输出模块用于将 CPU 传送给它的数字量转换为成比例的电流信号或电压信号，对执行机构进行调节和控制，其主要的部件是 D/A 转换器。图 4-46 所示为 S7-1200 PLC 可以扩展的模拟量模块。以模拟量输出模块 SM1232AQ2（订货号为 6ES7 232-4HD30-0XB0）为例，其接线如图 4-48 所示。

模拟量模块可以设定启动电源诊断功能，每个输出端可以设定短路诊断和溢出诊断，模拟信号在接线时，应使用屏蔽电缆或双绞线电缆。

3）模拟量输入/输出模块

图 4-47 所示为 S7-1200 PLC 可以扩展的模拟量输入/输出模块，以 AI 4×13 位/AQ 2×14 位为 4 路模拟量输入/2 路模拟量输出为例，其接线图如图 4-49 所示。

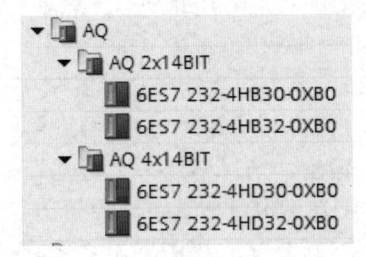

```
▼ 📁 AQ
  ▼ 📁 AQ 2x14BIT
      📄 6ES7 232-4HB30-0XB0
      📄 6ES7 232-4HB32-0XB0
  ▼ 📁 AQ 4x14BIT
      📄 6ES7 232-4HD30-0XB0
      📄 6ES7 232-4HD32-0XB0
```

```
▼ 📁 AI/AQ
  ▼ 📁 AI 4x13BIT/AQ 2x14BIT
      📄 6ES7 234-4HE30-0XB0
      📄 6ES7 234-4HE32-0XB0
```

图 4-46  模拟量输出模块

图 4-47  模拟量输入/输出模块

图 4-48 模拟量输出模块的接线

图 4-49 模拟量输入/输出模块的接线

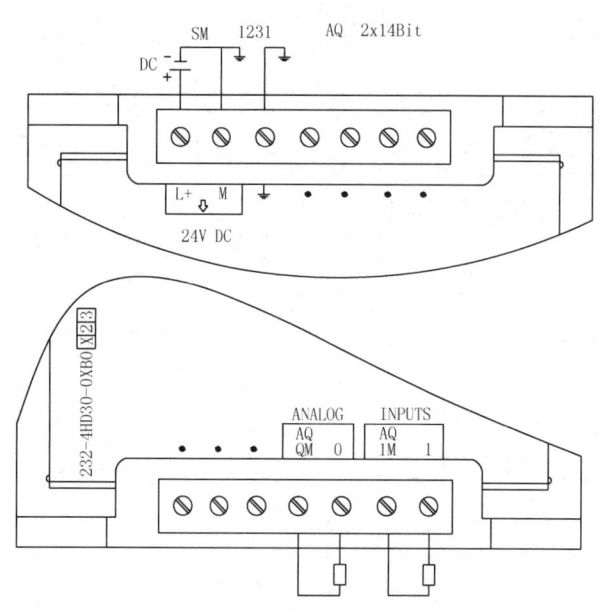

**练一练** 图 4-50 为两线制电压输入型传感器与 CPU 1214C DC/DC/DC 版本的 PLC 自带模拟量输入端口的接线图，请按图完成接线，并通过博途软件监控记录下 IW64 输入电压信号的变化。

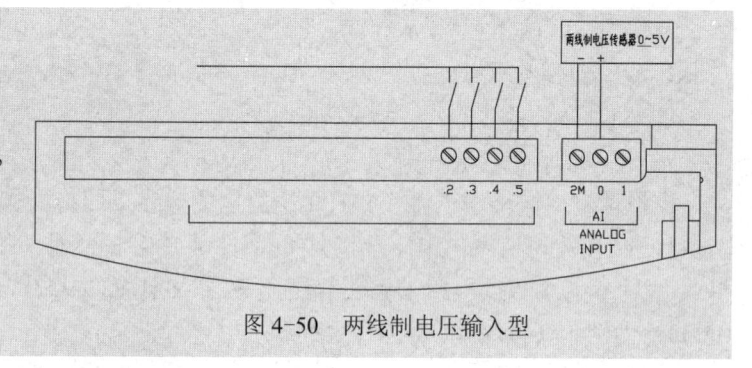

图 4-50 两线制电压输入型

## 4.5 高速脉冲与高速计数器计数

### 4.5.1 高速脉冲输出设置

S7-1200 PLC 晶体管输出型有四个 PTO/PWM 发生器，其中脉冲列输出（PTO）提供占空比为 50%的方波脉冲列输出，脉冲宽度调制（PWM）提供连续的、脉冲宽度可以用程序控制的脉冲列输出。四个 PTO/PWM 发生器，分别通过 CPU 集成的 Qa.0～Qa.3 输出。

在设备组态界面，选中相应的 CPU，选择"属性"选项卡中的"脉冲发生器"，在"常规"栏中选择"启用该脉冲发生器"复选项，在"参数分配"栏中可以选择"信号类型"是"PTO"输出还是"PWM"输出。如果选择"PWM"输出，则可以选择"时基"是 ms 还是μs，"脉宽格式"是百分之一、千分之一、万分之一还是模拟量格式，再设置"循环时间"及"初始脉冲宽度"。如果选择"PTO"输出，则"参数分配"栏中采用系统默认值。"硬件输出"栏，均采用系统默认值，如图 4-51 所示。设置脉冲输出地址如图 4-52 所示。

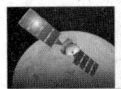

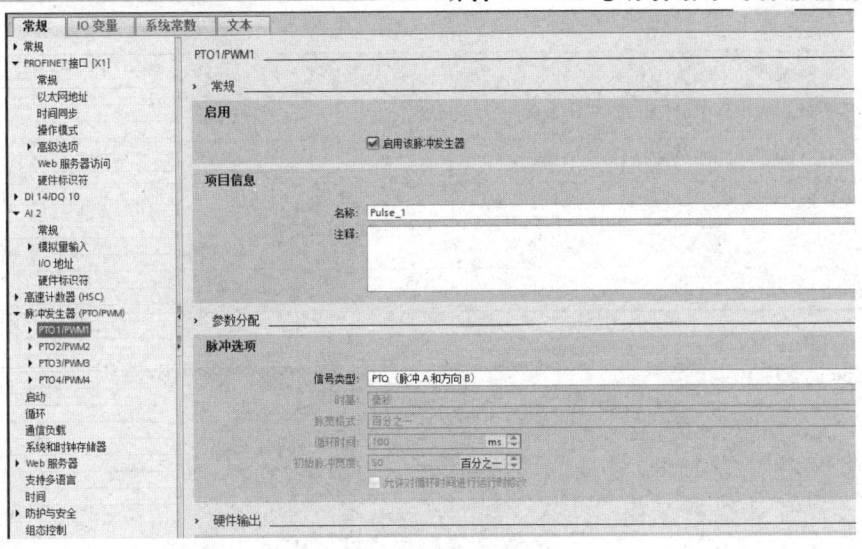

项目 4 PLC 电动机顺序与伺服控制系统设计

图 4-51 设置脉冲发生器参数

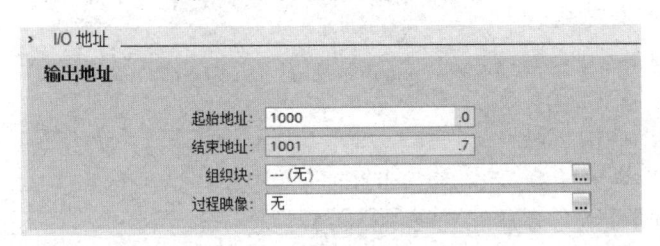

图 4-52 设置脉冲输出地址

### 4.5.2 高速计数器功能设置

普通计数器指令，由于受扫描周期的影响，其计数频率小于扫描频率的二分之一，为了实现高频计数，则必须采用高速计数器指令。S7-1200 PLC 最多集成了 6 个高速计数器 HSC1～HSC6。HSC 指令有 4 种工作模式：内部方向控制的单相计数器、外部方向控制的单相计数器、两路脉冲输入的双相计数器和 A/B 相正交计数器。

**1. 高速计数器的默认地址**

高速计数器使用的计数脉冲、方向控制和复位的输入点地址如表 4-11 所示，HSC1～HSC6 实际计数值的类型为 DInt，对应的默认地址分别为：ID1000～ID1020。

表 4-11 高速计时器描述及输入点地址

| 描述 | | 默认的输入 | | 功能 |
|---|---|---|---|---|
| HSC | HSC1 | I0.0 或 I4.0 监控 PTO0 脉冲 | I0.1 或 I4.1 监控 PTO0 脉冲 | I0.3 |
| | HSC2 | I0.2，检测 PTO1 脉冲 | I0.3，检测 PTO1 脉冲 | I0.1 |
| | HSC3 | I0.4 | I0.5 | I0.7 |
| | HSC4 | I0.6 | I0.7 | I0.5 |
| | HSC5 | I1.0 或 I4.0 | I1.1 或 I4.1 | I1.2 |
| | HSC6 | I1.3 | I1.4 | I1.5 |

续表

| 描述 | | 默认的输入 | | | 功能 |
|---|---|---|---|---|---|
| 模式 | 内部方向控制的单相计数器 | 计数脉冲 | | 计数复位 | 计数或测频 |
| | 外部方向控制的单相计数器 | 计数脉冲 | 方向 | 计数复位 | 计数或测频 |
| | 两路计数脉冲输入的计数器 | 加计数脉冲 | 减计数脉冲 | 计数复位 | 计数或测频 |
| | A/B 相正交计数器 | A 相脉冲 | B 相脉冲 | Z 相脉冲 | 计数或测频 |
| | 监控脉冲输入（PTO） | 计数脉冲 | 方向 | | 计数 |

### 2. 高速计数器的组态

（1）在设备组态界面，选择 CPU 的"属性"选项卡，并选择某一高速计数器，如"HSC1"。

（2）在"常规"栏中选择"启用该高速计数器"复选项，如图 4-53 所示。

（3）在"功能"栏中，可以设置"计数类型"为"计数""频率"和"轴"，如图 4-54 所示。

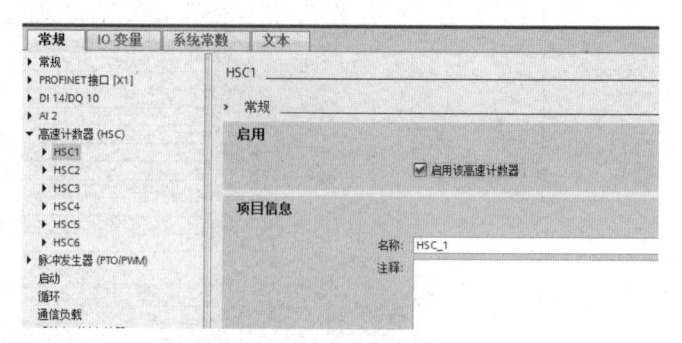

图 4-53　选择"启用该高速计数器"

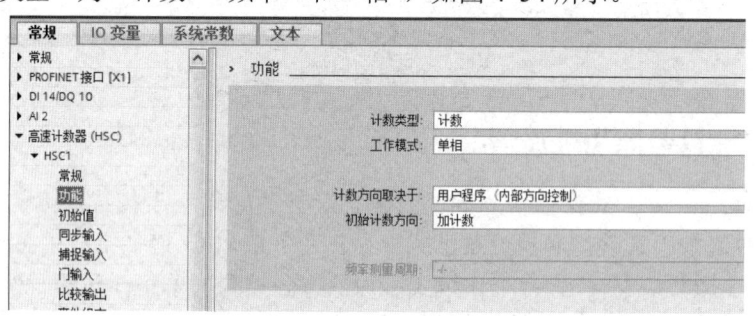

图 4-54　设置高速计数器的功能

（4）在"初始值"栏中，可以设置"初始计数器值"和"初始参考值"，如图 4-55 所示。

（5）在"同步输入"栏中，若选用"使用外部同步输入"复选项，"同步输入的信号电平"可以选择"高电平有效"或"低电平有效"，如图 4-56 所示。

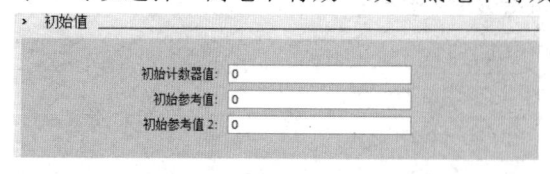

图 4-55　"初始值"栏设置

图 4-56　"同步输入"栏设置

（6）在"事件组态"栏中，可以启用"为计数器值等于参考值这一事件生成中断""为同步事件生成中断""外部复位事件生成中断""方向变化事件生成中断"复选项，如图 4-57 所示。

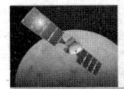

(7) 在"I/O 地址"栏中,可以设定输入起始地址,系统提供默认值如图 4-58 所示。

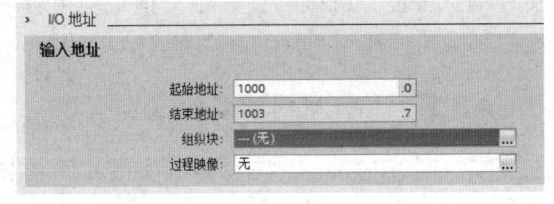

图 4-57 "事件组态"栏设置

图 4-58 "I/O 地址"栏设置

## 3. 高速计数器指令

高速计数器指令的符号如图 4-59 所示,必须先在项目的 PLC 设备配置中组态高速计数器,然后才能在程序中使用高速计数器指令。HSC 设备配置包括选择计数模式、I/O 连接、中断分配,以及作为高速计数器还是设备来测量脉冲频率。无论是否采用程序控制,均可操作高速计数器,其指令各参数功能说明如表 4-12 所示。

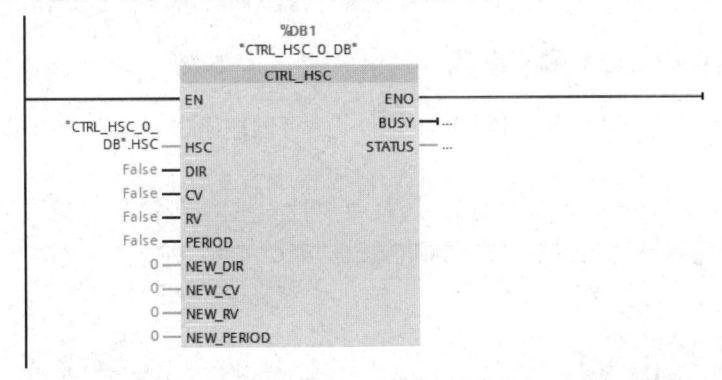

图 4-59 高速计数器指令的符号

表 4-12 高速计数器指令各参数功能说明

| 参 数 | 参数类型 | 数据类型 | 说 明 |
| --- | --- | --- | --- |
| HSC | IN | HW_HSC | 高速计数器硬件标志符 |
| DIR | IN | Bool | 1=使能新方向请求 |
| CV | IN | Bool | 1=使能新的计数器值 |
| RV | IN | Bool | 1=使能新的参考值 |
| PERIOD | IN | Bool | 1=使能新的频率测量周期值(仅限频率测量模式) |
| NEW_DIR | IN | Int | 新方向:1=正方形,-1=反方向 |
| NEW_CV | IN | DInt | 新计数器值 |
| NEW_RV | IN | DInt | 新参考值 |
| NEW_PERIOD | IN | Int | 以秒为单位的新频率测量周期值:0.01、0.1 或 1(仅限频率测量模式) |
| BUSY | OUT | Bool | 功能忙 |
| STATUS | OUT | Word | 执行条件代码 |

## 4.6 运动控制功能设置

S7-1200 PLC 在运动控制中使用了轴的概念，通过对轴的组态，包括硬件接口、位置定义、动态特性、机械特性等相关指令块组合使用，可实现绝对位置、相对位置、点动、速度控制、转速控制及自动寻找参考点等功能。

### 4.6.1 运动控制基本配置

CPU 输出脉冲和方向信号给步进或伺服电动机驱动设备，驱动设备再将 CPU 的输出信号处理后传送给步进或伺服电动机，从而控制电动机的运动到指定位置。电动机轴上的编码器输入信号，再反馈到驱动器，形成闭环控制，计算速度与位置。

运动控制的基本配置如图 4-60 所示，S7-1200 PLC 的 DC/DC/DC 型提供了直接控制驱动器的板载输出，继电器型输出需要信号板来控制驱动器。两个控制信号中，一个输出脉冲信号，为驱动器提供脉冲数；一个输出方向信号，用来控制驱动器的行进方向。脉冲信号输出和方向信号输出具有特定的分配关系。板载输出和信号板输出可用作脉冲输出和方向输出，在设备组态的"属性"选项中可以选择板载输出还是信号板输出。

### 4.6.2 脉冲（PTO）输出配置

S7-1200 PLC 通过板载或信号板上的输出点，可以输出占空比为 50%的 PTO 信号。其组态步骤如下：

（1）在项目树中选择"设备组态"，选择"属性"选项卡中的"脉冲发生器"，在"常规"栏选择"启用该脉冲发生器"，使能脉冲输出，如图 4-61 所示；

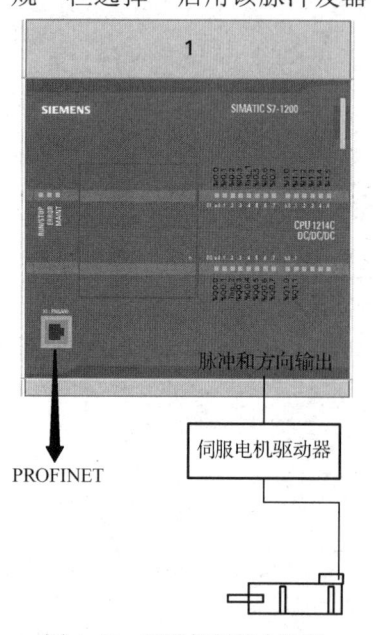

图 4-60 运动控制基本配置    图 4-61 使能脉冲输出

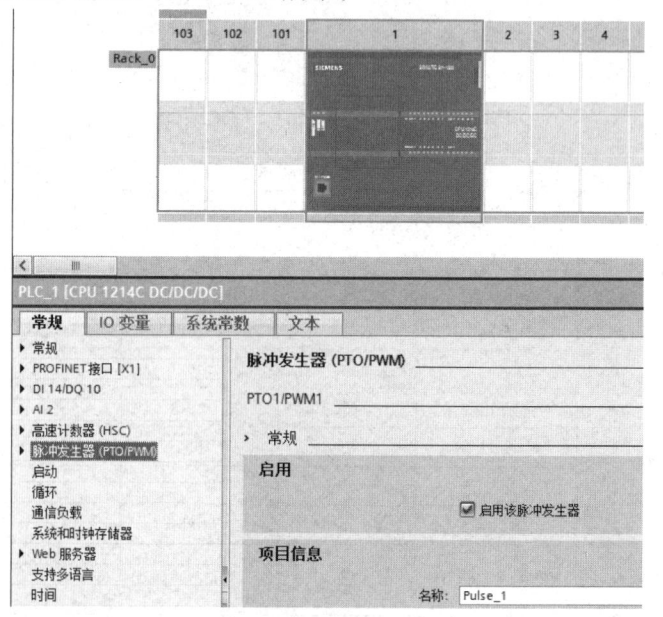

（2）在"参数分配"栏选择"信号类型"为"PTO"输出。如果没有扩展信号板，那

项目 4  PLC 电动机顺序与伺服控制系统设计

么选择唯一的集成 CPU 输出；如果扩展了信号板，则可以选择信号板输出或集成 CPU 输出。一旦进行选择，则默认的硬件输出点就确定了，硬件标志符默认值为 265，如图 4-62 所示。

图 4-62 "参数分配"与"硬件输出"栏设置

### 4.6.3 工艺对象轴参数设置

（1）在项目树中，选择"工艺对象"→"新增对象"项，如图 4-63 所示，在打开的对话框中定义轴名称和编号，如图 4-64 所示。

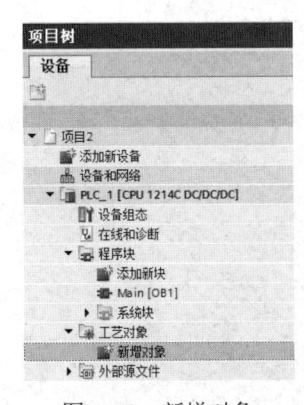

图 4-63 新增对象　　　　　　图 4-64 定义轴名称和编号

（2）基本参数组态。在完成轴添加后，可以在项目树中看到已添加的工艺对象"轴_1"，双击"组态"图标按钮，进行参数组态，如图 4-65 所示。在"工艺对象-轴"区选择"轴_1"，在"硬件接口"区设置脉冲发生器的输出位置，可以选择"集成 CPU 输出"或"信号板输出"。当选择"集成 CPU 输出"时，对应的"脉冲输出"和"方向输出"端子分别为"Q0.0""Q0.1"；"测量单位"可以是 mm（毫米）、m（米）、in（英寸）、ft（英尺）、pulse（脉

135

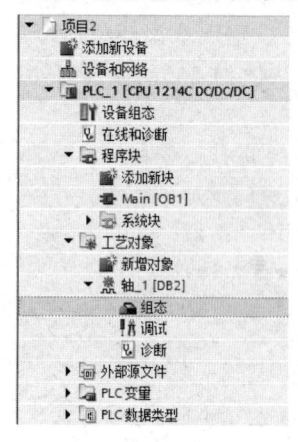

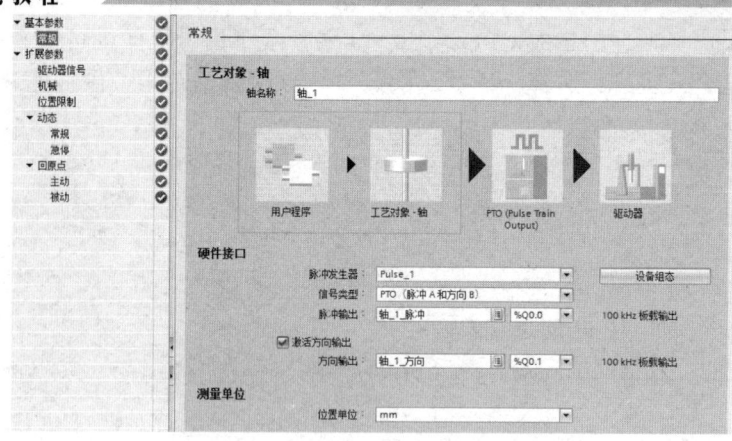

图 4-65　轴的组态　　　　　　　　图 4-66　设置轴的基本参数

冲数），如图 4-66 所示。

（3）扩展参数设置如下。

① 扩展参数中的驱动器信号：在"驱动器信号"栏选择"启用驱动器"，设置使能驱动器的输出点。选择"就绪输入"，当驱动设备正常时会给一个开关量输出，此信号可接入到 CPU 中，告知运动控制驱动器正常，如果驱动器不提供这种接口，此项设置为"TRUE"，如图 4-67 所示。

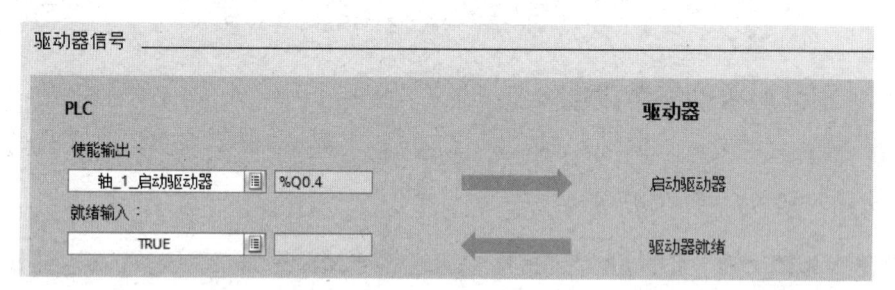

图 4-67　设置驱动器信号

② 扩展参数中的机械参数：在"机械"栏设置电动机每旋转一周的脉冲数及电动机每转一周产生的机械负载距离，如图 4-68 所示。

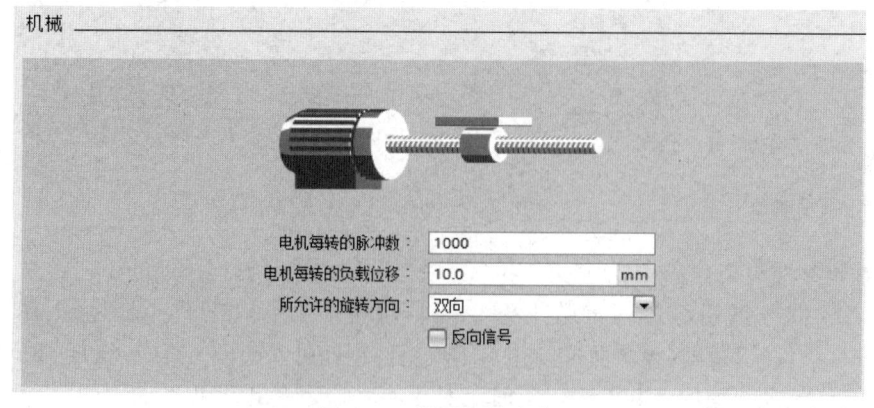

图 4-68　设置机械参数

## 项目 4 PLC 电动机顺序与伺服控制系统设计

③ 扩展参数中的位置监视参数:一旦在"位置限制"栏选择"启用硬限位开关"复选项,就可以设置"硬件下限位开关输入"和"硬件上限位开关输入";限位点的有效电平可以设置为高电平有效或低电平有效。选择"启用软限位开关"复选项后就可以设置"软限位开关下限位置"和"软限位开关上限位置"的值,如图 4-69 所示。

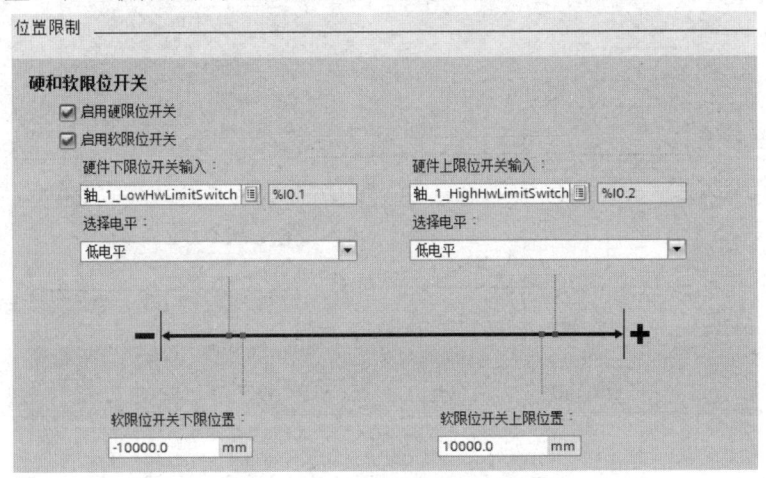

图 4-69 设置位置监视参数

(4) 动态参数设置如下。

① 在"常规"栏设置轴的常规参数。"速度限值的单位"可以选择"转/min""脉冲/s""毫米/s"三种;"最大转速"为系统运行的最大速度值;"启动停止速度"为系统运行的启停速度及加速度和减速度值(或加速时间、减速时间),如图 4-70 所示。

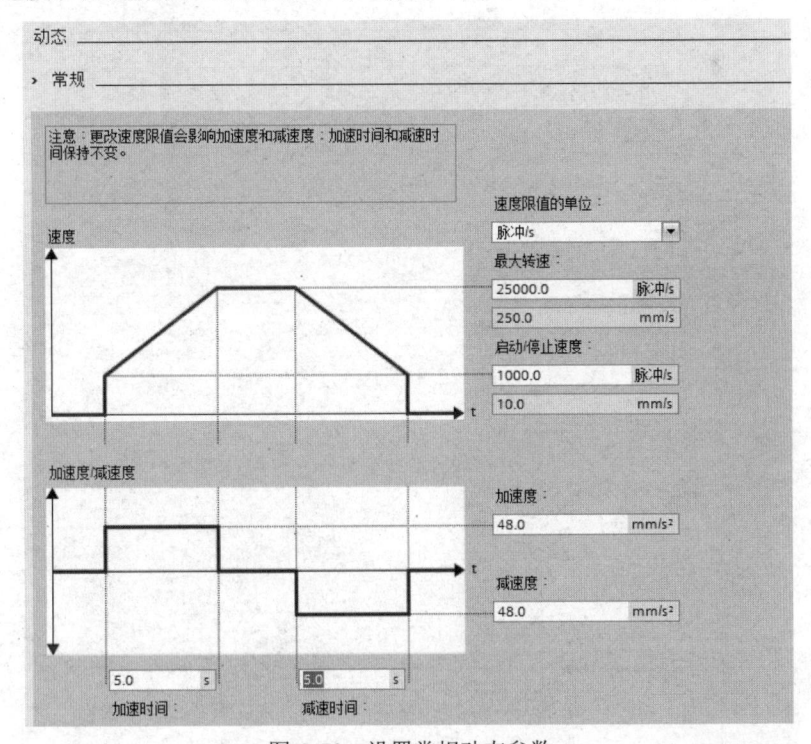

图 4-70 设置常规动态参数

② 在"急停"栏设置轴的急停参数。设置"最大转速"和"启动/停止速度"的值，如图 4-71 所示。

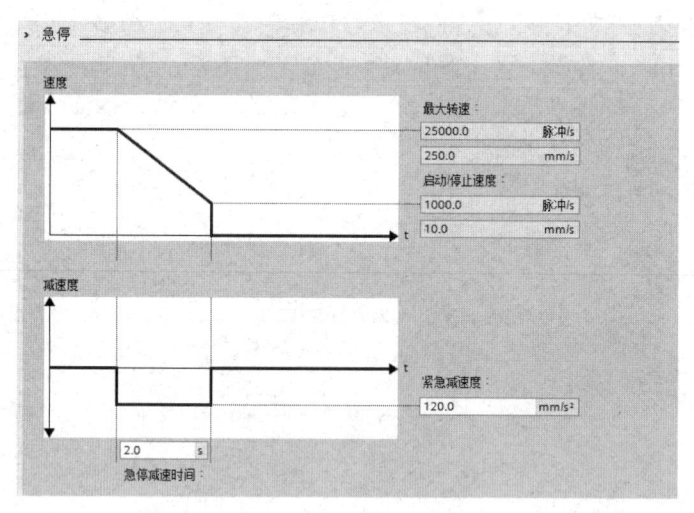

图 4-71　设置急停参数

（5）在"回原点"栏设置回原点参数：包括设置"参考点开关一侧"、选择"允许硬限位开关处自动反转"项。在选择前述第二项功能后，若轴在碰到参考点前碰到了限位点，此时系统认为参考点在反方向，会按组态好的斜坡减速曲线停车并反转；若该功能没有被选择，并且轴到达硬件限位，则回参考点的过程会因为错误被取消，并紧急停止，如图 4-72 所示。

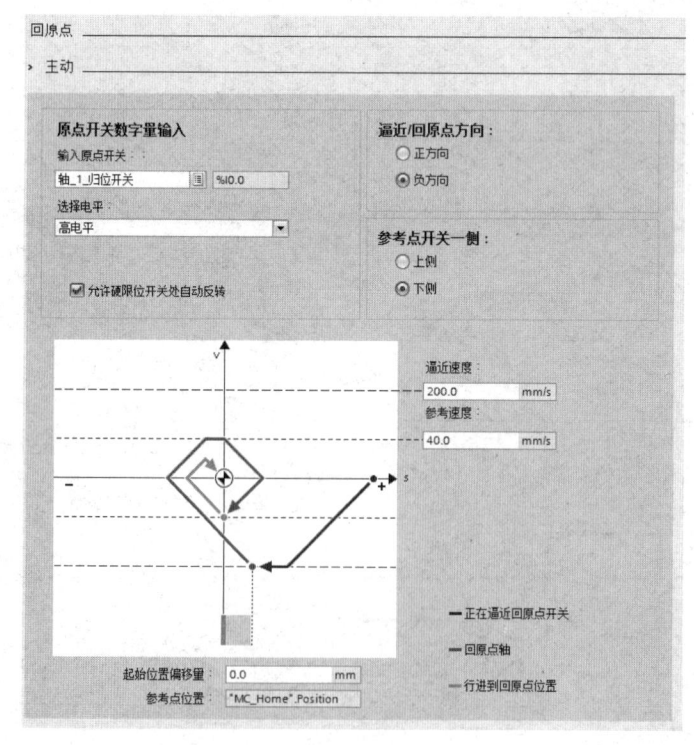

图 4-72　设置回原点

## 4.6.4 相关指令

运动控制指令使用相关工艺数据块和 CPU 专用 PTO 来控制轴上的运动，通过指令库的工艺指令，可以获得运动控制指令如图 4-73 所示。

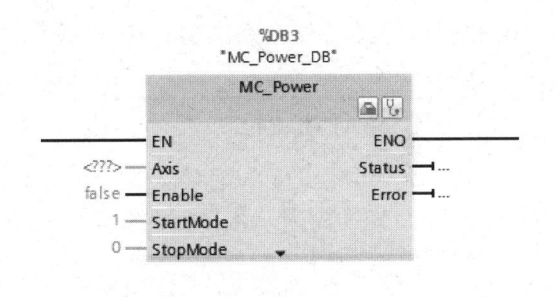

### 1. MC_Power 指令

MC_Power 指令为系统使能指令，用于启动或禁用轴。轴在运动之前必须先启动（用），Enable 为高电平时，按照工艺对象组态好的方式使能轴；Enable 为低电平时，轴将按照 StopMode 定义的组态模式，中止所有已激活的命令，同时停止轴。StopMode 为 0 时，紧急停止，按照组态好的急停曲线停止；StopMode 为 1 时，立即停止，输出脉冲立刻封锁；StopMode 为 2 时，带有加速度变化率控制的紧急停止。

各参数含义如下。

Axis 为已组态好的工艺对象的名称。Status 的数据类型为 Bool，Status=0，禁用轴，轴不会执行运动控制命令也不会接收任何新命令；Status=1，轴启用，准备就绪，可以执行运动控制命令。Error 的数据类型为 Bool，运动控制指令 MC_Power 或相关工艺对象发生错误时为 1，否则为 0。MC_Power 指令需要生成对应的背景数据块。其指令的符号如图 4-74 所示。

图 4-73 运动控制指令

图 4-74 MC_Power 指令的符号

### 2. MC_Reset

MC_Reset 指令可复位所有运动控制错误，所有可确认的运动控制错误都会被确认。使用 MC_Reset 指令前，必须将需要确认的未解决组态错误的原因消除（如通过将"轴"工艺对象中的无效加速度值更改为有效值）。

各参数含义如下。

Axis：已定义的轴工艺对象。Execute：出现上升沿时开始任务。Done 的数据类型为 Bool，TRUE=错误已确认。Error 的数据类型为 Bool，TRUE=任务执行期间出错。

其指令的符号如图 4-75 所示。

### 3. MC_Home

MC_Home 为回原点指令。使用 MC_Home 指令可将轴坐标与实际物理驱动器位置匹配。为了使用 MC Home 指令，必须先启用轴。

各参数含义如下。

Execute：出现上升沿时开始任务。Mode：回原点模式，数据类型为 Int，0 为绝对式直接回原点，新的轴位置为参数 Position 的位置值；1 为相对式直接回原点，新的轴位置为当前轴位置加参数 Position 的位置值；2 为被动回原点，根据轴组态回原点，回原点后，参数 Position 的值被设置为新的轴位置；3 为主动回原点，按照轴组态进行参考点逼近，参数 Position 的值被设置为新的轴位置。Position 的数据类型为 Real，当 Mode 为 0、2 和 3 时，为完成回原点操作后轴的绝对位置；当 Mode=1 时，为当前轴位置的校正值，Position 限值为 $-1.0 \times e^{12} \leqslant Position \leqslant 1.0 \times e^{12}$。其他参数同上，其指令的符号如图 4-76 所示。

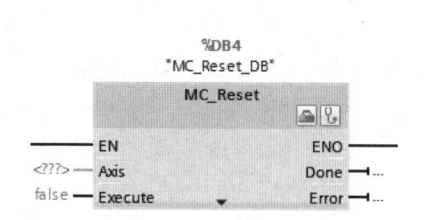

图 4-75　MC_Reset 指令的符号

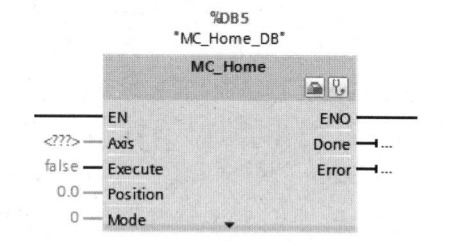

图 4-76　MC_Home 指令的符号

### 4. MC_Halt

MC_Halt 为暂停轴指令。使用 MC_Halt 指令可停止所有运动并将轴切换到停止状态，停止位置未定义。为了使用 MC_Halt 指令，必须先启用轴。各参数含义同上，其指令的符号如图 4-77 所示。

### 5. MC_MoveAbsolute

MC_MoveAbsolute 为绝对位移指令。使用 MC_MoveAbsolute 指令可启用轴到绝对位置的定位运动。为了使用 MC_MoveAbsolute 指令，必须先启用轴，同时必须使其回原点。

各参数含义如下。

Execute：出现上升沿时开始执行任务。Position 的数据类型为 Real，绝对目标位置（默认值为 0.0），限值为 $-1.0 \times e^{12} \leqslant Position \leqslant 1.0 \times e^{12}$；Velocity：指定轴的速度（默认值为 10.0），由于组态的加速度和减速度及要逼近的目标位置的原因，并不总是能达到此速度。限值为启动/停止速度 $\leqslant Velocity \leqslant$ 最大速度。其他参数同上，其指令的符号如图 4-78 所示。

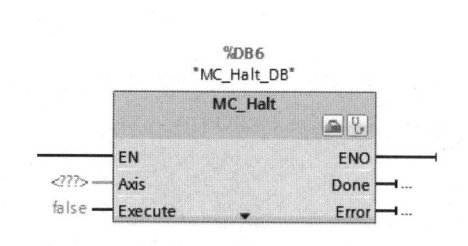

图 4-77　MC_Halt 指令的符号

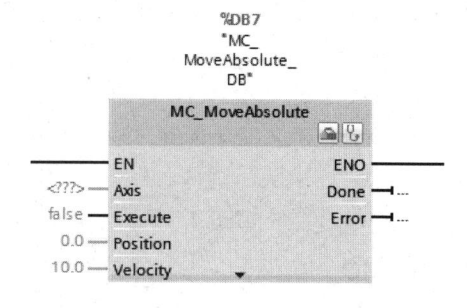

图 4-78　MC_MoveAbsolute 指令的符号

### 6. MC_MoveRelative

MC_MoveRelative 相对位置指令的执行不需要建立参考点，只需要定义运动距离、方向和速度。当上升沿 Execute 使能时，轴按照设定好的距离与速度运动，其方向根据距离的符号决定。

各参数含义如下。

Distance：运动的相对距离，限值为 $-1.0\times e^{12} \leq$ Distance $\leq 1.0\times e^{12}$；Velocity：用户定义的运行速度，由于组态的加速度和减速度及要行进距离的原因，并不总是能达到此速度。限值为启动/停止速度≤Velocity≤最大速度。其他参数同上。其指令的符号如图 4-79 所示。

绝对位移指令与相对位移指令的主要区别在于：是否需要建立起坐标系统（即是否需要参考点）。绝对位移指令需要建立参考点，并根据坐标自动决定运动方向；相对位移指令不需要建立参考点，只需要当前点与目标点之间的距离，由程序决定方向。

### 7. MC_MoveVelocity

MC_MoveVelocity 为目标转速运动指令，可使轴按预先设定的速度运行，运行速度在 Velocity 中设定。

各参数含义如下。

Velocity：指定轴运动的速度（默认值为 10.0），限值为启动/停止速度≤|Velocity|≤最大速度（允许 Velocity=0.0）。Current 的数据类型为 Bool，当 Current 为 FALSE 时，禁用"保持当前速度"，使用参数"Velocity"和"Direction"的值（默认值）；当 Current 为 TRUE 时，激活"保持当前速度"，不考虑参数"Velocity"和"Direction"的值。其指令的符号如图 4-80 所示。

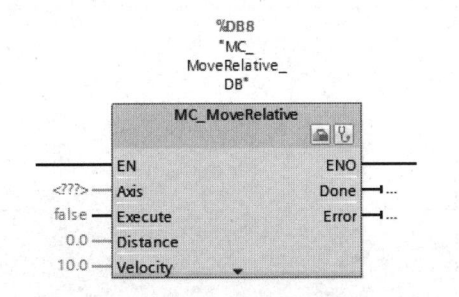

图 4-79  MC_MoveRelative 指令的符号 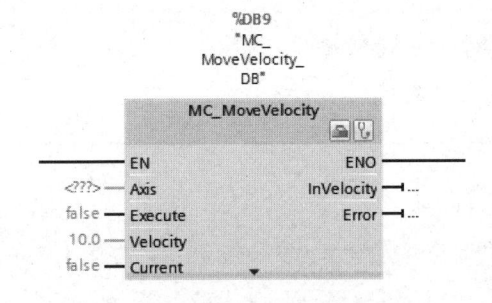      图 4-80  MC_MoveVelocity 指令的符号

---

### 案例 9  输送线手动/自动控制

采用结构化编程方法，编写输送线手动/自动控制操作模式的选择程序（FC5），步骤如下。

（1）设计输送线的操作模式选择程序 FC5，具体控制及功能要求如下：

① 使用瞬时触点 I0.4 "启动"系统（红灯 Q0.2）。使用模拟器的瞬时触点 I0.5（常闭触点）"停止"系统；

② 当输送线处于停机状态时，可以通过开关 I1.0 选择"MANUAL"模式（LED Q1.0）或者"AUTO"模式（LED Q1.1），即关闭 I1.0（=0）选择"MANUAL"模式，打

开 I1.0（=1）选择"AUTO"模式；

③ 用瞬时触点 I 1.1 确认选择的操作模式，确认完成后，对应的指示灯常亮。

（2）新建 FC5，在 FC5 中依据控制要求新建形式参量如图 4-81 所示。

图 4-81　FC5 形式参量

（3）在 FC5 中编写满足控制功能要求的梯形图如图 4-82 所示，梯形图中的变量采用图 4-81 中所建的形参变量。

（4）在 OB1 中调用 FC5，然后给形参赋实参，梯形图如图 4-83 所示。

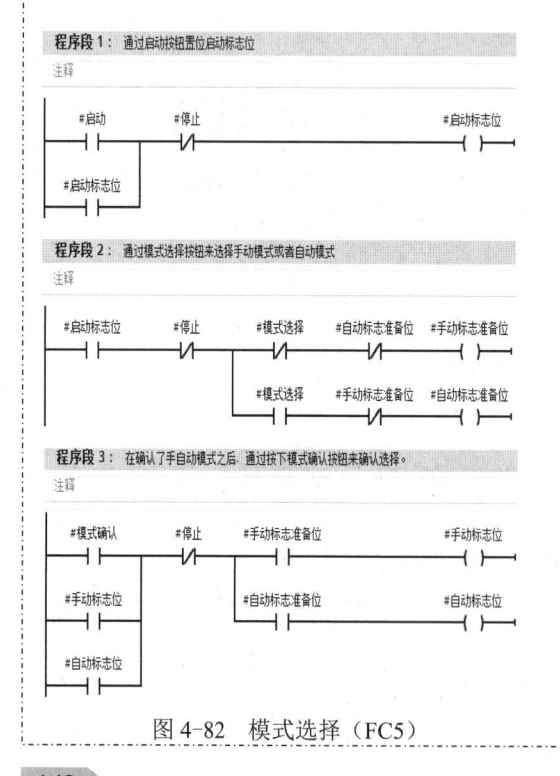

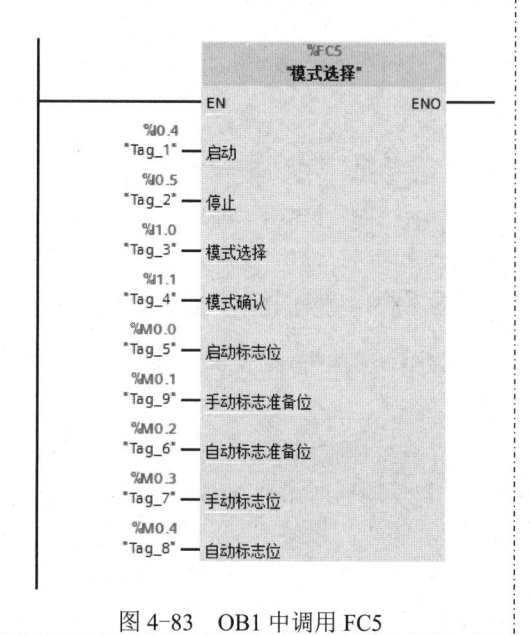

图 4-82　模式选择（FC5）　　　图 4-83　OB1 中调用 FC5

## 实训 11　伺服电动机运动控制

### 1. 实训目的

（1）掌握 PLC 输入/输出端子的分布及接线方法，能够将按钮、开关量传感器以及输出器件等与 PLC 进行连接；

（2）掌握脉冲 PTO 输出配置方法，能够采用相关指令进行程序编写与调试。

### 2. 实训器材

（1）可编程控制器1台（CPU 1214C DC/DC/DC），松下交流伺服驱动器（MADKT1507E）及电动机（MINAS A4 系列）1 套；

（2）限位开关 2 个，原点检测开关 1 个，急停按钮 1 个以及启动按钮 1 个。

### 3. 实训步骤

**1）控制要求**

假定有一伺服电动机带动一小车在轨道上从左（原点）向右（目标点）循环往复运动，左限位 I0.1，原点 I0.0，右限位 I0.2，工作示意如图 4-84 所示。从原点到达目标点的距离为 30 cm，试编写程序。松下交流伺服电动机驱动器，电动机编码反馈脉冲为 2500 pule/rev；默认状态下，驱动器反馈脉冲电子齿轮分-倍频值设置为 10000/6000。

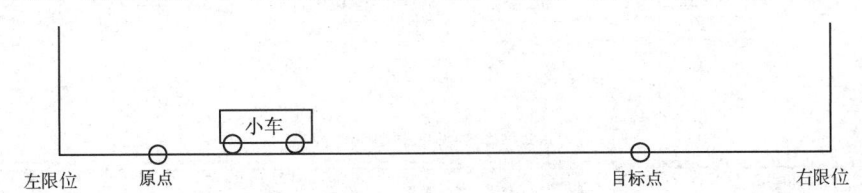

图 4-84　运动轨迹及工作示意

**2）输入/输出接线**

请参考图 4-85 所示电路，完成表 4-13 所示的 I/O 分配及接线。

表 4-13　I/O 分配

| 类　别 | 元　件 | I/O 编号 | 备　注 |
|---|---|---|---|
| 输入 | SQ1 | I0.0 | 原点开关 |
| | SQ2 | I0.1 | 左限位 |
| | SQ3 | I0.2 | 右限位 |
| | SB1 | I0.3 | 激活 MC |
| | SB2 | I0.4 | 停止 |
| | SB3 | I0.5 | 故障复位 |
| 输出 | SM | Q0.0 | 脉冲 |
| | SM | Q0.1 | 方向 |

**3）伺服参数设置**

伺服参数设置如表 4-14 所示。

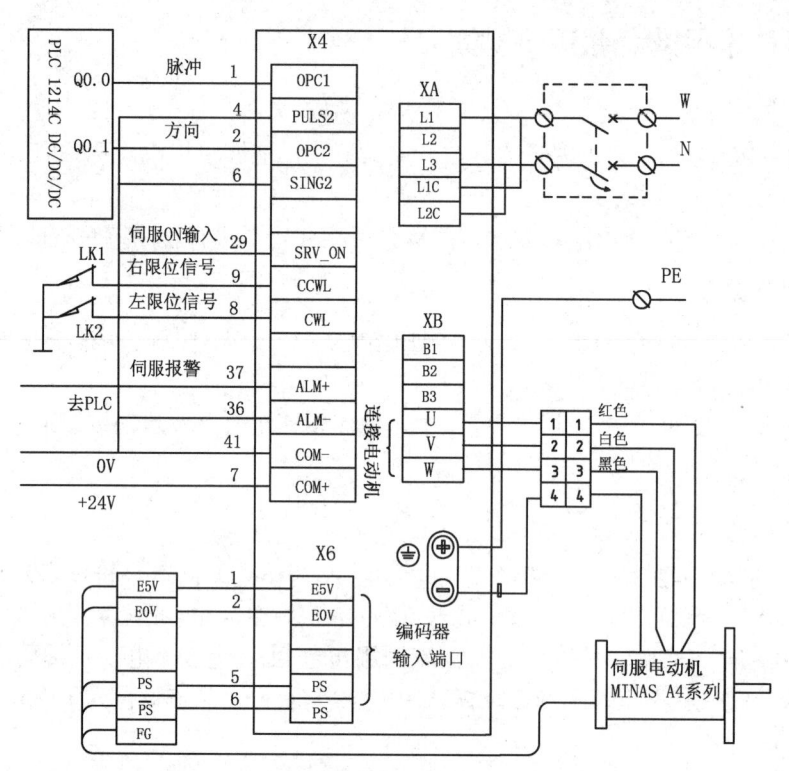

图 4-85 PLC 外部接线

表 4-14 伺服参数设置

| 序号 | 参数编号 | 参数名称 | 设置数值 | 功能和含义 |
|---|---|---|---|---|
| 1 | Pr5.28 | LED 初始状态 | 1 | 显示电动机转速 |
| 2 | Pr0.01 | 控制模式 | 0 | 位置控制（相关代码 P） |
| 3 | Pr5.04 | 驱动禁止输入设定 | 2 | 当左或右（POT 或 NOT）限位动作，则会发生 Err38 行程限位禁止输入信号出错报警。设置此参数值必须在控制电源断电重启后才能生效 |
| 4 | Pr0.04 | 惯量比 | 250 | |
| 5 | Pr0.02 | 实时自动增益设置 | 1 | 实时自动调整为标准模式 |
| 6 | Pr0.03 | 机械刚性选择 | 13 | 此参数设置越大，影响越快 |
| 7 | Pr0.06 | | 1 | |
| 8 | Pr0.07 | | 3 | |
| 9 | Pr0.08 | | 6000 | |

4）组态编程

(1) 组态 CPU 的脉冲输出：在设备组态界面，选中 CPU，在下部的"属性"的"常规"选项卡中，选择"启用该脉冲发生器"复选项，启用脉冲发生器 1，则 Q0.0 为脉冲输出，Q0.1 为脉冲方向输出，HSC1 为 PTO1 的高速脉冲输出，信号类型为 PTO（脉冲 A 和方向 B），如图 4-86 所示。

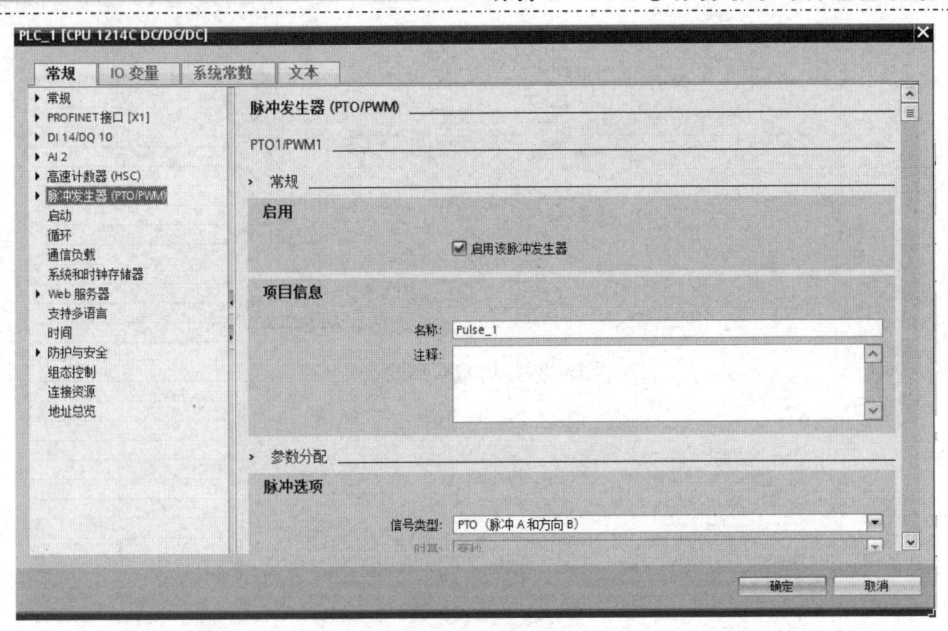

图 4-86 组态 CPU 的脉冲输出

（2）组态工艺对象：根据上述的方法，组态工艺对象，其中基本参数如图 4-87 所示，驱动器信号设置如图 4-88 所示，机械参数设置如图 4-89 所示，位置限制设置如图 4-90 所示，动态常规参数设置如图 4-91 所示，急停参数设置如图 4-92 所示，回原点设置如图 4-93 所示。

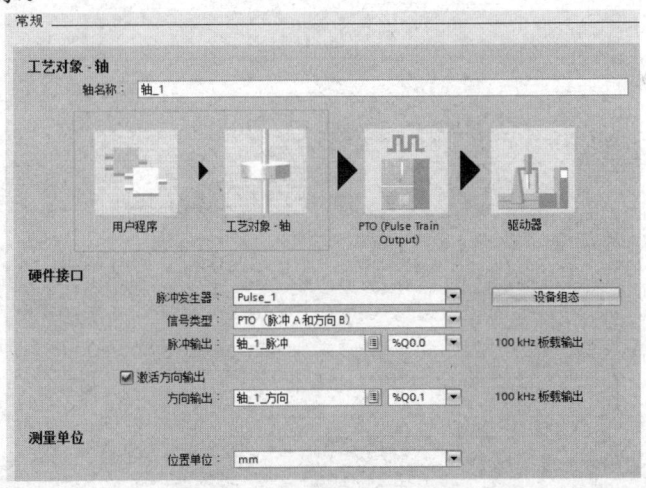

图 4-87 轴的基本参数设置

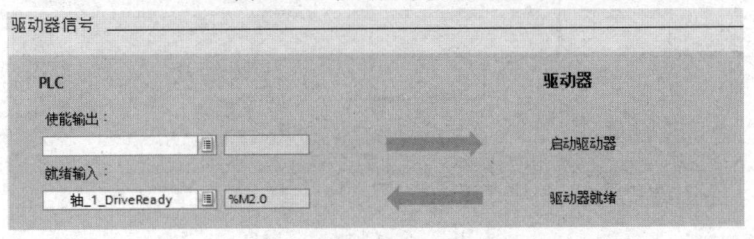

图 4-88 驱动器信号设置

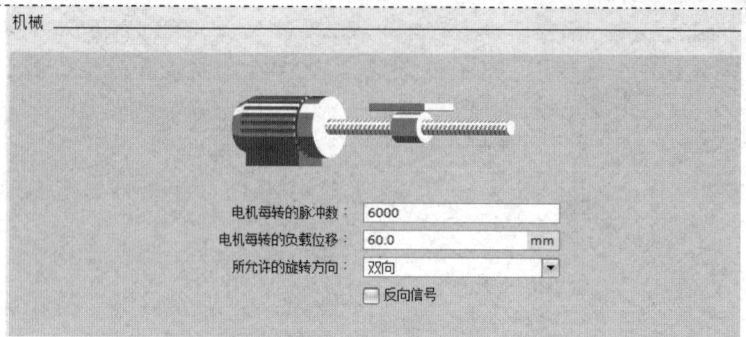

图 4-89　机械参数设置

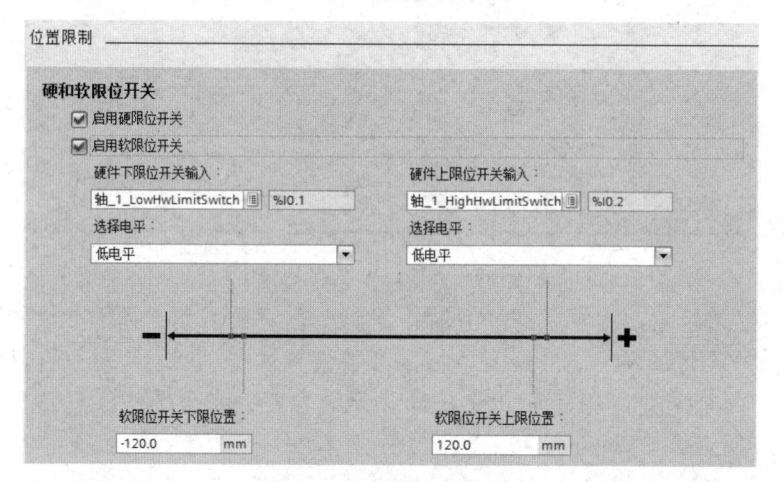

图 4-90　位置限制设置

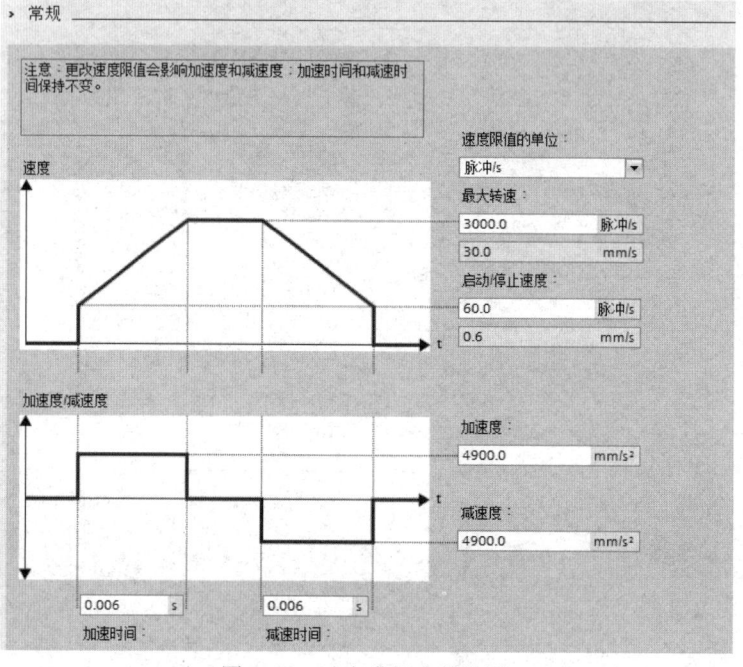

图 4-91　动态常规参数设置

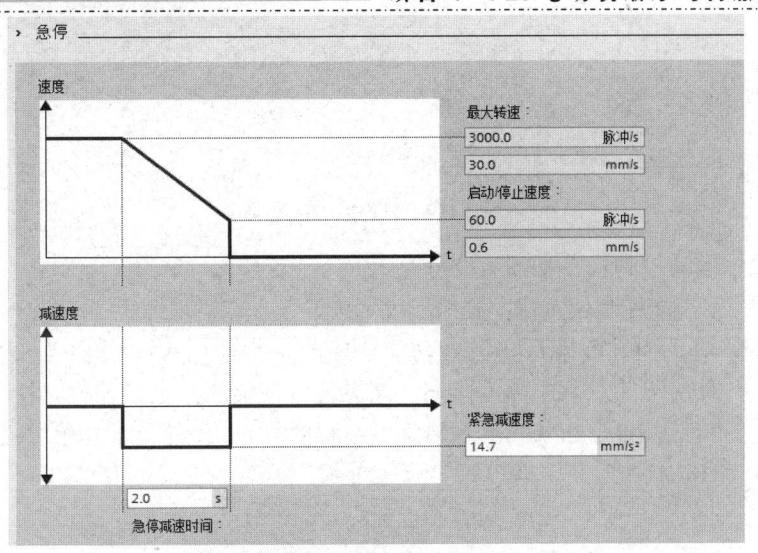

图 4-92 急停参数设置

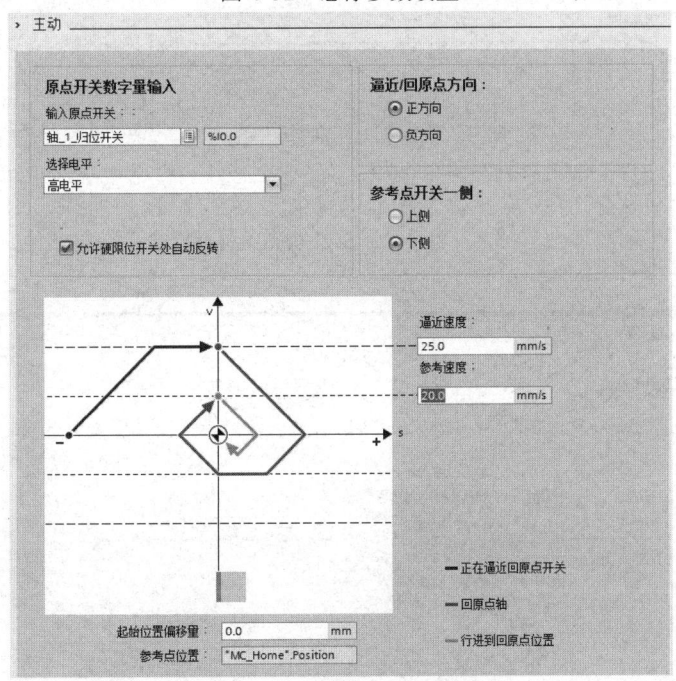

图 4-93 回原点设置

（3）建立变量：轴组态生成后，生成的默认变量如图 4-94 所示。根据项目要求，建立变量如图 4-95 所示。

| | 名称 | 变量表 | 数据类型 | 地址 | 保持 | 可从… | 从 H… | 在 H… | 注释 |
|---|---|---|---|---|---|---|---|---|---|
| 1 | 轴_1_脉冲 | 默认变量表 | Bool | %Q0.0 | | ✓ | ✓ | ✓ | |
| 2 | 轴_1_方向 | 默认变量表 | Bool | %Q0.1 | | ✓ | ✓ | ✓ | |
| 3 | 轴_1_DriveReady | 默认变量表 | Bool | %M2.0 | | ✓ | ✓ | ✓ | |
| 4 | 轴_1_LowHwLimitSwitch | 默认变量表 | Bool | %I0.1 | | ✓ | ✓ | ✓ | |
| 5 | 轴_1_HighHwLimitSwitch | 默认变量表 | Bool | %I0.2 | | ✓ | ✓ | ✓ | |
| 6 | 轴_1_归位开关 | 默认变量表 | Bool | %I0.0 | | ✓ | ✓ | ✓ | |

图 4-94 轴生成的默认变量

| 7 | | 激活MC | 默认变量表 | Bool | %I0.3 | | ☑ | ☑ | ☑ |
| 8 | | 停止 | 默认变量表 | Bool | %I0.4 | | ☑ | ☑ | ☑ |
| 9 | | 故障复位 | 默认变量表 | Bool | %I0.5 | | ☑ | ☑ | ☑ |
| 10 | | 目标点位置已达 | 默认变量表 | Bool | %M100.0 | | ☑ | ☑ | ☑ |
| 11 | | Tag_1 | 默认变量表 | Bool | %M100.1 | | ☑ | ☑ | ☑ |
| 12 | | 原点位置已达 | 默认变量表 | Bool | %M200.0 | | ☑ | ☑ | ☑ |
| 13 | | Tag_2 | 默认变量表 | Bool | %M200.1 | | ☑ | ☑ | ☑ |
| 14 | | 停止运动 | 默认变量表 | Bool | %M3.0 | | ☑ | ☑ | ☑ |

图 4-95 变量的定义

（4）编辑轴运动控制指令如图 4-96 所示。

程序段 1：轴使能控制位置位；程序段 2：按下停止按钮，停止运动输出；程序段 3：系统使能块，该块调用并使能后，其他功能块才能正常使用；程序段 4：故障复位使能块，确认故障，重启工艺对象；程序段 5：相对位置使能块，据当前位置移动到相对位置 300.0 mm 处，速度为 100.0 mm/s，到达目标点；程序段 6：滑轮运动到相对位置-300.0 mm 处，速度为 100.0 mm/s，返回原点。

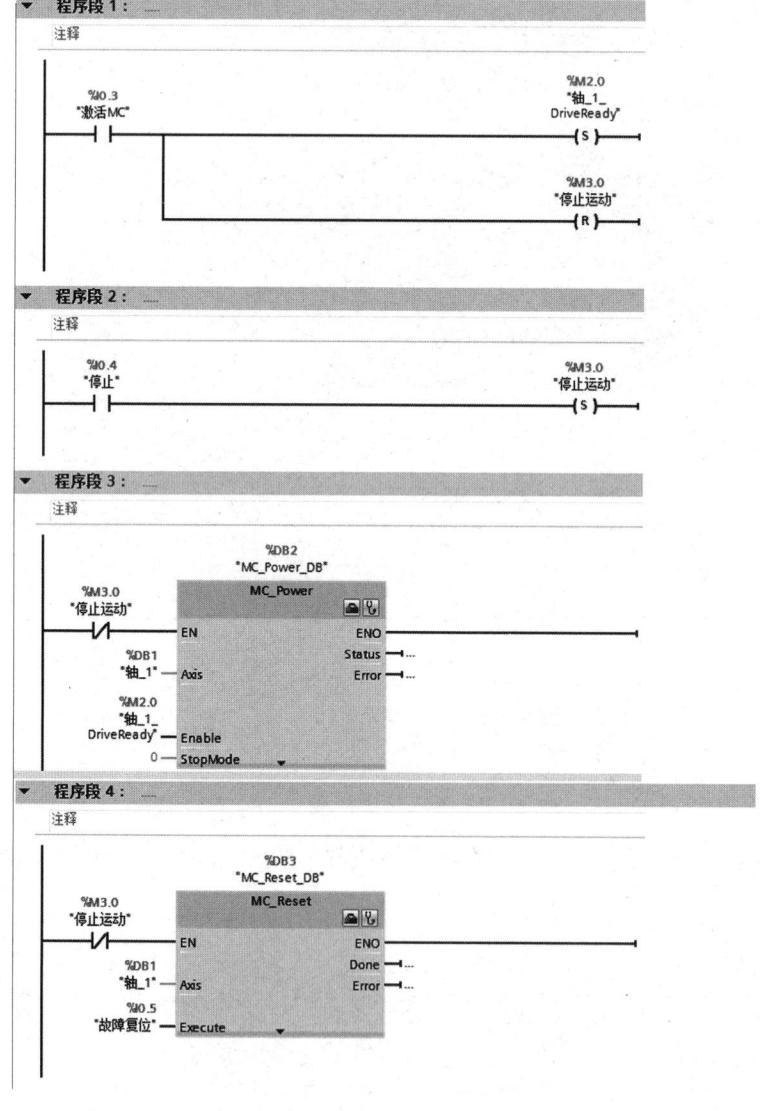

图 4-96 伺服电动机运动控制梯形图

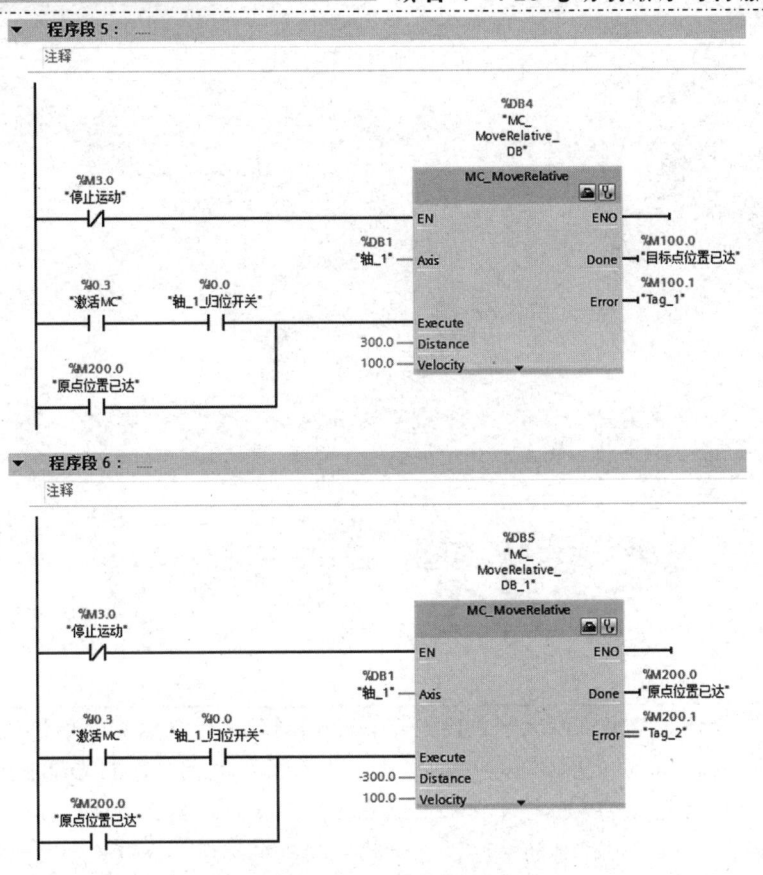

图 4-96 伺服电动机运动控制梯形图（续）

### 4. 实训结果分析及考核评价

根据学生在训练过程中的表现，给予客观评价，填写实训评价表 4-15。

表 4-15 实训评价

| 考核内容及依据 | 考核等级（在相应括号中打√） | | | 备注 |
|---|---|---|---|---|
| | 优 | 良 | 中 | |
| 接线与工艺（接错两根线以上时不能参加考核）<br>等级考核依据：学生接线工艺和熟练程度 | （ ） | （ ） | （ ） | 占总评 1/3 |
| 电路检查：检查方法、检查步骤、工具的使用<br>（本项内容都应会，否则不能参加考核）<br>等级考核依据：学生熟练程度 | （ ） | （ ） | （ ） | 占总评 1/3 |
| 通电调试：调试步骤（本项内容都应会，否则不能参加考核）<br>等级考核依据：学生操作过程的规范性和学习状态 | （ ） | （ ） | （ ） | 占总评 1/3 |
| 总评<br>（3 项都为优时总评才能为优，以此类推评判良和中） | | | | 手写<br>签字 |

### 5. 实训思考

如果小车不在原点位置（原点检测传感器），请编写回原点的伺服运动控制程序。

# 项目 5

# PLC 网络通信与变频器控制系统设计

| | |
|---|---|
| 项目导入 | 什么是工业以太网？PLC 的以太网通信又是什么？通信协议有哪些？PLC 的通信包括 PLC 之间、PLC 与计算机之间、PLC 与其他智能设备之间的通信。PLC 与计算机可以直接同通信处理器、通信连接器相连构成网络，以实现信息的交换，可以构成"集中管理、分散控制"的分布式控制系统，满足工厂自动化系统发展的需要，各 PLC 或远程 I/O 模块按功能各自放置在生产现场进行分散控制，然后用网络连接起来，构成集中管理的分布式网络系统。本项目将通过 4 个任务和 3 个实训，介绍 PLC 通过工业以太网与触摸屏、变频器进行通信等，从而对电动机按照工艺要求进行控制和显示的方法。<br><br>扫一扫看海尔集团的互联网工厂 |
| 素质目标 | （1）培养遵守标准规范的意识和习惯；<br>（2）培养安全意识、创新意识；<br>（3）培养劳动精神；<br>（4）培养严谨绘图、规范接线的职业素养；<br>（5）培养精益求精的工匠精神 |
| 知识目标 | （1）掌握以太网通信的基本知识；<br>（2）掌握 HMI 控制界面设计和 HMI 组态方法；<br>（3）掌握 PLC 和 HMI 之间的通信方法；<br>（4）掌握 G120 变频器的基本应用方法；<br>（5）掌握 PLC 和 G120 变频器的以太网通信程序设计方法 |
| 能力目标 | （1）具备对多台 PLC 进行网络组态、编程与连接调试的能力；<br>（2）具备 PLC 和 HMI 之间通信程序编写、调试的能力；<br>（3）具备 PLC 和 G120 变频器的以太网通信程序编写能力 |

项目 5　PLC 网络通信与变频器控制系统设计

## 5.1　S7-1200 PLC 的以太网通信

> 扫一扫看徐工集团的数字化工厂

S7-1200 PLC 的 CPU 集成了一个 PROFTNET 通信口，支持以太网和基于 TCP/IP 和 UDP 的通信标准。这个 PROFINET 物理接口是支持 10/100 Mb/s 的 RJ45 口，支持电缆交叉自适应，因此一个标准的或是交叉的以太网线都可以用于这个接口。使用这个通信口可以实现 S7-1200 CPU 与编程计算机设备、HMI 触摸屏，以及其他 S7 系列 PLC 的 CPU 之间的通信。

PROFINET 是 PROFIBUS（Process Field Bus）国际组织（PROFIBUS international，PI）推出的基于工业以太网的开放的现场总线标准（IEC 61158 中的类型 10）。PROFTNET 通过工业以太网，连接从现场层到管理层的设备，可以实现从公司管理层到现场层的直接、透明的访问，PROFINET 融合了自动化世界和 IT 世界，PROFINET 可以用于对实时性要求更高的自动化解决方案。

PROFINET 使用以太网和 TCP/UDP/IP 作为通信基础，TCP/UDP/IP 是 IT 领域通信协议事实上的标准。TCP/UDP/IP 提供了以太网设备通过本地和分布式网络的透明通道中进行数据交换的基础。对快速性没有严格要求的数据使用 TCP/IP，响应时间在 100 ms 数量级，可以满足工厂控制级的应用。PROFINET 能同时用一条工业以太网电缆满足三个自动化领域的需求，包括 IT 集成化领域、实时（Real-Time，简称为 RT）自动化领域和同步实时（Isochronous Real-Time，简称为 IRT）运动控制领域，它们不会相互影响。

PROFINET 的实时（RT）通信功能适用于对信号传输时间有严格要求的场合，例如用于传感器和执行器的数据传输。通过 PROFINET，分布式现场设备可以直接连接到工业以太网，与 PLC 等设备进行通信。其响应时间与 PROFIBUS-DP 等现场总线相同或者更短，典型的更新循环时间为 1～10 ms，完全能满足现场级的要求。PROFINET 的实时性可以用标准组件来实现。

PROFINET 的同步实时（IRT）功能用于高性能的同步运动控制。IRT 提供了等时执行周期，以确保信息始终以相等的时间间隔进行传输。IRT 的响应时间为 0.25～1 ms，波动小于 1 μs。IRT 通信需要特殊的交换机（例如 SCALANCE X-200 IRT）的支持，等时同步数据传输的实现基于硬件更完善的功能。

S7-1200 通信指令包括 S7 通信、开放式用户通信、Web 服务器、其他、通信处理器及远程服务，如图 5-1（a）所示。在任务 10 和任务 11 中将分别以开放式用户通信、S7 通信为例进行介绍。

## 任务 10　2 台 S7-1200 PLC 的以太网通信

> 扫一扫看任务 10 和任务 11 教学课件

### 1. 任务要求

2 台 S7-1200 PLC 之间采用开放式用户通信指令，实现从 PLC1 发送 4 个字节数据给 PLC2，并且接收从 PLC2 发来的 4 个字节数据。

### 2. 硬件及网络拓扑结构

> 扫一扫看 2 台 PLC 硬件连接微视频

硬件：2 台 S7-1200 PLC，1 台 PC 机，1 台交换机，网线。

拓扑结构如图 5-1（b）所示。

# 可编程控制器应用技术项目式教程

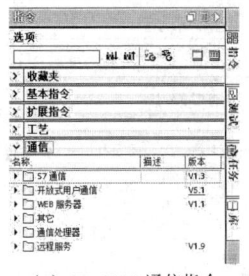

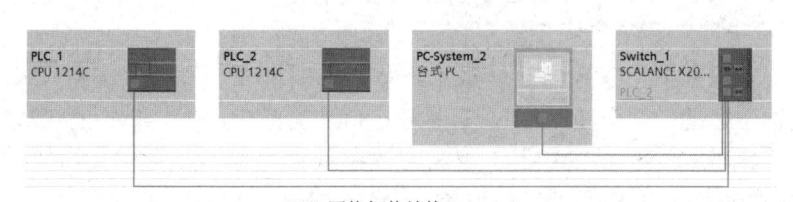

(a) S7-1200 通信指令　　　　　(b) 网络拓扑结构

图 5-1

扫一扫看 2 台 PLC 通信硬件组态微视频

### 3. 连接组态

1）新建项目

打开博途软件，单击"创建新项目"按钮，输入项目名称。创建新项目界面如图 5-2 所示。

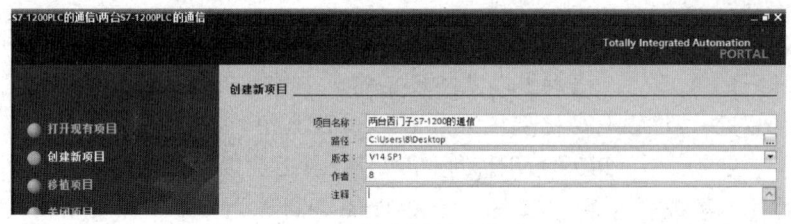

图 5-2　创建新项目界面

2）添加 PLC 并修改属性

（1）单击"项目视图"，进入项目视图界面，如图 5-3 所示。

（2）选择任务卡中订货号为"6ES7 214-1AG40-0XB0"的控制器，单击"确定"按钮，如图 5-4 所示。

（3）选中新加入的 PLC，选择"设备视图"选项卡，在设备视图中，选中 PLC 然后单击下方的"属

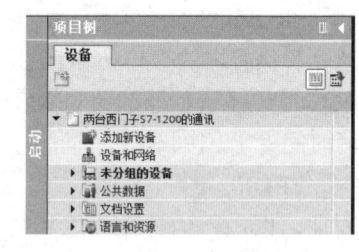

图 5-3　项目视图界面

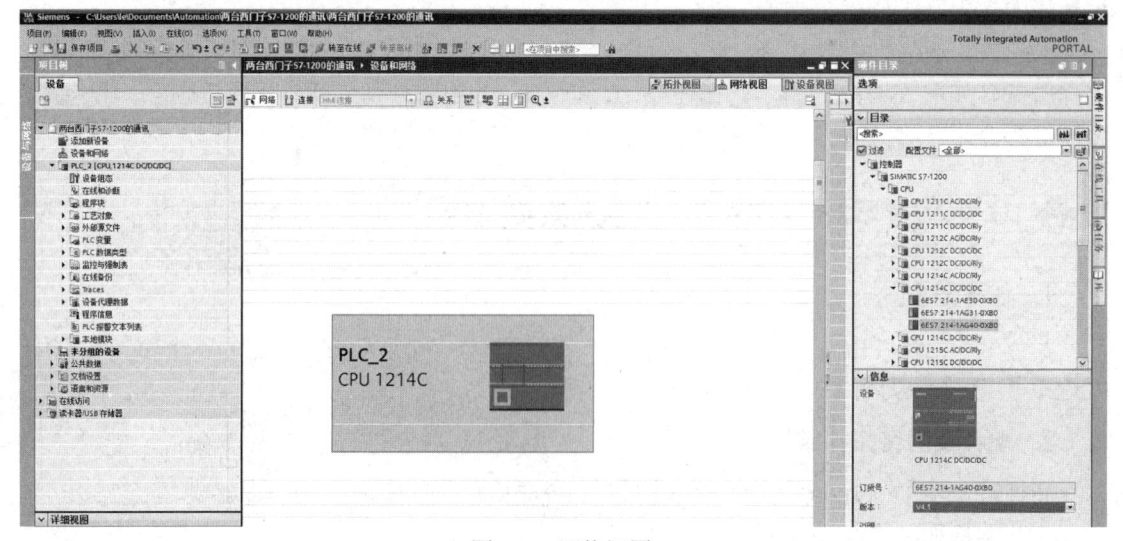

图 5-4　网络视图

性"选项卡，进入属性设置窗口。设备视图如图 5-5 所示。

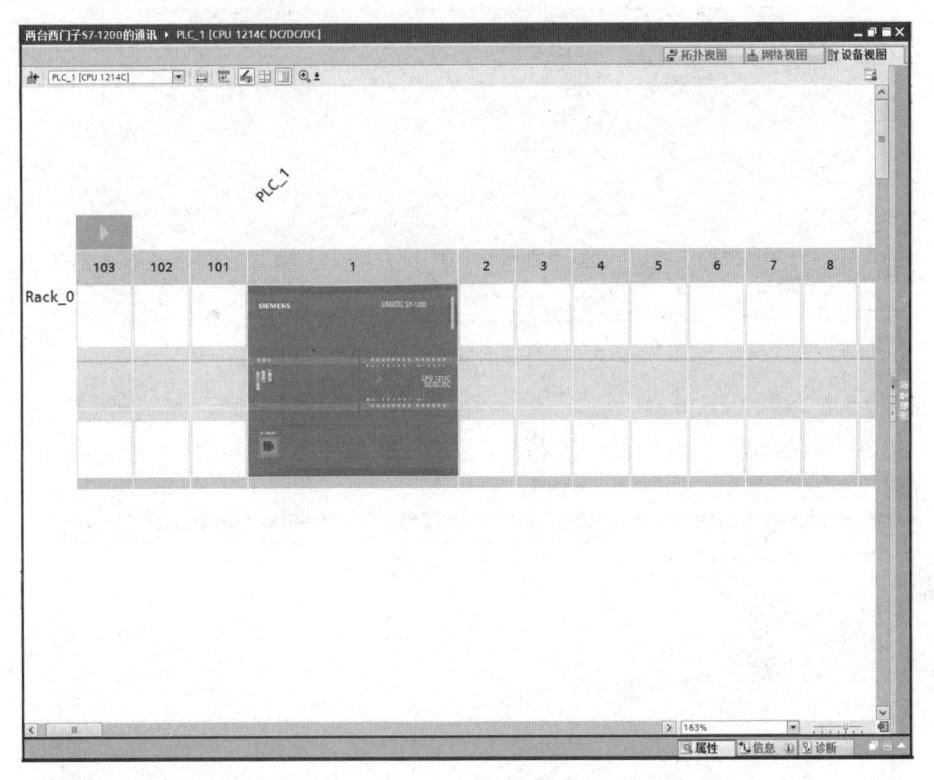

图 5-5 设备视图

（4）在属性窗口中修改 PLC 的名称，如图 5-6 所示。

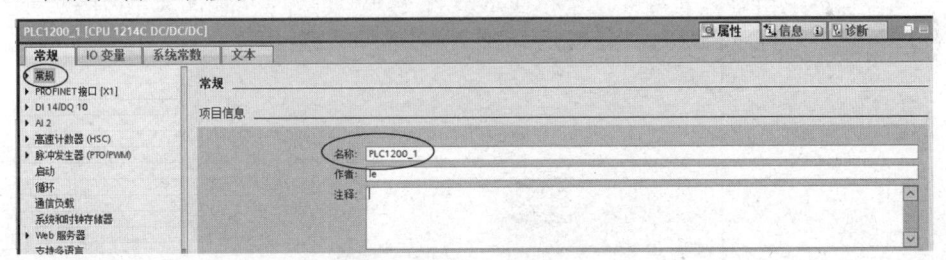

图 5-6 修改 PLC 的名称

（5）修改以太网地址，如图 5-7 所示。

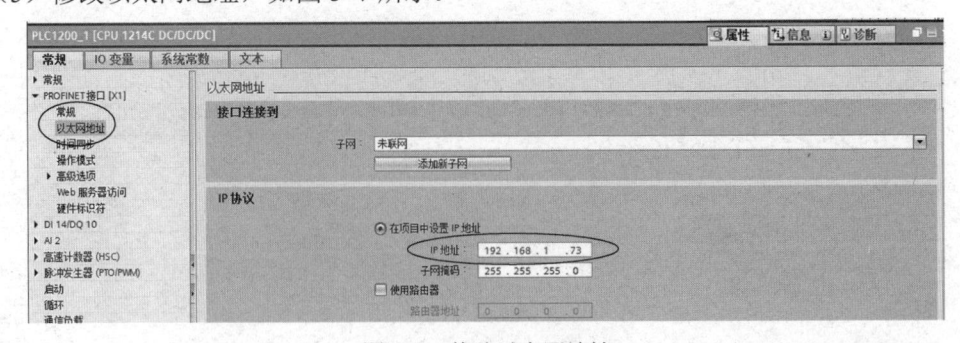

图 5-7 修改以太网地址

（6）选择"启用系统存储器字节"和"启用时钟存储器字节"复选项，如图5-8所示。

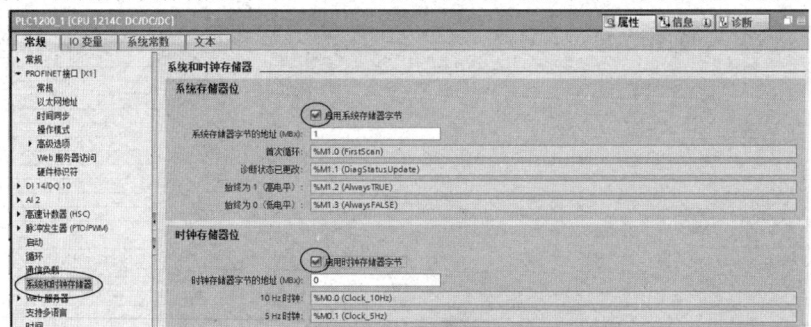

图5-8 系统和时钟存储器设置

3）复制并添加第2台PLC

（1）单击"网络视图"选项卡，选择已添加的PLC后用鼠标右键单击，在弹出的快捷菜单中选择"复制"命令，如图5-9所示。

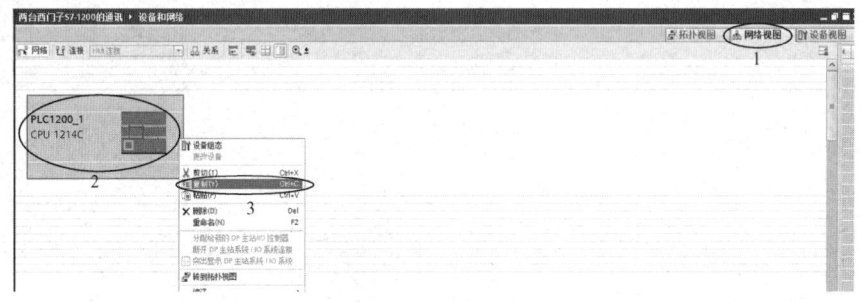

图5-9 复制PLC

（2）在空白处单击鼠标右键，单击快捷菜单的"粘贴"命令，如图5-10所示。

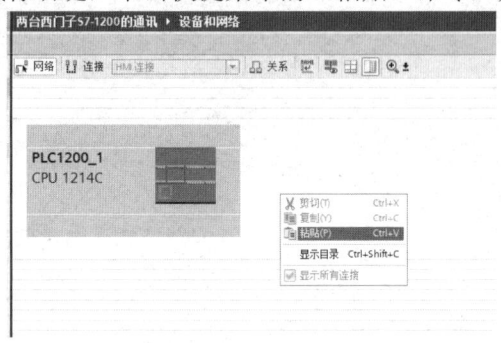

图5-10 粘贴PLC

（3）选择第二台PLC，然后单击"设备视图"选项卡，如图5-11所示。

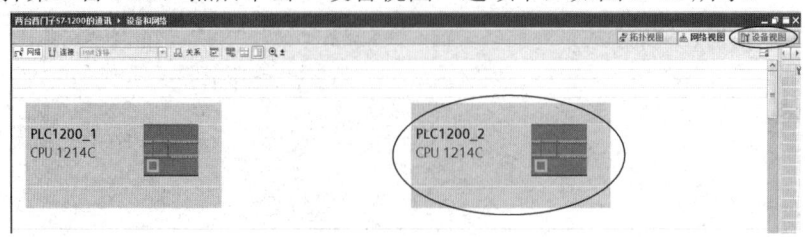

图5-11 选中第二台PLC

（4）进入设备视图后，选择 PLC，单击下部的"属性"选项卡，如图 5-12 所示。

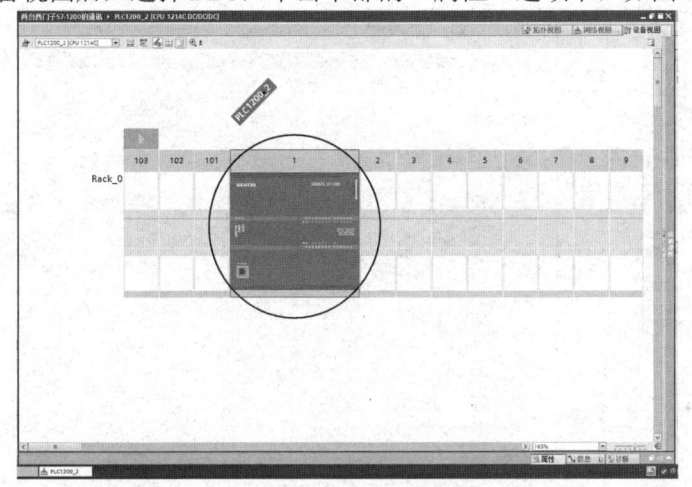

图 5-12　设备视图

（5）进入属性窗口，修改以太网地址，如图 5-13 所示。

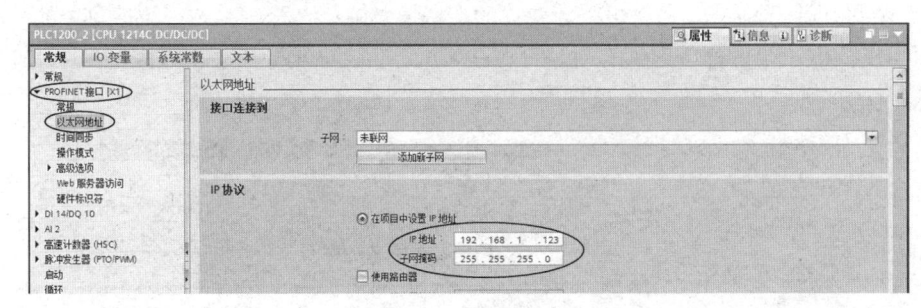

图 5-13　修改以太网地址

4）网络连接

选择"网络视图"选项卡，用鼠标拖动 PLC1200_1 的网络接口到 PLC1200_2 上，单击工具栏的"编译"按钮并保存项目，如图 5-14 所示。

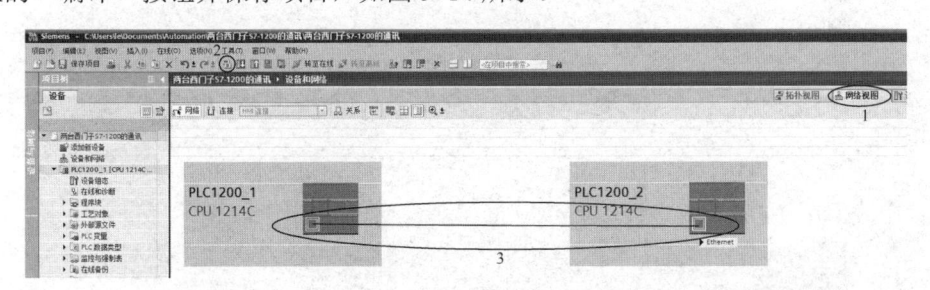

图 5-14　网络连接

## 4. 对 PLC1200_1 的发送端组态编程

扫一扫看 PLC1 发送端组态编程微视频

1）新建 PLC1200_1 发送数据的数据块

（1）单击左侧项目树下的"PLC1200_1"，双击"程序块"下的"添加新块"，在弹出的窗口中单击"数据块"，修改数据块的名称，然后单击"确定"按钮。添加新块界面如图 5-15 所示。

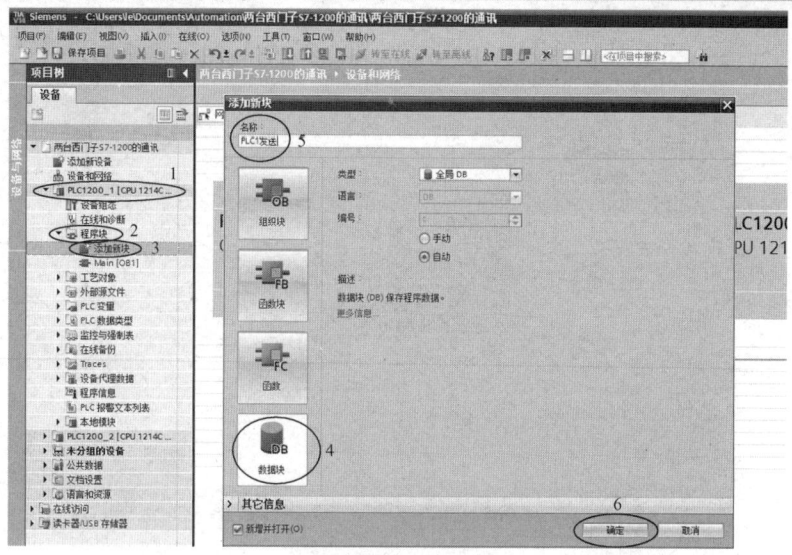

图 5-15 添加新块

（2）在左侧项目树下，用右键单击新建立的数据块"PLC1 发送"，选择快捷菜单的"属性"命令，在弹出的窗口中选择"属性"，将"优化的块访问"复选框中的√取消，单击"确定"按钮，如图 5-16 所示。

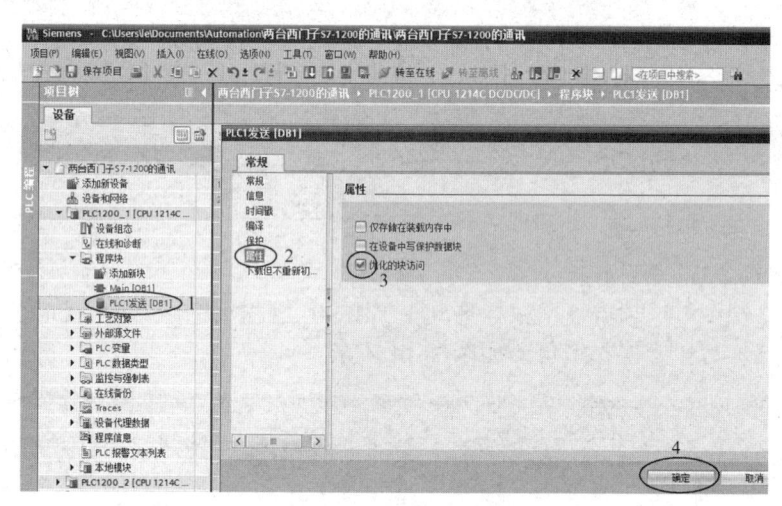

图 5-16 属性设置

（3）在数据块"PLC1 发送"内新建变量。变量列表如图 5-17 所示。

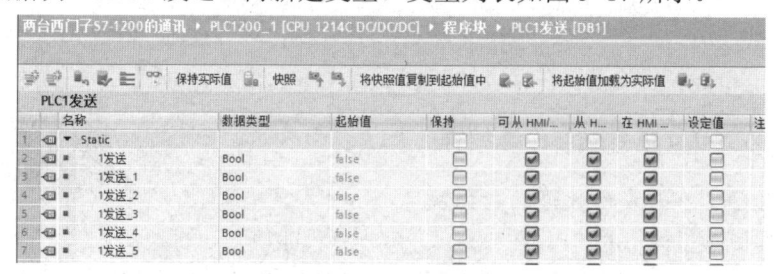

图 5-17 变量列表

项目5　PLC网络通信与变频器控制系统设计

2）建立PLC1200_1用于接收数据的数据块

（1）过程同上。添加新的数据块名称为"PLC1接收"，如图5-18所示。

图5-18　添加新块

（2）在数据块内新建变量，变量列表如图5-19所示。

图5-19　变量列表

3）配置PLC1200_1的发送功能

（1）进入主程序。在右侧的"通信"项目下展开"开放式用户通信"，用鼠标拖动"TSEND_C"到主程序Main中。TSEND_C界面如图5-20所示。

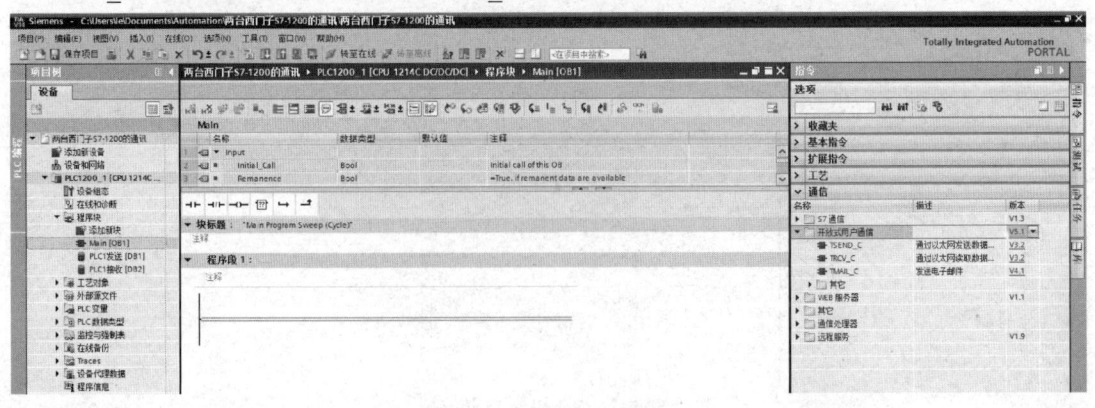

图5-20　TSEND_C界面

（2）弹出如图 5-21 所示"调用选项"对话框，单击"确定"按钮。

（3）在程序中选择已生成的功能块，如图 5-22 所示，然后单击"属性"选项卡。

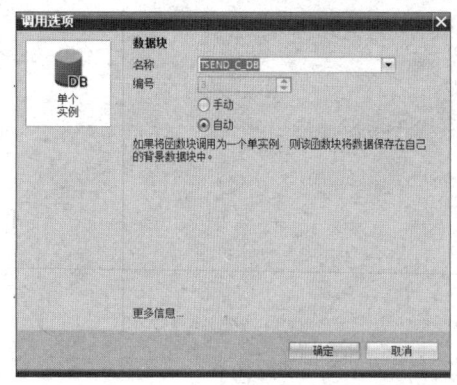

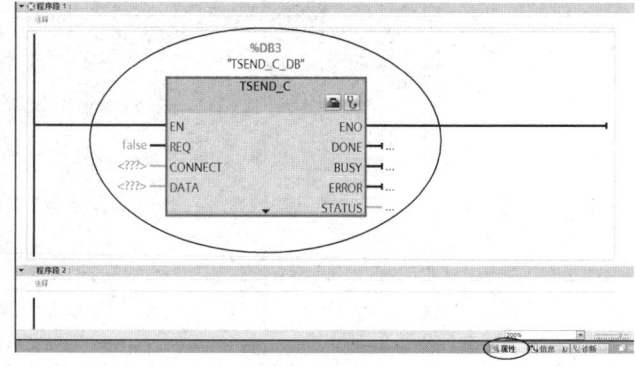

图 5-21  "调用选项"对话框

图 5-22  生成的功能块

（4）在属性窗口中选择通信伙伴为"PLC1200_2"，连接参数设置界面如图 5-23 所示。

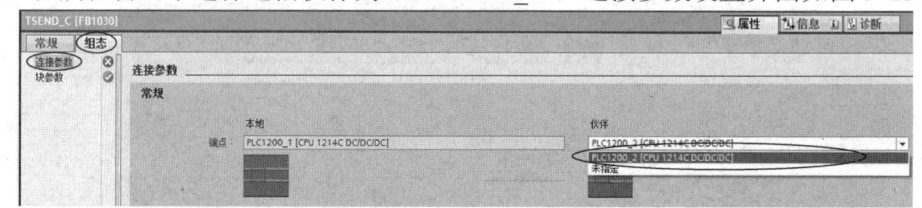

图 5-23  连接参数设置界面

（5）"连接数据"项选择"<新建>"。连接数据界面如图 5-24 所示。

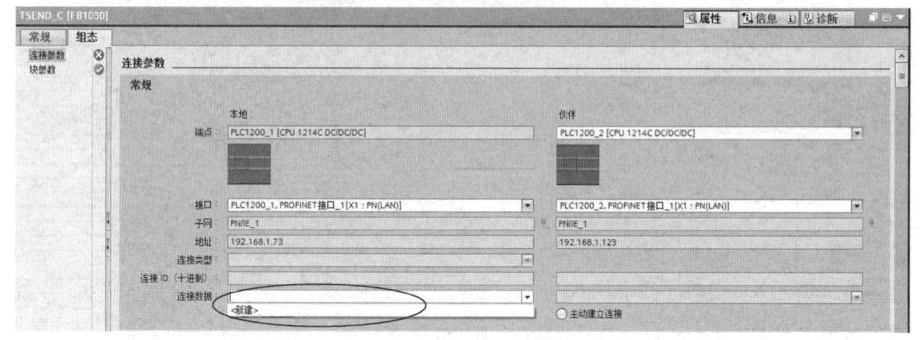

图 5-24  连接数据界面

（6）程序中 TSEND_C 功能块的 CONNNECT 引脚会自动填好，如图 5-25 所示。

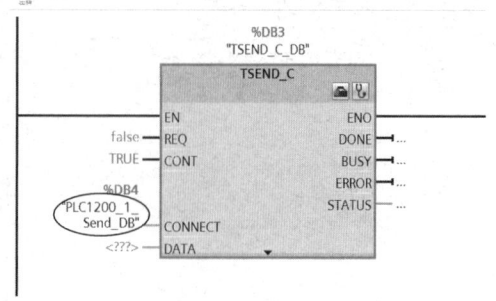

图 5-25  引脚参数

## 项目 5  PLC 网络通信与变频器控制系统设计

(7) 继续对第二台 PLC 进行连接参数设置。连接参数设置界面如图 5-26 所示。

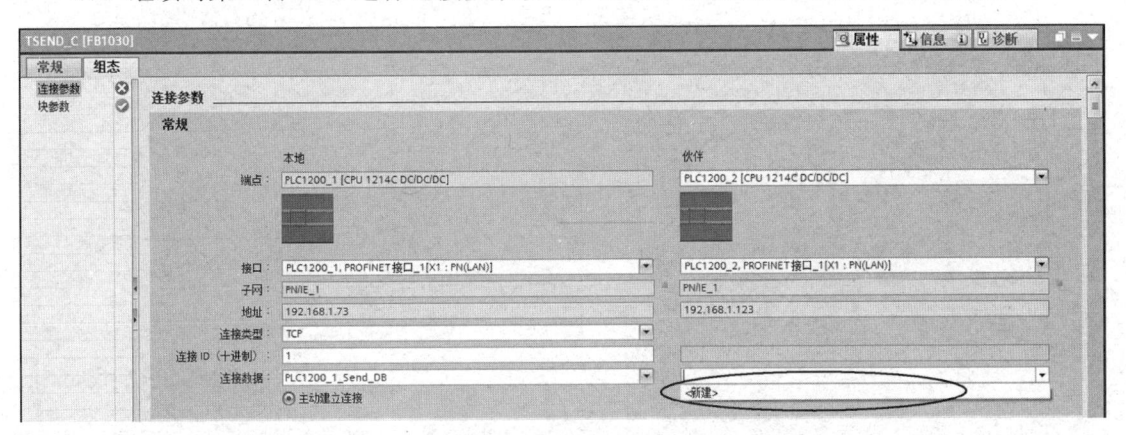

图 5-26  连接参数设置界面

(8) 回到主程序中,按图 5-27 所示填写相关引脚。

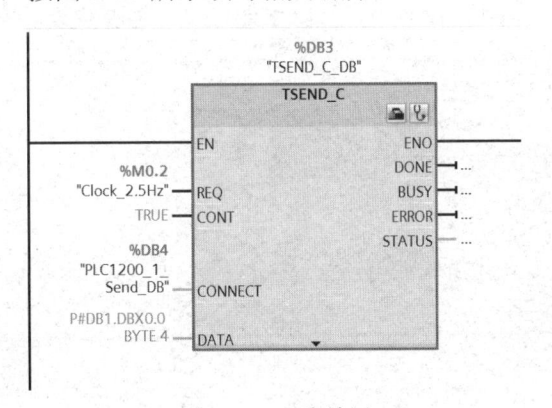

图 5-27  引脚填写

扫一扫看 PLC2 接收功能块组态微视频

### 5. 对 PLC1200_2 的接收端组态编程

1) 新建 PLC1200_2 的接收功能块

(1) 打开 PLC1200_2 的主程序。在右侧的"通信"项目下展开"开放式用户通信",用鼠标将"TRCV_C"拖放到主程序 Main 中,如图 5-28 所示。

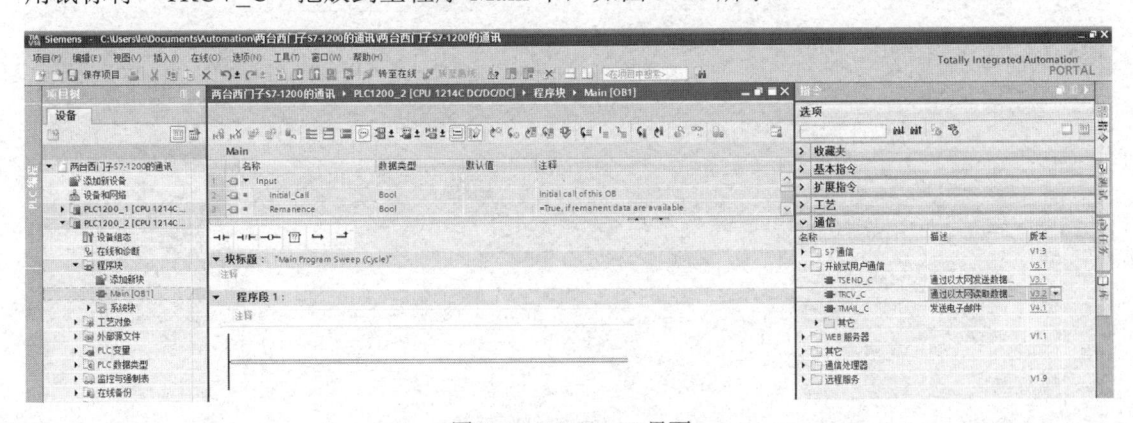

图 5-28  TRCV_C 界面

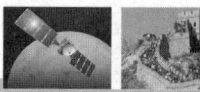

（2）拖放动作结束后，弹出如图 5-29 所示对话框，单击"确定"按钮。

（3）选择已生成的 TRCV_C 功能块，如图 5-30 所示，然后单击"属性"选项卡。

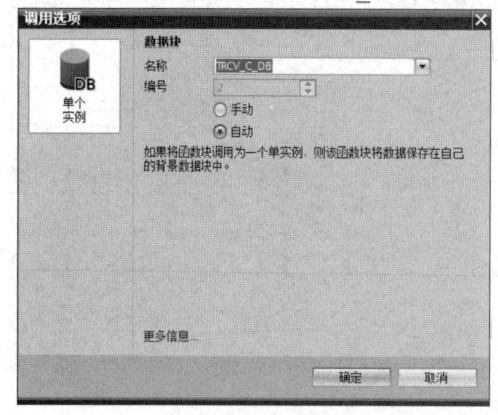

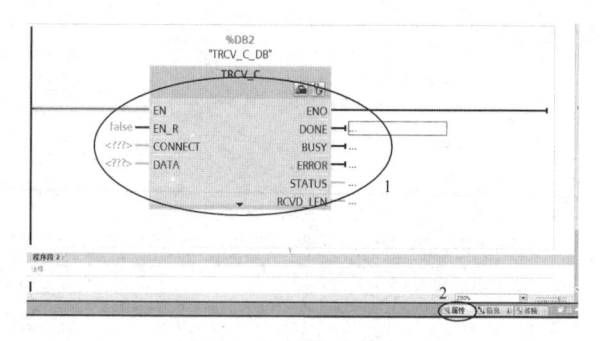

图 5-29 "调用选项"对话框　　　　　　图 5-30 生成的功能块

（4）在属性窗口中选择通信伙伴为"PLC1200_1"。连接参数设置界面如图 5-31 所示。

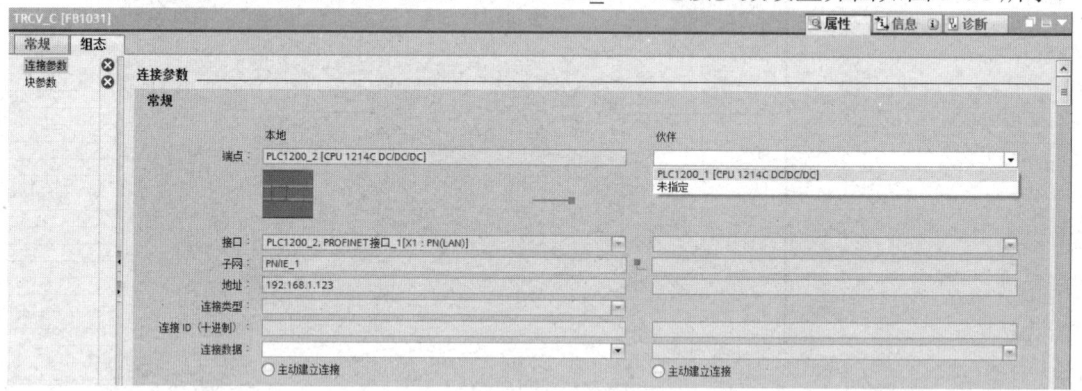

图 5-31 连接参数设置界面

（5）PLC1200_2 的连接数据选"PLC1200_2_Receive_DB"。连接数据设置界面如图 5-32 所示。

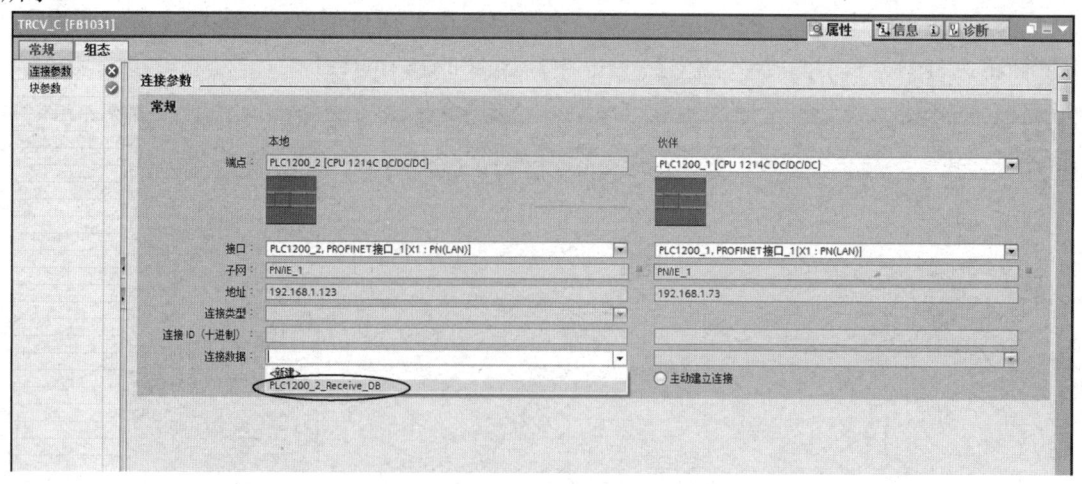

图 5-32 连接数据设置界面

（6）设置完毕的"属性"选项卡如图 5-33 所示。

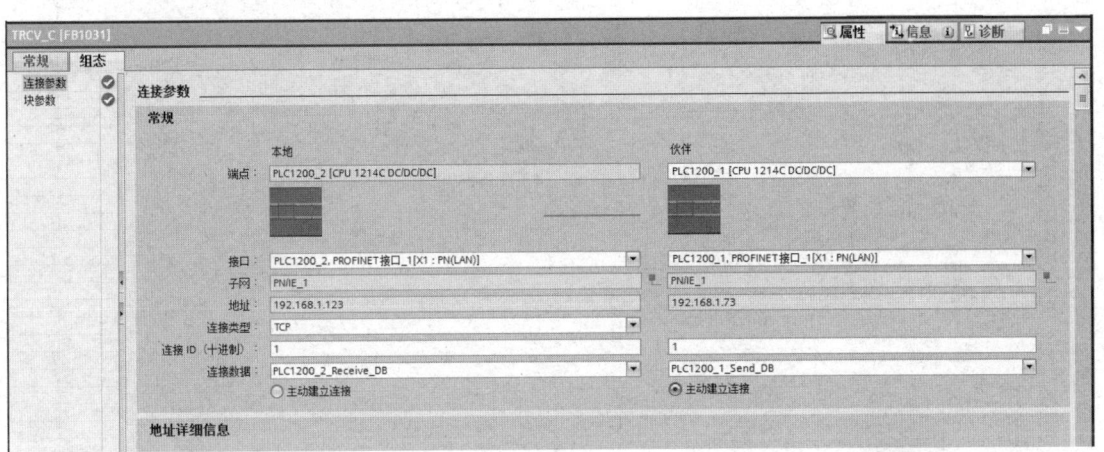

图 5-33 "属性"选项卡

扫一扫看 PLC2 接收数据块组态微视频

2）建立 PLC1200_2 接收数据块

（1）方法类似于建立 PLC1200_1 的数据块。添加新块步骤如图 5-34 所示。

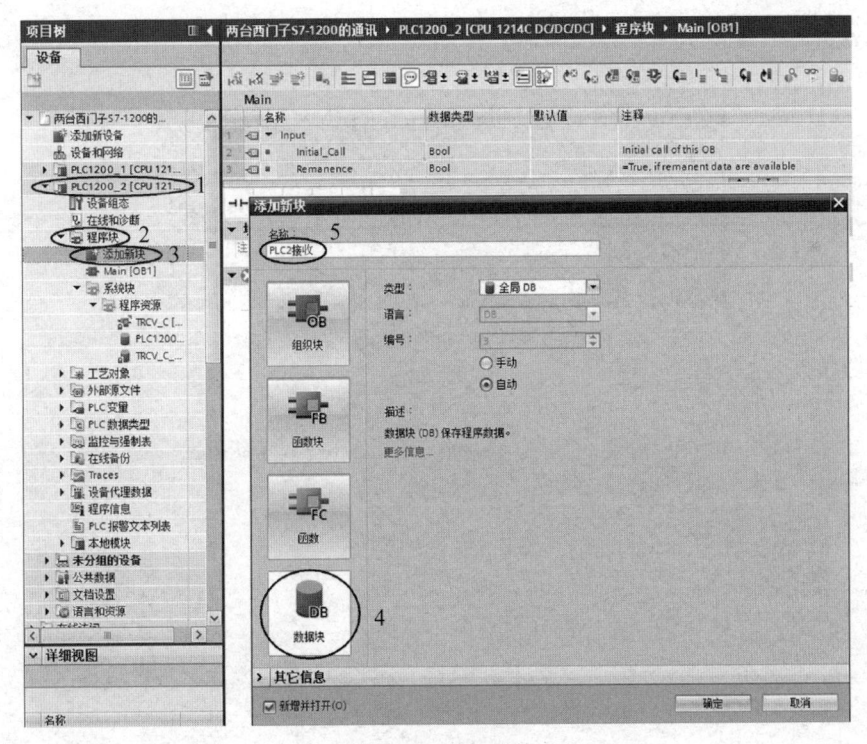

图 5-34 添加新块

（2）在新建立的数据块上单击鼠标右键，再单击快捷菜单中的"属性"命令，如图 5-35 所示。

（3）在弹出的属性对话框中单击"属性"，然后取消对"优化的块访问"复选项的选择，属性界面如图 5-36 所示。

图 5-35 "属性"命令

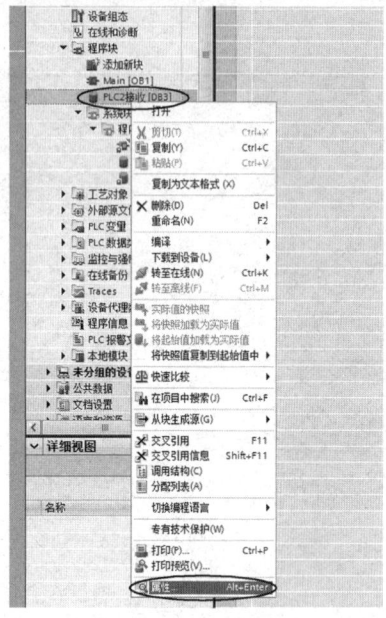

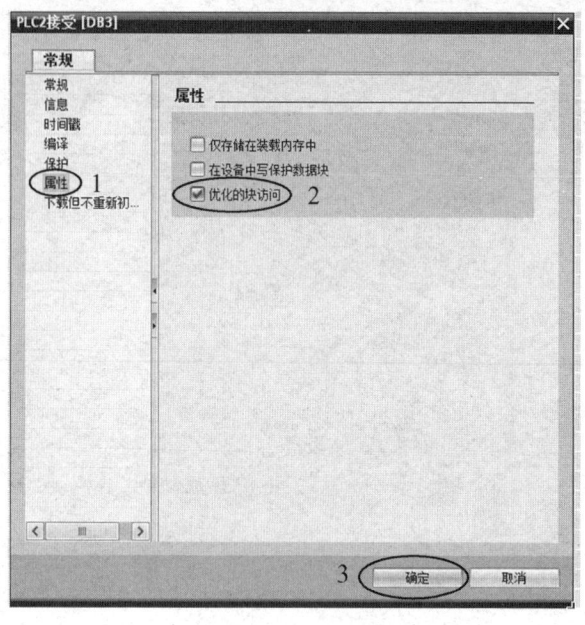

图 5-36 属性界面

(4) 弹出图 5-37 所示提示框，单击"确定"按钮后返回图 5-36 所示界面，单击"确定"按钮。

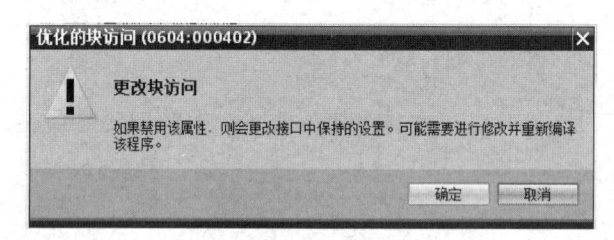

图 5-37 更改优化的块访问

(5) 在新建的数据块中，新建如图 5-38 所示变量。

图 5-38 变量列表

3) 建立 PLC1200_2 发送数据块（建立过程同上）
(1) 添加新块。添加新块界面如图 5-39 所示。
(2) 在数据块内新建变量如图 5-40 所示。

扫一扫看 PLC2 发送端组态编程微视频

图 5-39 添加新块

图 5-40 新建变量

## 6. 组态 PLC1200_2 发送数据、PLC 1200_1 接收数据

1) 组态 PLC1200_2 发送数据给 PLC1200_1

过程与前述类似,相关步骤如下。

(1) 用鼠标拖拽右侧的发送数据功能块 TSEND_C 到 PLC1200_2 的主程序中。TSEND_C 界面如图 5-41 所示。

(2) 组态 PLC1200_2 发送功能块。选中功能块,如图 5-42 所示,单击"属性"选项卡。

(3) 在属性窗口中选择通信伙伴为 PLC1200_1,连接参数设置界面如图 5-43 所示。

(4) PLC1200_2 的"连接数据"项选择"新建",新建连接数据界面如图 5-44 所示。

(5) PLC1200_1 的"连接数据"项也选择"新建",新建连接数据界面如图 5-45 所示。

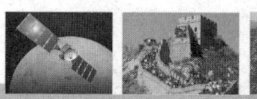

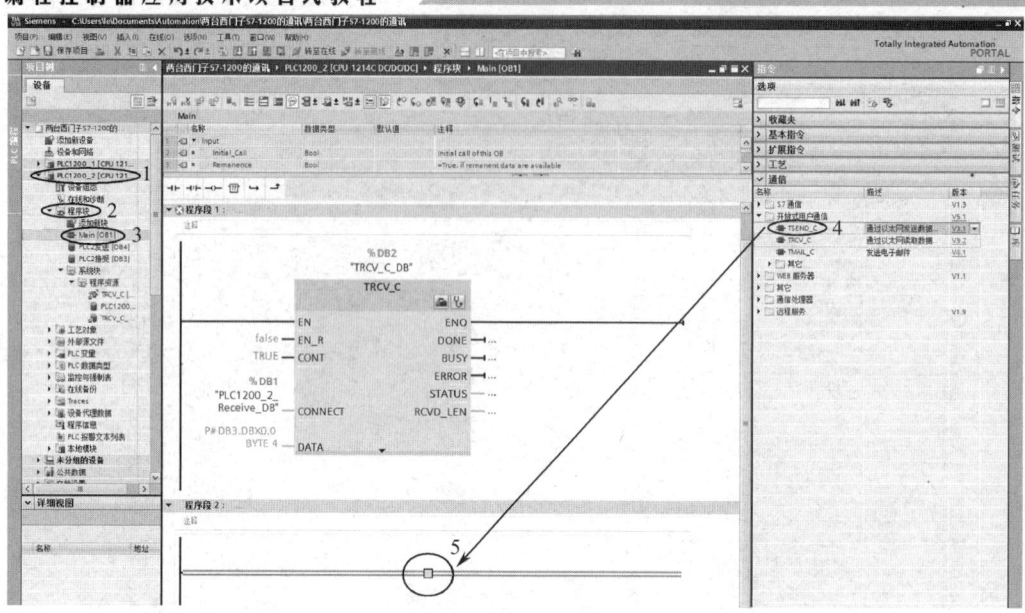

图 5-41　TSEND_C 界面

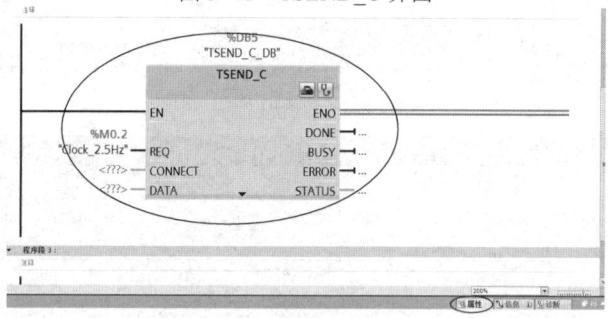

图 5-42　选择发送功能块

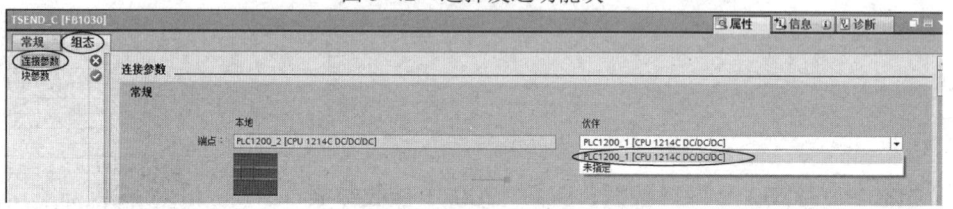

图 5-43　连接参数设置界面

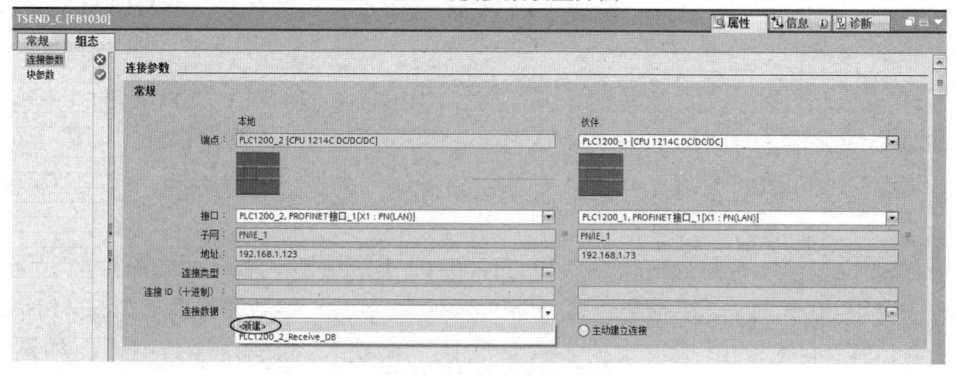

图 5-44　新建连接数据界面

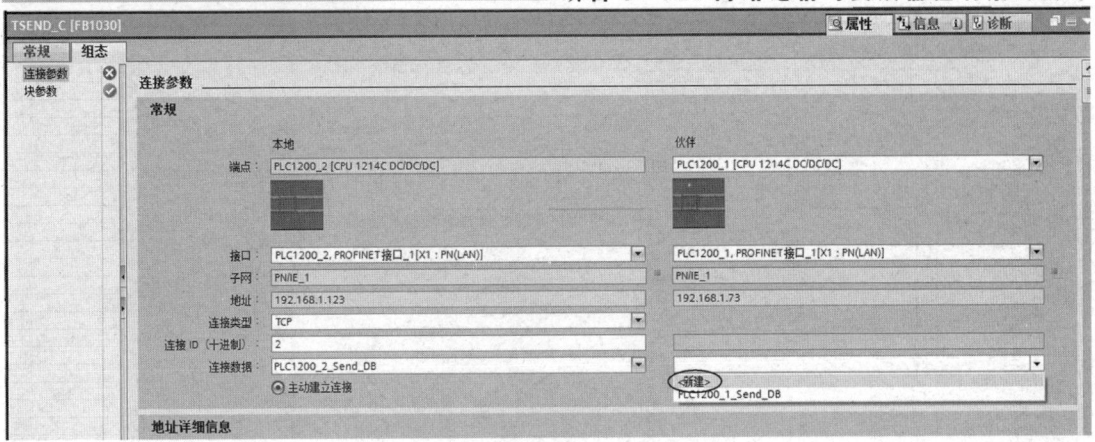

图 5-45　新建连接数据界面

（6）组态完毕的设备界面如图 5-46 所示。

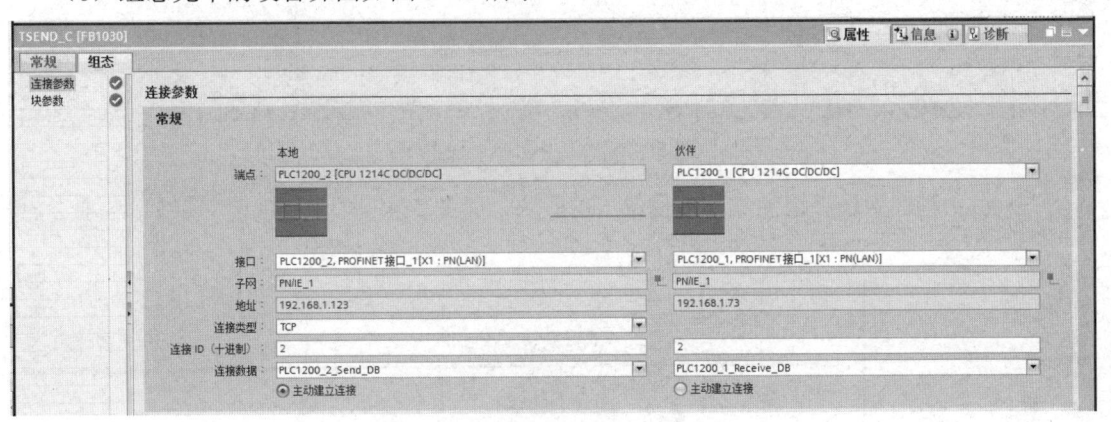

图 5-46　组态完毕的设备界面

（7）返回到 PLC1200_2 的主程序，发送数据功能块引脚填写如图 5-47 所示。

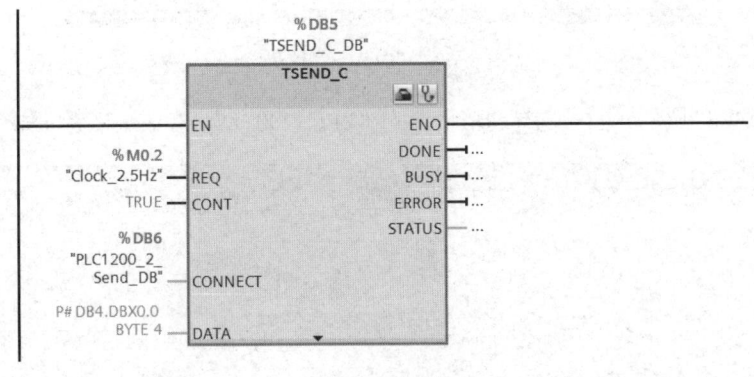

图 5-47　引脚

2）组态 PLC1200_1 从 PLC1200_2 接收数据

如图 5-48 所示，将右侧的接收数据功能块 TRCV_C 拖放到 PLC1200_1 的主程序中，在弹出的"调用选项"对话框中单击"确定"按钮。

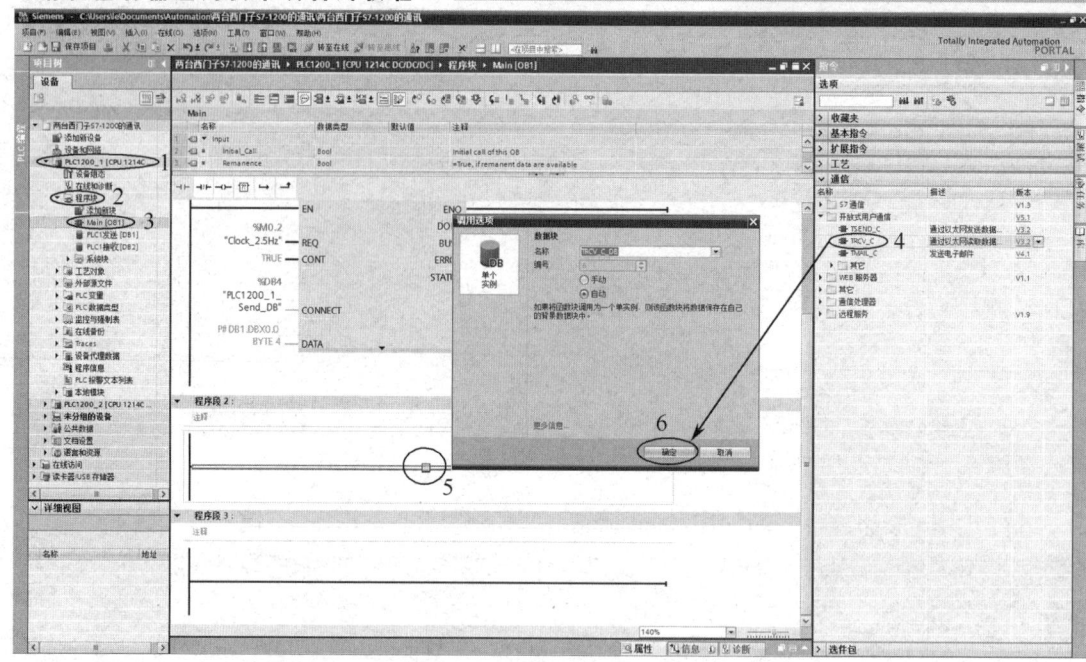

图 5-48 "调用选项"设置

（2）在主程序中选择已生成的接收数据功能块，如图 5-49 所示，单击"属性"选项卡。

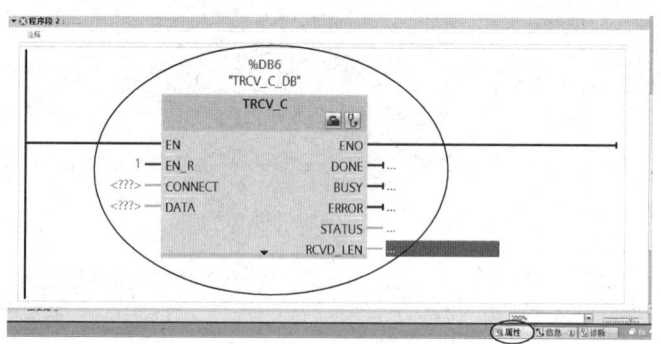

图 5-49 TRCV_C 属性

（3）在 TRCV_C 属性界面中选择通信伙伴为"PLC1200_2"，参数连接界面如图 5-50 所示。

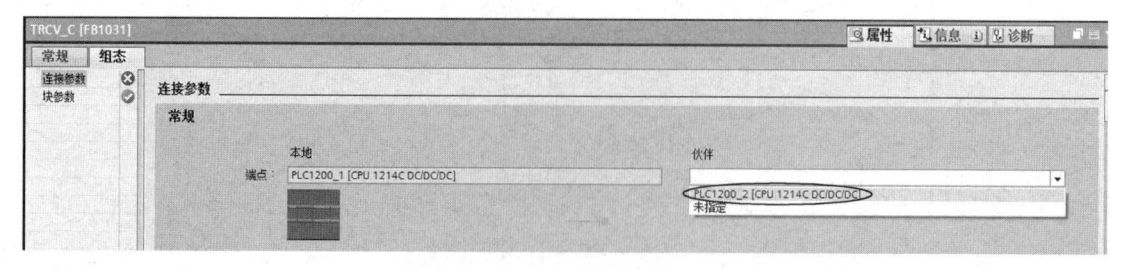

图 5-50 参数连接界面

（4）将 PLC1200_1 的"连接数据"项选择为"PLC1200_1_Receive_DB"。连接数据界面如图 5-51 所示。

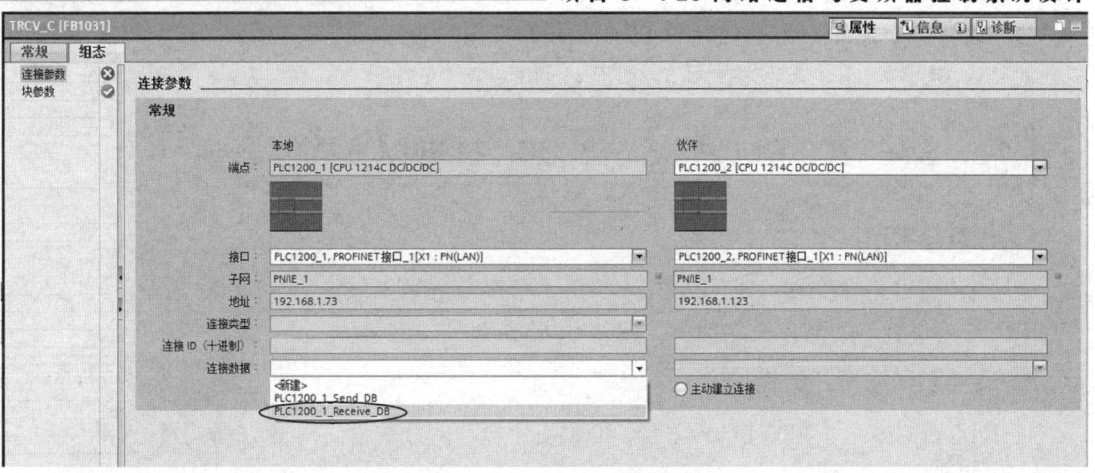

## 项目5 PLC网络通信与变频器控制系统设计

图 5-51 连接数据界面

（5）PLC1200_1 接收功能块组态完毕后的设备界面如图 5-52 所示。

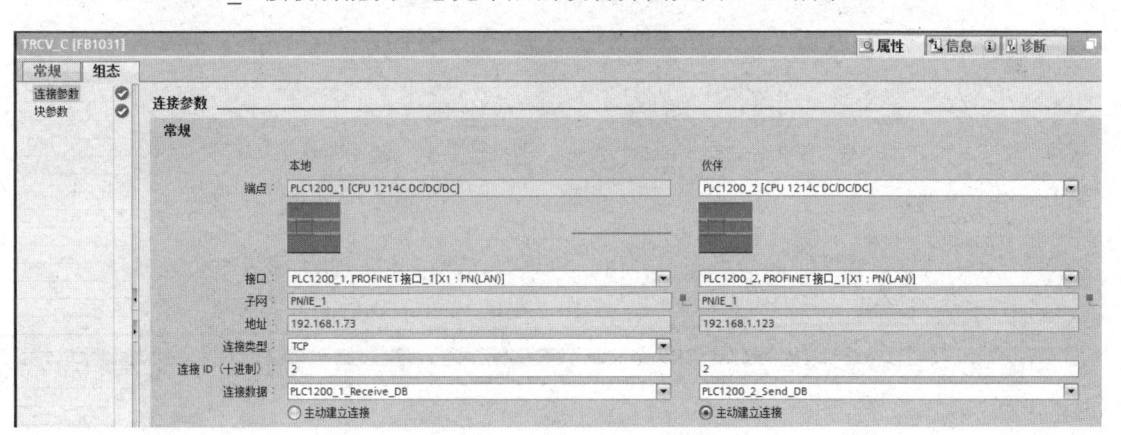

图 5-52 组态完毕的设备界面

（6）回到主程序中，填写 PLC1200_1 接收数据功能块的引脚，如图 5-53 所示。

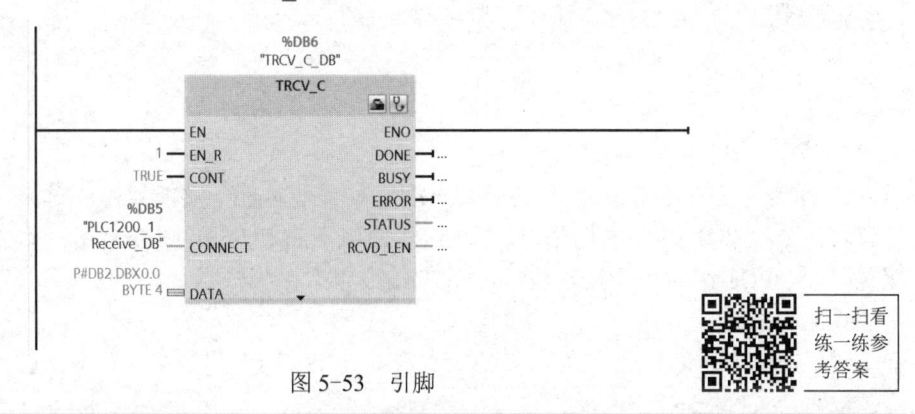

图 5-53 引脚

扫一扫看
练一练参
考答案

**练一练** （1）请按任务 10 的功能要求，参考上述步骤完成连线与组态编程，并进行调试。

（2）设计一个网络通信系统采用 PROFINET 实现两台 S7-1200 PLC 之间的 TCP 通信，要求第一台 PLC 的 I0.0 点动控制第二台 PLC 的 Q0.2 输出。

## 任务 11　S7-1200 PLC 与 S7-300 PLC 的以太网通信

### 1. 任务要求

采用 S7 通信指令实现，S7-1200 PLC 将 4 个字节的数据发送给 S7-300 PLC，同时 S7-300 PLC 将 4 个字节的数据发送给 S7-1200 PLC。

### 2. 硬件及网络拓扑结构

S7-1200 PLC 和 S7-300 PLC 各 1 台，交换机 1 台，网线 3 根。网络拓扑结构如图 5-54 所示。

扫一扫看 PLC 间硬件组态微视频

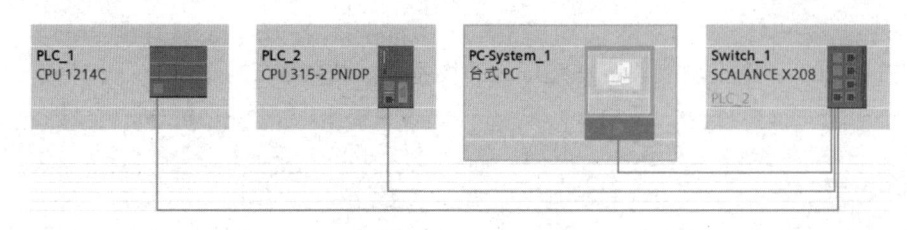

图 5-54　网络拓扑结构

### 3. 连接组态

S7-1200 与 S7-300 的连接组态包含：新建项目，组态 S7-1200 和 S7-300，修改 IP 地址，启用系统存储器，详细步骤可参考任务 10，组态设置完成后的界面如图 5-55 所示。

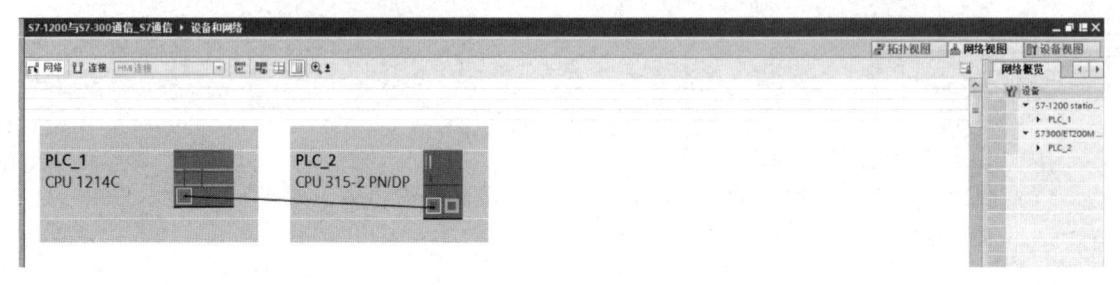

图 5-55　组态设置完成后的界面

### 4. 编写程序

S7 通信中 S7-1200 PLC 只能做客户端，要实现本任务功能就需要对 S7-1200 进行编程设置。在 S7-1200 PLC 主程序中，使用 S7 通信下的 PUT 和 GET 函数，在本任务中做相应配置即可。PUT 函数用于发送数据，GET 函数用于接收数据。

具体步骤如下：

（1）在 S7 通信目录下拖动 GET 到 PLC_1200 的主程序中，在弹出的窗口中单击"确定"按钮。

（2）同样，拖动 PUT 到另外一个程序段，在弹出的窗口中单击"确定"按钮，完成后的程序段如图 5-56 所示。

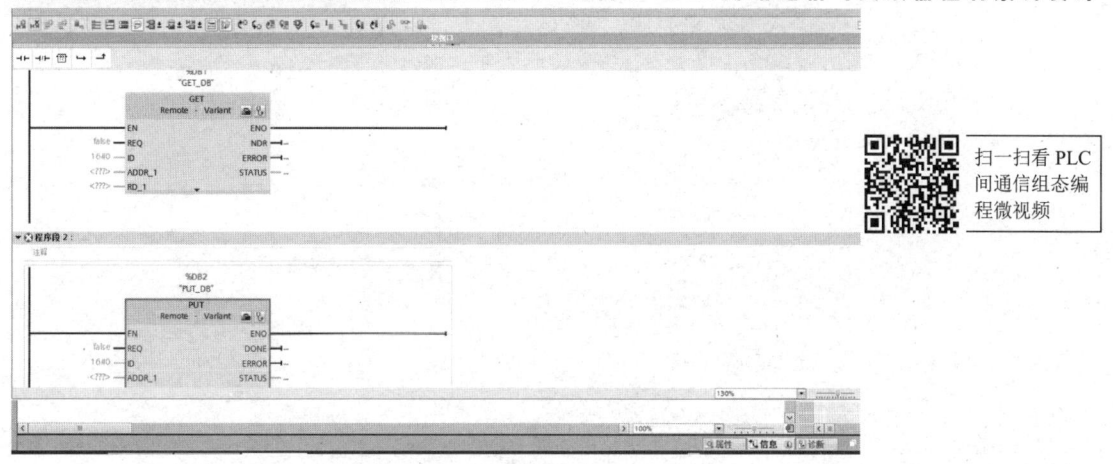

项目5 PLC网络通信与变频器控制系统设计

图 5-56 程序段

只需正确配置这两个功能块引脚的参数，就可以实现通信。在配置这两个功能块的参数前，还需要建立 PLC_1200 的发送数据块和接收数据块，以及 PLC_315 的发送数据块和接收数据块，过程如下。

（3）新建 PLC_1200 用于发送的数据块，名为"PLC1200 发送数据"，如图 5-57 所示。

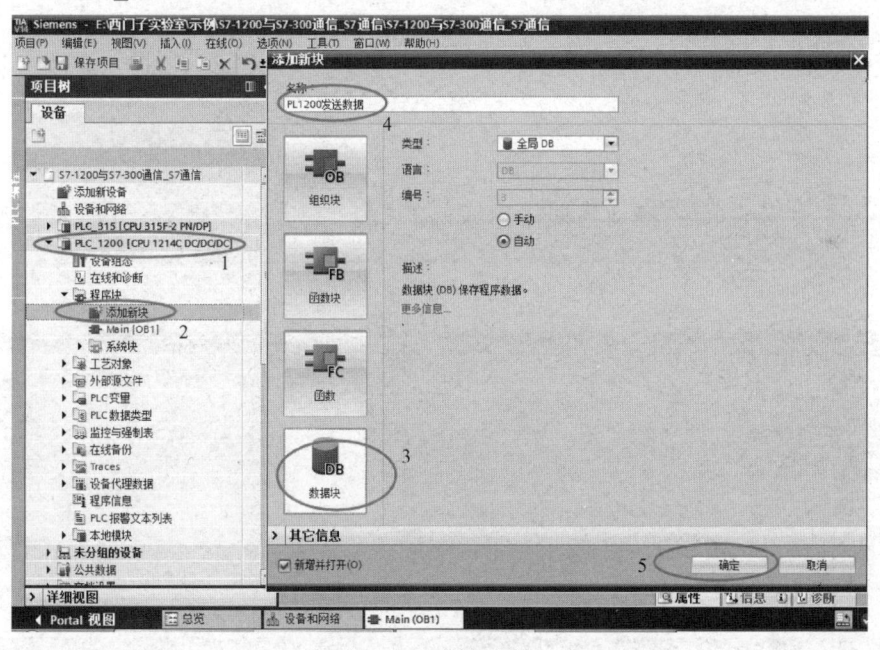

图 5-57 添加新块

（4）在新建的数据块上用鼠标右键单击，在快捷菜单中选择"属性"命令，界面如图 5-58 所示。

（5）在弹出的对话框中，取消对"优化的块访问"复选项的选择，界面如图 5-59 所示。

（6）在数据块"PLC1200 发送数据"中新建 4 个字节型变量，界面如图 5-60 所示。

（7）按同样的步骤，再新建一个数据块"PLC1200 接收数据"，并在其中新建 4 个字节型变量，界面如图 5-61 所示。

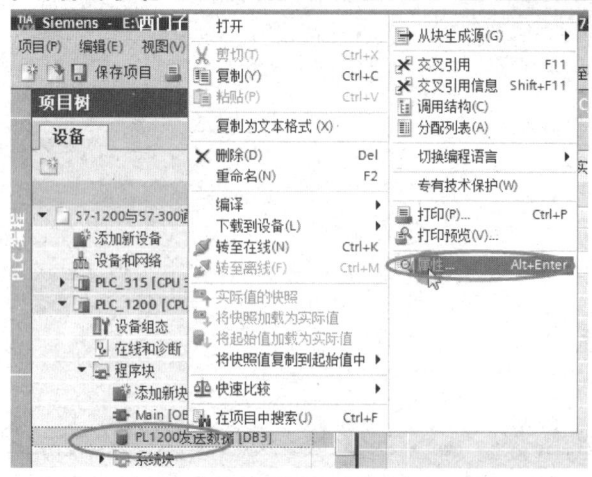

图 5-58 单击"属性"命令

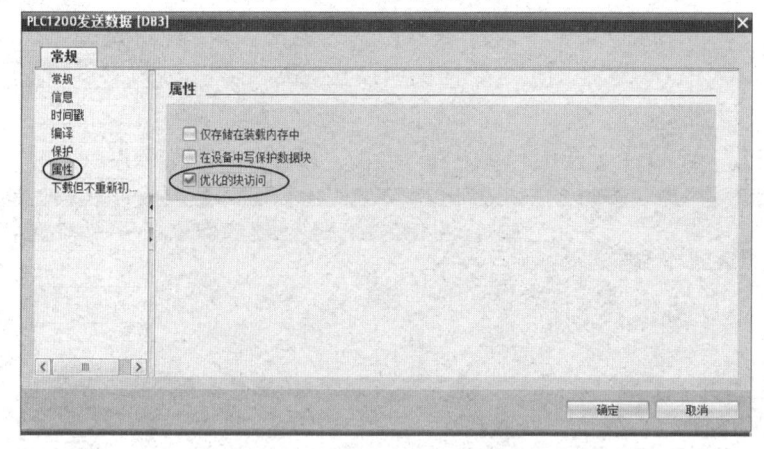

图 5-59 取消"优化的块访问"

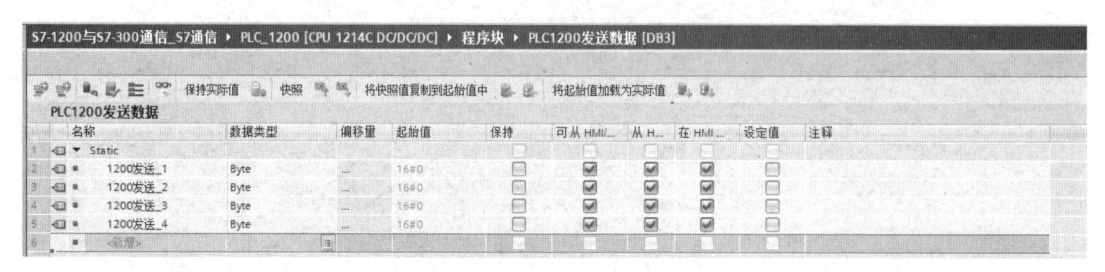

图 5-60 新建发送数据变量

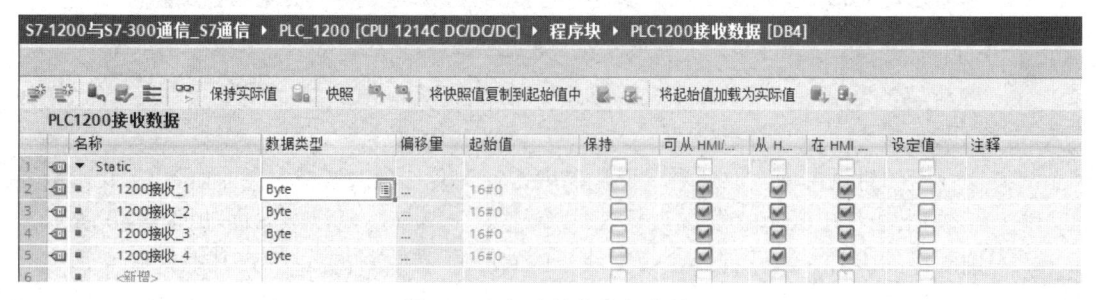

图 5-61 新建接收数据变量

项目 5  PLC 网络通信与变频器控制系统设计

类似的，在 PLC-315 中也建立两个数据块，一个用于发送，一个用于接收。

（8）建立发送数据块"PLC315 发送数据"。添加新数据块界面如图 5-62 所示。

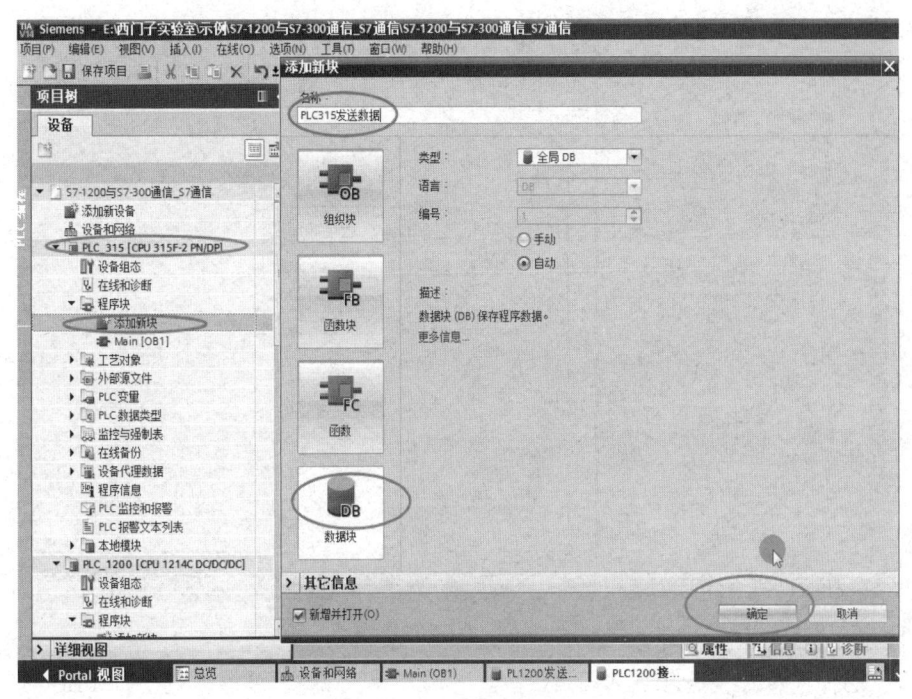

图 5-62  添加新数据块

（9）在数据块"PLC315 发送数据"中新建发送数据变量，界面如图 5-63 所示。

图 5-63  新建发送数据变量

（10）按同样的步骤，新建用于接收的数据块"PLC315 接收数据"，并在其中新建接收数据变量，界面如图 5-64 所示。

图 5-64  新建接收数据变量

（11）返回到 PLC_1200 的主程序，对 GET 功能块进行配置。用鼠标右键单击 GET 功能块，在快捷菜单中选择"属性"命令。GET 功能块如图 5-65 所示。

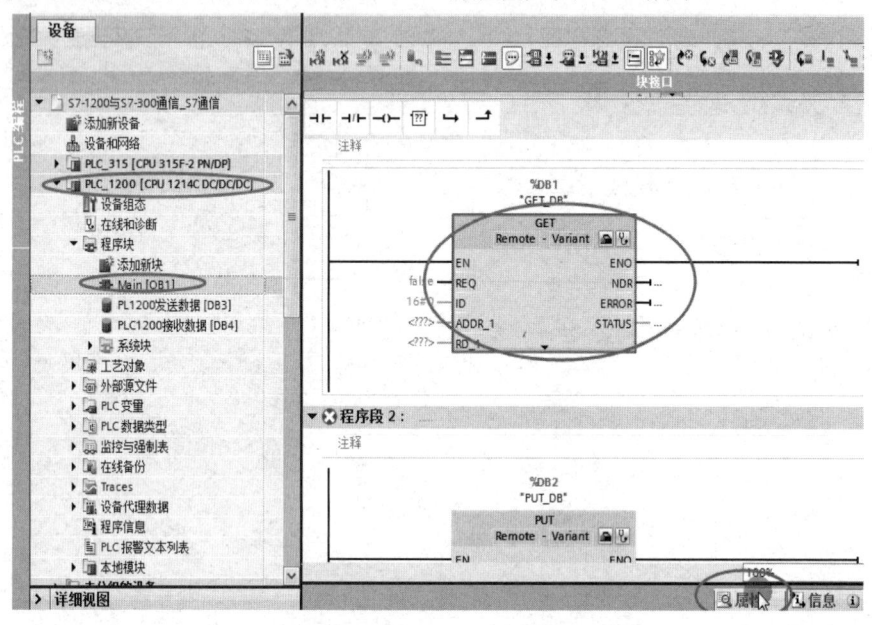

图 5-65　GET 功能块

（12）选择"属性"选项卡中的"组态"选项卡，选择通信伙伴为"PLC_315"，如图 5-66 所示。

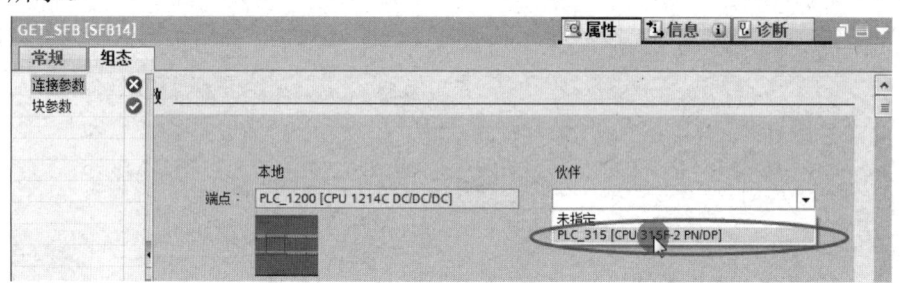

图 5-66　选择通信伙伴

（13）自动生成的连接参数，界面如图 5-67 所示。

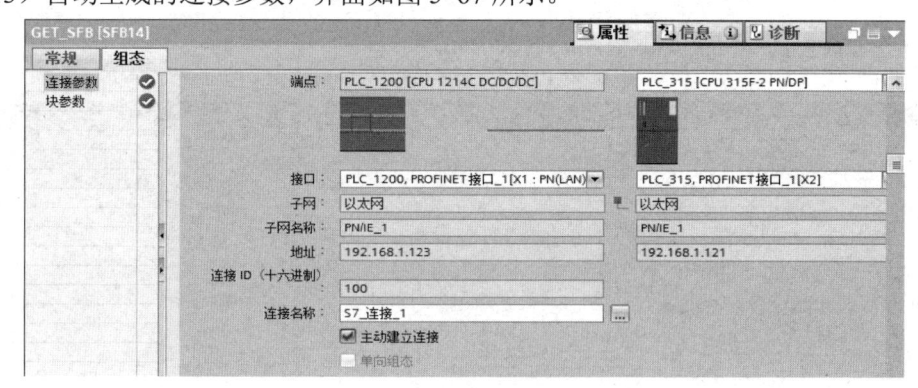

图 5-67　连接参数设置

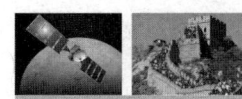

项目 5　PLC 网络通信与变频器控制系统设计

（14）主程序的功能块"GET_DB"的"ID"引脚自动填入参数，如图 5-68 所示。

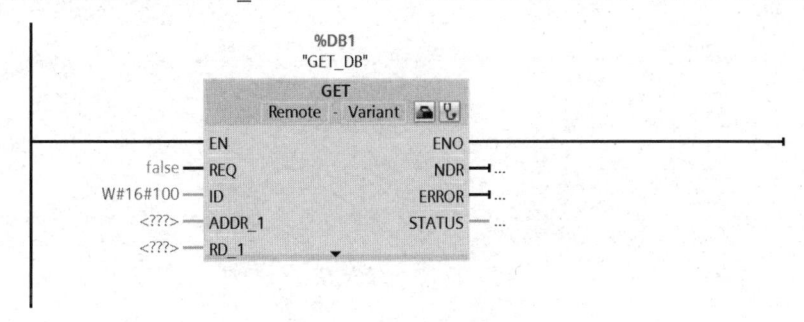

图 5-68　引脚参数

（15）配置功能块"GET_D8"其他引脚的参数，如图 5-69 所示。

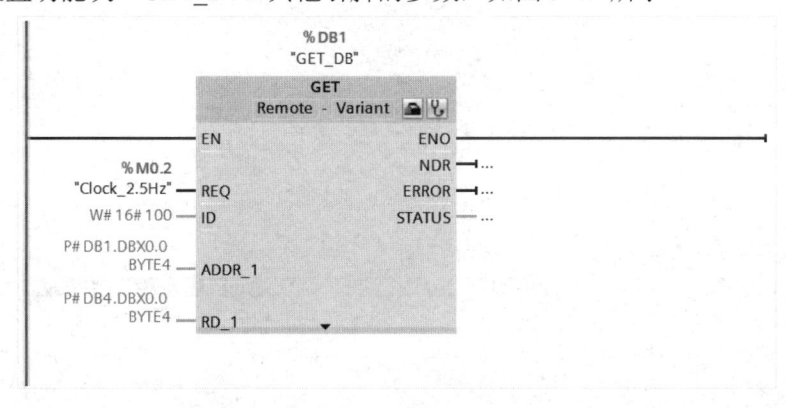

图 5-69　其他引脚参数

（16）按照上述的类似步骤对 PUT 功能块进行配置。右击 PUT 功能块，在快捷菜单中选择"属性"命令，PUT 功能块如图 5-70 所示。

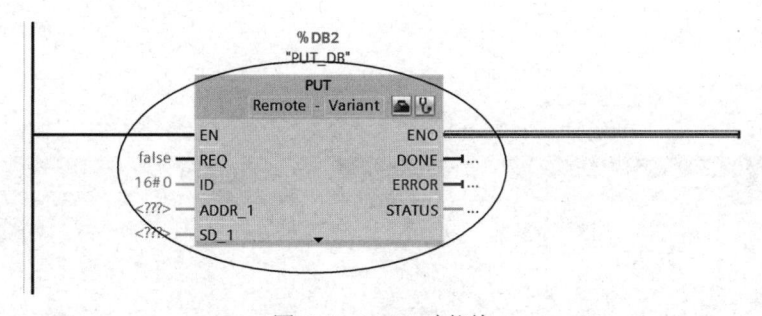

图 5-70　PUT 功能块

（17）选择"属性"选项卡中的"组态"选项卡，选择通信伙伴为"PLC_315"，自动生成一系列参数。选择通信伙伴界面如图 5-71 所示。

（18）配置 PUT 功能块的引脚参数，如图 5-72 所示。
已将本任务的程序编写完毕。将硬件和软件组态分别下载到 PLC 中。

扫一扫看 PLC 间数据传送监控微视频

### 5. 调试

（1）在 PLC_1200 的设备项目树中双击"添加新监控表"，新建监控表"监控表_1"。在

173

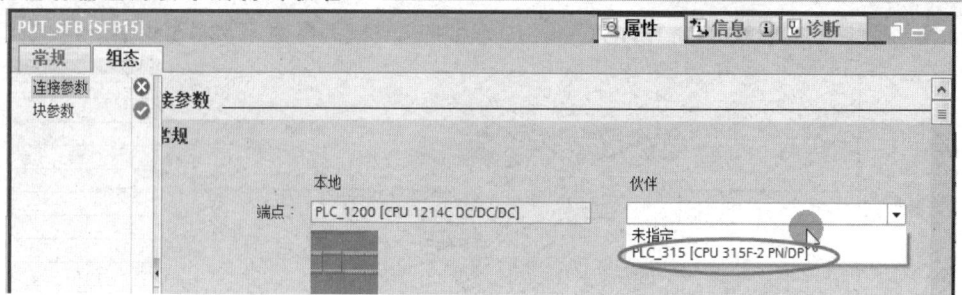

图 5-71 选择通信伙伴

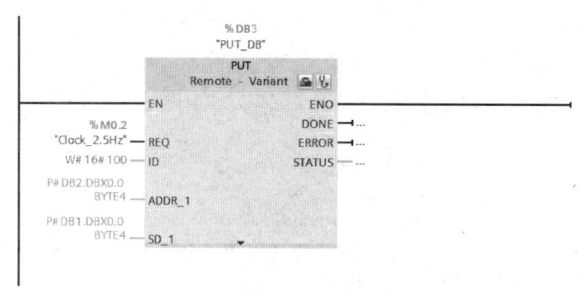

图 5-72 引脚参数

监控表_1 中添加监控变量。监控变量列表如图 5-73 所示。

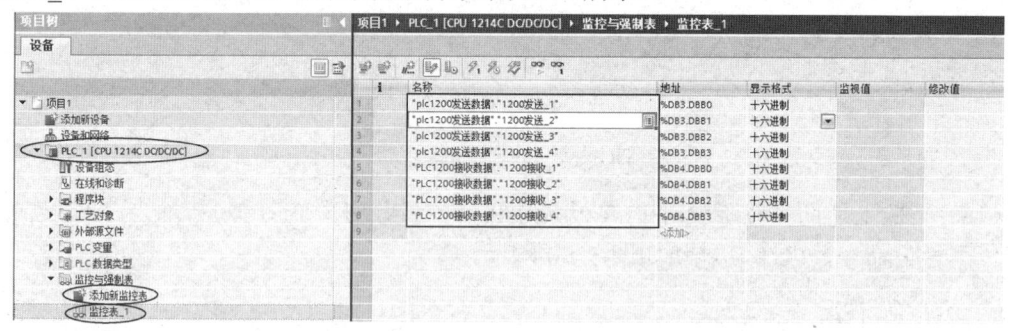

图 5-73 监控变量列表

（2）按同样的步骤，建立 PLC_315 的监控表并添加变量。监控变量列表如图 5-74 所示。

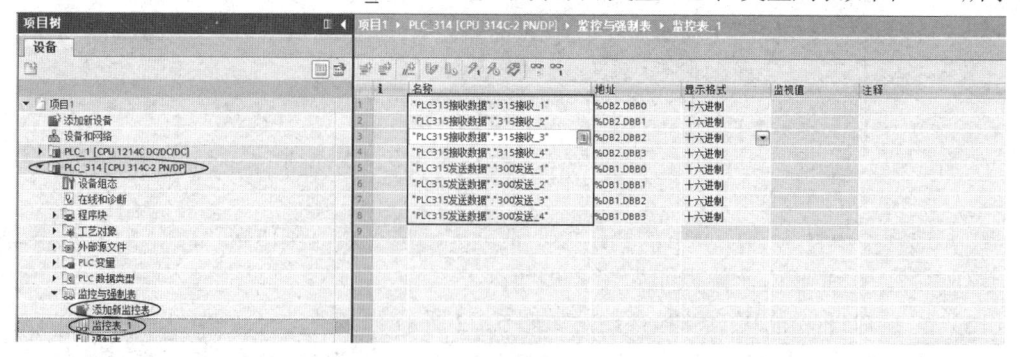

图 5-74 监控变量列表

（3）在"修改值"列输入数据，然后单击工具栏的"修改"和"监视"按钮，界面如图 5-75 所示。

项目5 PLC网络通信与变频器控制系统设计

图 5-75 修改数值

（4）产生通信结果如图 5-76 所示。

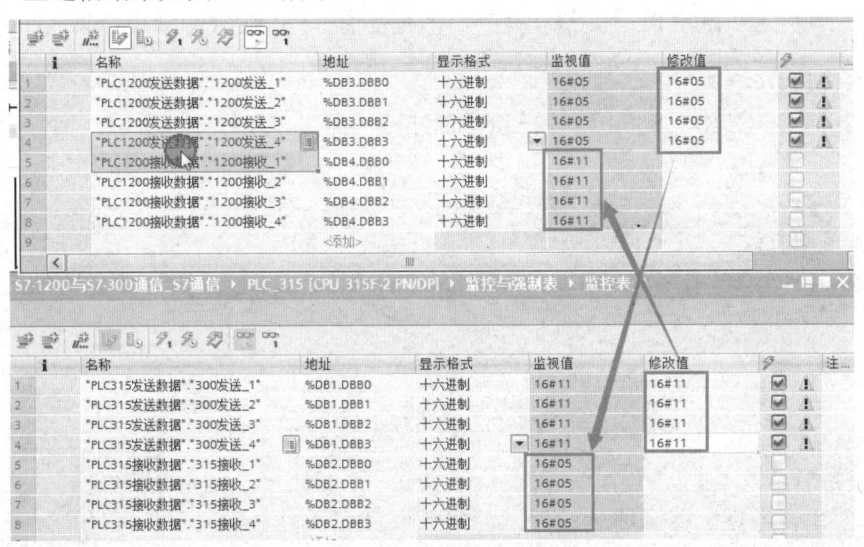

图 5-76 通信结果

**练一练** 任务 11 采用 CPU315 型的 PLC，请将 CPU315 换成 CPU314，或其他的 S7-300 系列 PLC，分别由 PLC1200 和 PLC314 各发送 6 个字节的数，然后记录 PLC314 和 PLC1200 各自接收的数据值。

**练一练** 实现一台电动机的通信网络控制。有一台电动机驱动一台小车运行。电动机的驱动器连接在 S7-1200 PLC 的输出端口上。Q0.0 输出时，小车左行；Q0.1 输出时，小车右行。另有一台 S7-300 PLC 通过 PROFINET 接口和 S7-1200 PLC 连接。分别有正转启动、反转启动和停止按钮连接在 S7-1200 和 S7-300 PLC 上。请设计一个控制系统，使得无论按哪个按钮都可以实现对电动机相应的控制功能。注意：按钮之间和输出之间的互锁关系。

扫一扫看练一练参考答案

## 实训 12　S7-1200 PLC 与 S7-1500 PLC 的以太网通信

### 1. 实训目的

（1）掌握 S7-1200 PLC 与 S7-1500 PLC 的以太网物理连接方法，能够根据网络拓扑结构接线；

（2）掌握博途软件的使用方法，熟练运用软件进行 S7 系列 PLC 通信程序的编写和调试。

### 2. 实训器材

（1）S7-1200 PLC 1 台，S7-1500 PLC 1 台，交换机 1 台；

（2）装有博途软件的电脑 1 台，网线 3 根。

### 3. 实训步骤

1）任务要求

S7-1200 PLC 与 S7-1500 PLC 进行 S7 通信，S7-1200 PLC 发送 4 个字节数据给 S7-1500 PLC，同时 S7-1500 PLC 发送 4 个字节数据给 S7-1200 PLC。

2）网络拓扑结构

S7-1200 PLC 与 S7-1500 PLC 通信的网络拓扑结构，如图 5-77 所示。

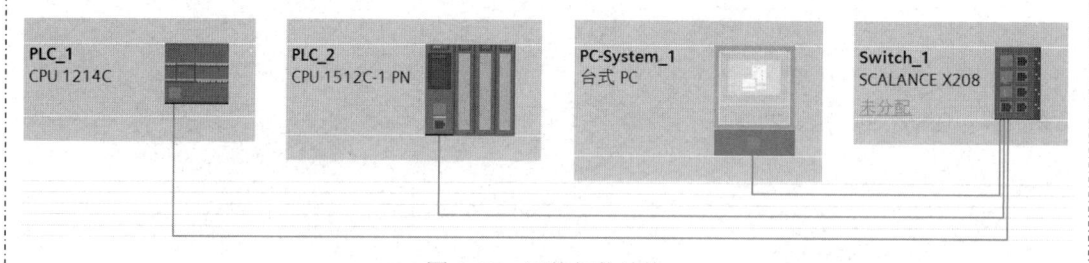

图 5-77　网络拓扑结构

3）连接组态

（1）创建新项目。打开博途软件，创建新项目，项目名称为"S1200_S1500 的 S7 通信"。

（2）进入项目视图。在"网络视图"选项卡中添加新设备。添加 S7-1200 PLC，订货号为"6ES7 214-1AG40-0XB0"。

（3）再添加 S7-1500 PLC，CPU 模块的订货号为"6ES7 512-1CK00-0AB0"，并将版本改为 V2.0。

（4）选择已添加的 PLC_1，再选择"设备视图"选项卡，如图 5-78 所示。

（5）在"设备视图"选项卡选中 PLC，选择下部的"属性"选项卡，在"常规"栏将名称改为"PLC_1200"，如图 5-79 所示。

（6）根据需要在"以太网地址"栏修改 IP 地址。以太网地址如图 5-80 所示。

（7）选用"系统存储器字节"和"时钟存储器字节"复选项，如图 5-81 所示。

（8）选择"防护与安全"项下的"连接机制"项，在右侧的"连接机制"栏选择

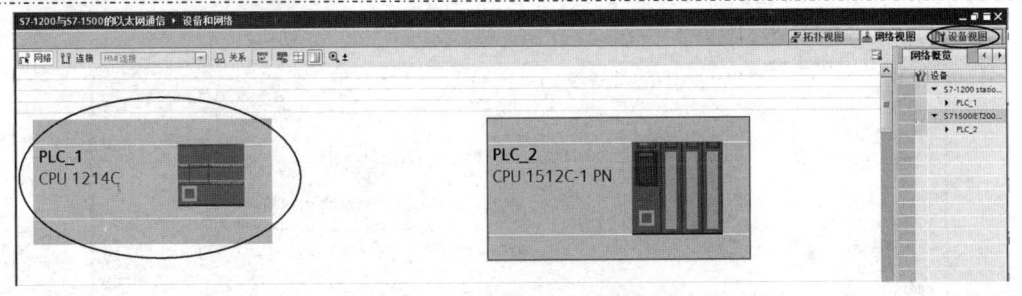

项目 5　PLC 网络通信与变频器控制系统设计

图 5-78　"设备视图"选项卡

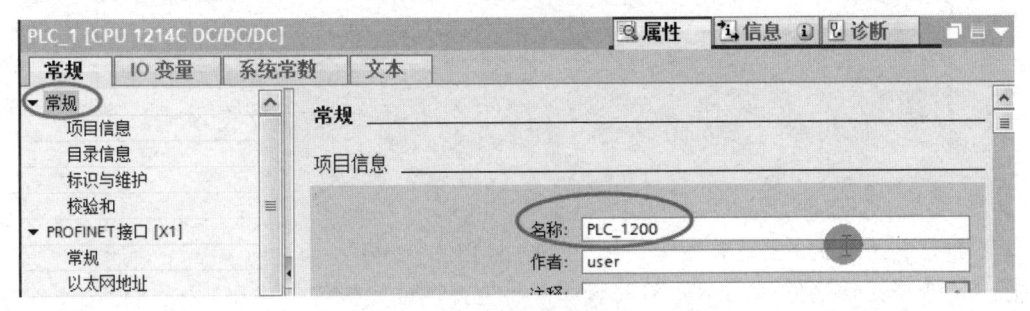

图 5-79　设置常规属性

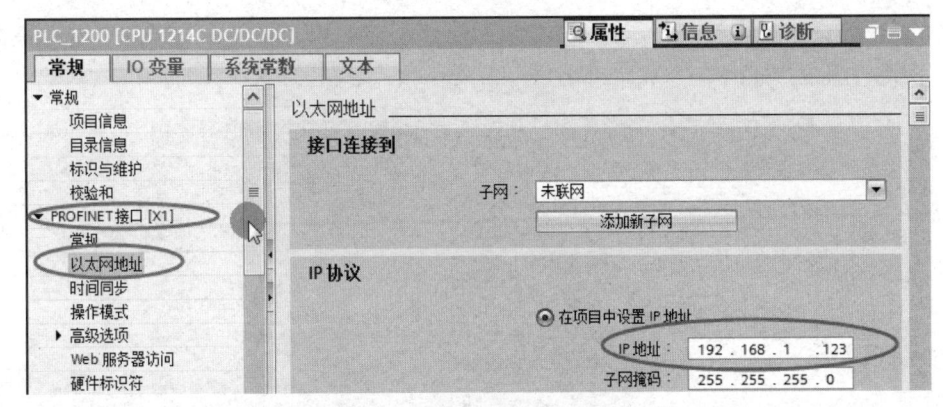

图 5-80　修改以太网地址

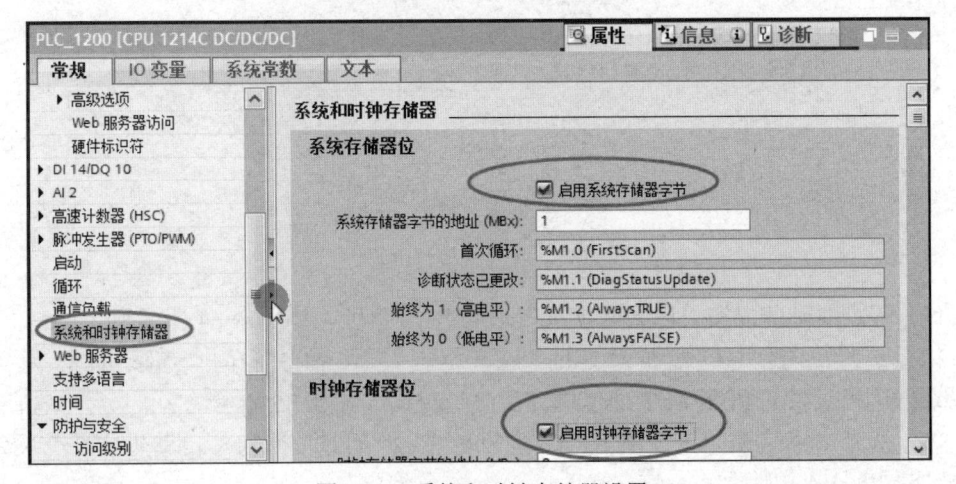

图 5-81　系统和时钟存储器设置

"允许来自远程对象的 PUT/GET 通信访问"复选项,如图 5-82 所示。

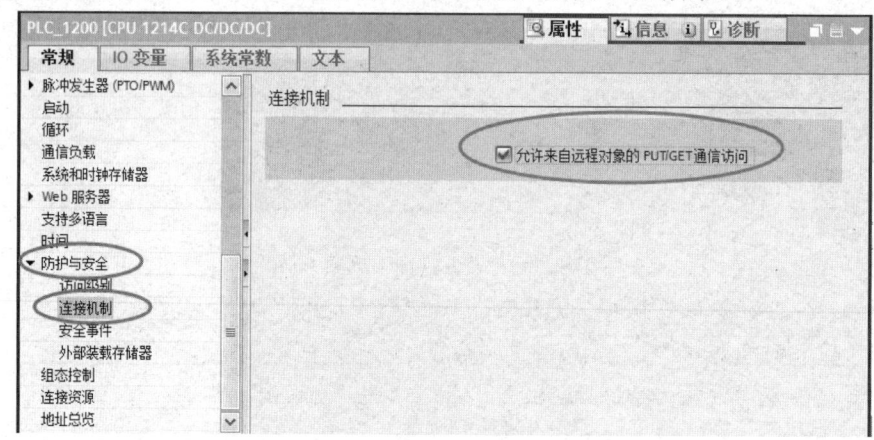

图 5-82 连接机制设置

以上对 PLC_1200 已组态完毕,接下来组态 PLC_1500。

(9)选择工作区的"网络视图"选项卡,选择前面已添加的 PLC_2,再选择"设备视图"选项卡。

(10)在"设备视图"选项卡中选中 PLC,单击下部的"属性"选项卡,在"常规"栏更改 PLC 名称为"PLC_1500",如图 5-83 所示。

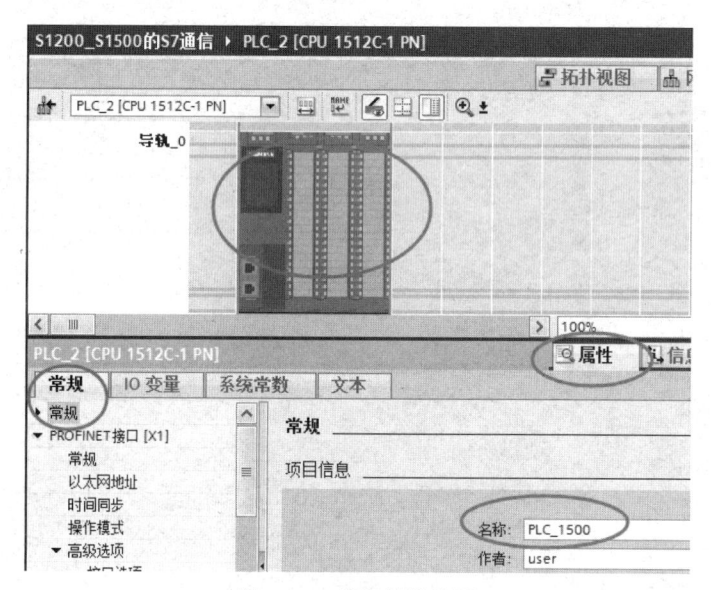

图 5-83 常规属性设置

(11)根据实际情况在"以太网地址"栏修改 IP 地址,如图 5-84 所示。

(12)选择"防护与安全"项下的"连接机制"项,在右侧的"连接机制"栏选择"允许来自远程对象的 PUT/GET 通信访问"复选项,如图 5-85 所示。

(13)选择"网络视图"选项卡,连接两台 PLC 的通信网口,自动生成通信网络。硬件组态如图 5-86 所示。

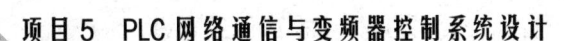

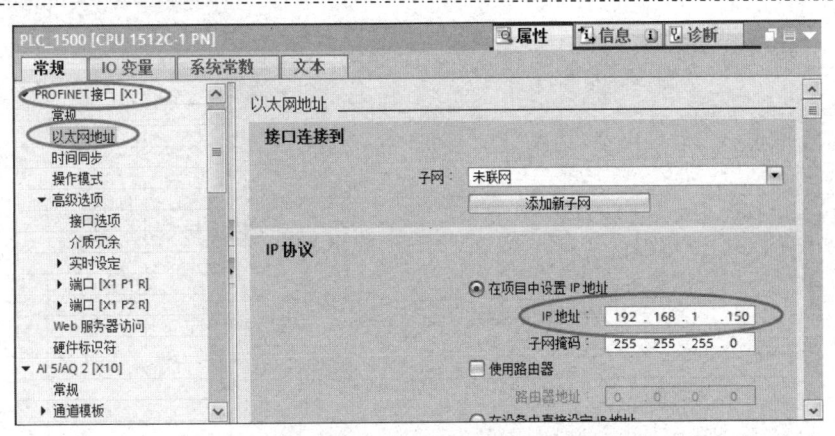

项目 5　PLC 网络通信与变频器控制系统设计

图 5-84　修改以太网地址

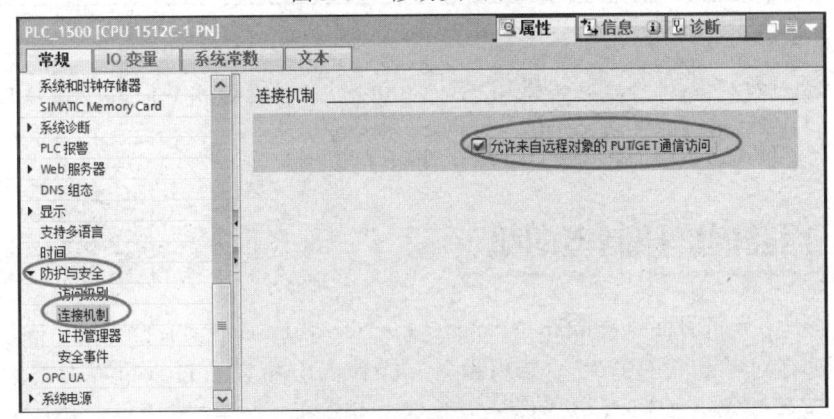

图 5-85　连接机制设置

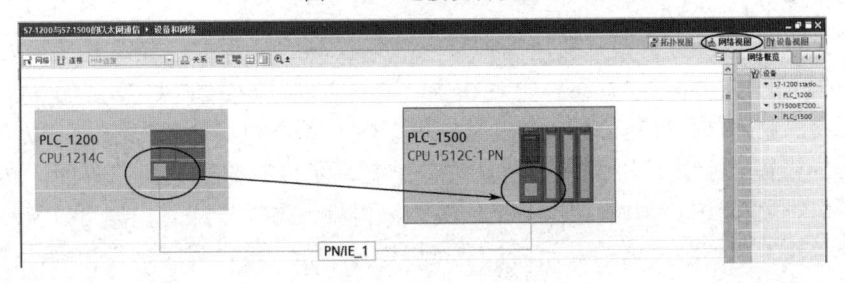

图 5-86　硬件组态

### 4. 程序编写

编写程序步骤与任务 11 中的相同，请参考任务 11 完成组态编程，此处不再赘述。

扫一扫看 PLC 间通信组态编程微视频

### 5. 调试

调试步骤与任务 11 中的相同，请参考任务 11 完成调试过程，此处不再赘述。

扫一扫看 PLC 间通信调试验证微视频

### 6. 实训结果分析及考核评价

根据学生在训练过程中的表现，给予客观评价，填写实训评价表 5-1。

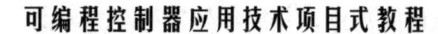

表 5-1 实训评价

| 考核内容及依据 | 考核等级（在相应括号中打√） | | | 备注 |
|---|---|---|---|---|
| 接线与工艺（接错两根线以上时不能参加考核）<br>等级考核依据：学生接线工艺和熟练程度 | 优<br>（  ） | 良<br>（  ） | 中<br>（  ） | 占总评 1/3 |
| 电路检查：检查方法、步骤、工具的使用<br>（本项内容都会应会，否则不能参加考核）<br>等级考核依据：学生熟练程度 | 优<br>（  ） | 良<br>（  ） | 中<br>（  ） | 占总评 1/3 |
| 通电调试：调试步骤（本项内容都应会，否则不能参加考核）<br>等级考核依据：学生操作过程的规范性和学习状态 | 优<br>（  ） | 良<br>（  ） | 中<br>（  ） | 占总评 1/3 |
| 总评<br>（3 项都为优时总评才能为优，以此类推评判良和中） | | | | 手写<br>签字 |

### 7. 实训反思

在现有通信程序基础上，如何采用 S7-1200 PLC 中的输入端口信号（I0.4）去控制 S7-1500 PLC 中的输出端口（Q0.5）。

## 任务 12　用触摸屏控制电动机

扫一扫看任务 12 教学课件

在控制领域，人机界面（Human Machine Interface，HMI）一般特指用于操作人员与控制系统之间进行对话和相互作用的专用设备。操作人员可以通过人机界面将信息发送给 PLC 来控制现场设备，此外人机界面还有报警、用户管理、数据记录、趋势图、配方管理、显示和打印报表、通信等功能。

触摸屏是人机界面的发展方向，用户可以在触摸屏的屏幕上生成满足自己要求的触摸式按键。画面上的按钮和指示灯可以取代相应的硬件元件，减少 PLC 需要的 I/O 点数，降低系统的成本。组态（Configuration）就是应用软件中提供的工具和方法，完成工程中某一项具体任务的过程。在计算机上使用博途软件绘制满足控制要求的用户界面，然后将用户界面中的图形对象与 PLC 中的存储器地址关联，再将组态转换成触摸屏可以执行的文件，并将可执行文件下载到触摸屏的存储器，就可以通过 PLC 用户程序进行控制，在控制系统运行时，触摸屏和 PLC 之间通过工业以太网交换信息，从而实现触摸屏的各种控制功能。

西门子 TP177 系列触摸屏显示区为 115.18 mm×86.38 mm（5.7 in），分辨率 320×240 像素，半亮度寿命典型值 50 000 h。最多配置 250 个显示画面，每个画面使用的变量最多 20 个，使用变量数目 250 个，离散量报警最多 500 个，报警变量数目 8 个，500 个文本对象。

下面以电动机为被控对象，通过触摸屏输入信号给 PLC 从而控制电动机，同时在触摸屏上通过指示灯显示电动机的运行状态。该任务采用的是 TP177B 6 in 的 PN/DP 触摸屏，其集成 RS-422/RS-485、PROFINET 接口，可实现多种网络通信，支持使用博途软件进行组态和编程。由 S7-1200 PLC 与触摸屏构成工业以太网网络，根据任务控制要求进行组态和运行。

## 项目 5　PLC 网络通信与变频器控制系统设计

### 1. 任务描述

实现触摸屏与 S7-1200 PLC 的 PROFINET 通信。在 HMI 上添加 3 个按钮和 2 个指示灯。3 个按钮的功能分别为正向启动电动机、反向启动电动机和停止电动机。两个指示灯的功能分别为当电动机正向运行时,正向运行指示灯点亮;当电动机反向运行时,反向运行指示灯点亮。

### 2. 硬件及网络拓扑结构

S7-1200 PLC 1 台,HMI 1 台,交换机 1 台,装有博途软件的电脑 1 台,网线 3 根。网络拓扑结构如图 5-87 所示。

扫一扫看触摸屏控制硬件连接微视频

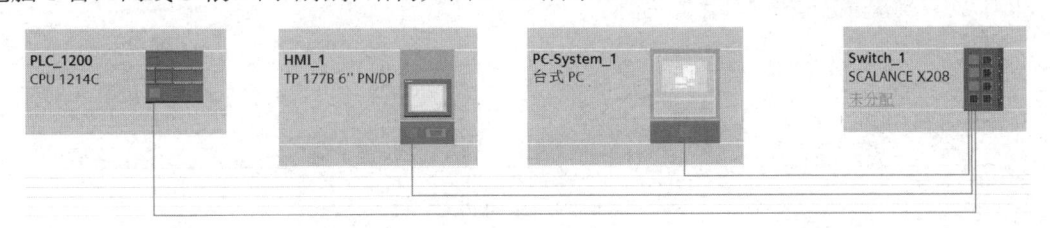

图 5-87　网络拓扑结构

**练一练**　按照图 5-87 所示网络拓扑结构进行以太网连接,并检查连接是否正确。

### 3. 硬件组态

(1) 在博途软件中创建新项目,项目名称为:HMI 连接 PLC S7-1200。创建新项目界面如图 5-88 所示。

扫一扫看触摸屏控制硬件组态微视频

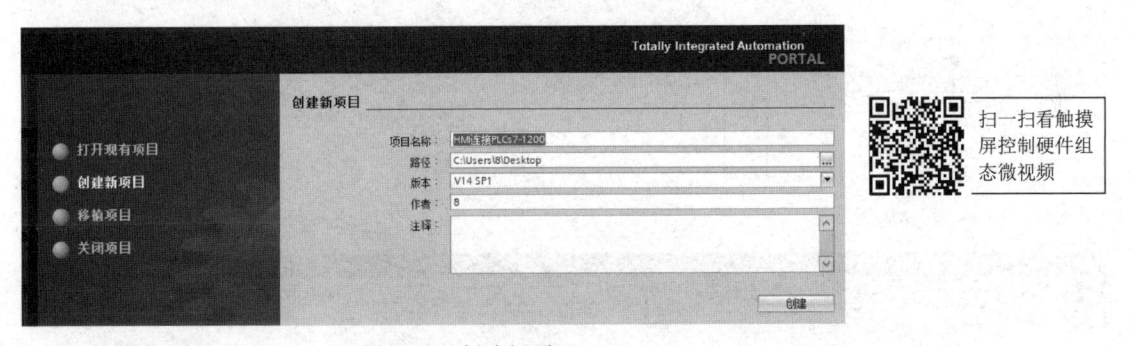

图 5-88　创建新项目

(2) 进入项目视图,双击项目树下的"设备和网络",再选择"网络视图"选项卡,在窗口右侧的硬件目录下找到订货号为"6ES7 214-1AG40-0XB0"的 CPU 模块,双击该图标,添加一台 PLC。添加设备界面如图 5-89 所示。

(3) 在右侧找到如图 5-90 所示型号的 HMI,然后双击该图标,添加控制器。

(4) 在接下来的画面中拖动 PLC 的通信网口到 HMI 的以太网口上,自动生成通信网络。生成通信网络界面如图 5-91 所示。

(5) 选择 PLC,选择"设备视图"选项卡,如图 5-92 所示。

(6) 选择 PLC,单击下部的"属性"选项卡,在"以太网地址"栏修改 PLC 名称和 IP 地址。以太网地址如图 5-93 所示。

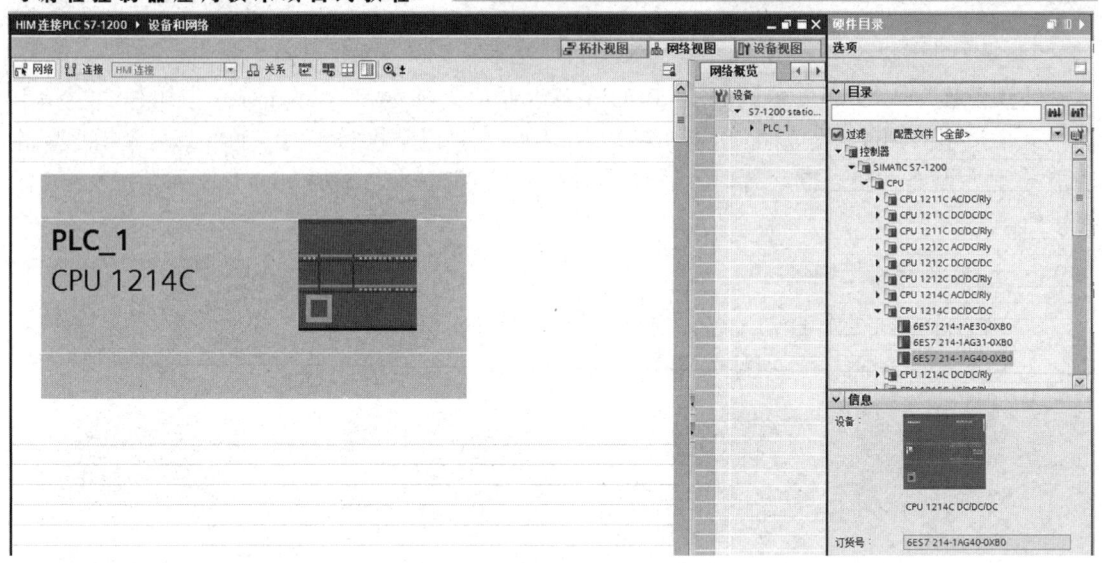

图 5-89  添加 PLC

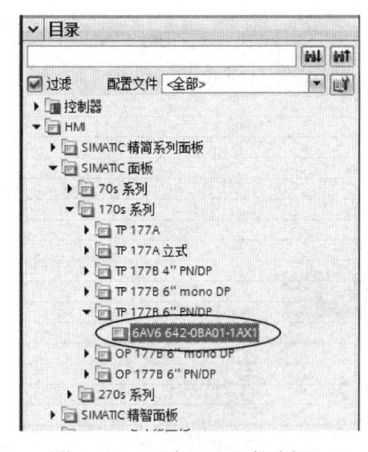

图 5-90  添加 HMI 控制器

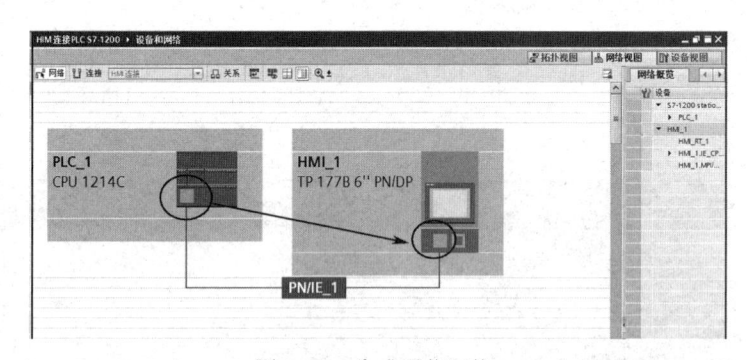

图 5-91  生成通信网络

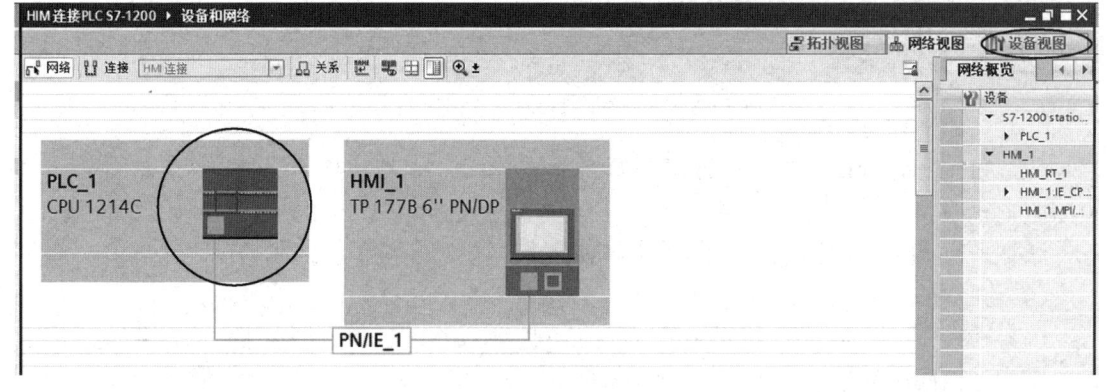

图 5-92  "设备视图"选项卡

(7) 在"连接机制"栏选择"允许来自远程对象的 PUT/GET 通信访问"复选项,如图 5-94 所示。

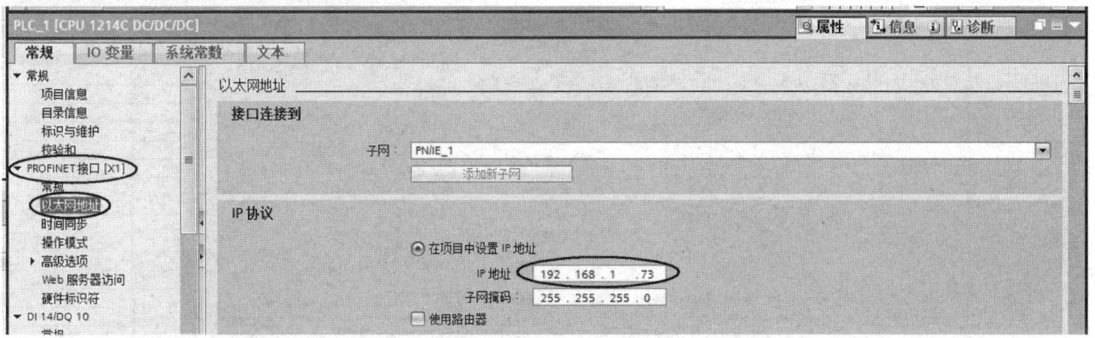

图 5-93 修改以太网地址

图 5-94 连接机制设置

(8) 选择"网络视图"选项卡,选择 HMI 设备,再进入"设备视图"选项卡,如图 5-95 所示。

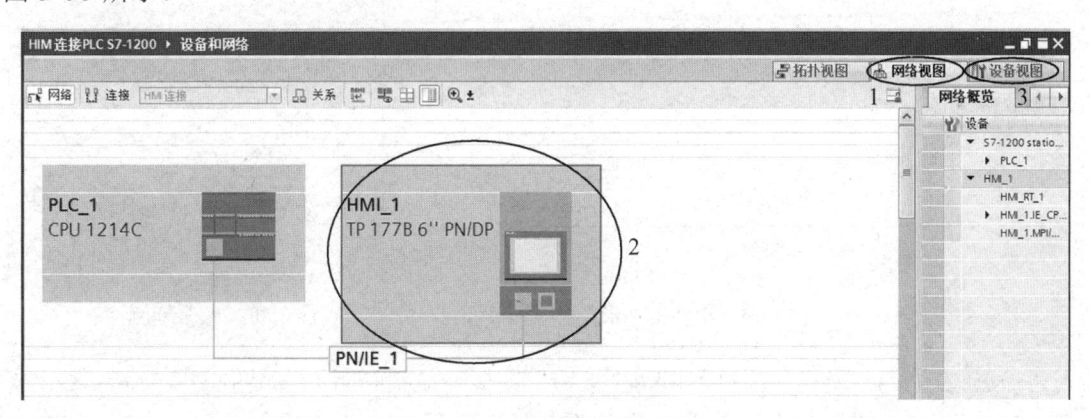

图 5-95 "网络视图"选项卡

(9) 选择 HMI,选择"属性"选项卡,在"以太网地址"栏根据实际情况修改 IP 地址,如图 5-96 所示。

至此,硬件组态完毕。

扫一扫看触摸屏控制组态编程微视频

**练一练** 按照上述任务要求在博途软件中进行硬件组态。

### 4. 编写 PLC 程序

根据控制要求,编写 PLC 控制电动机梯形图,如图 5-97 所示。

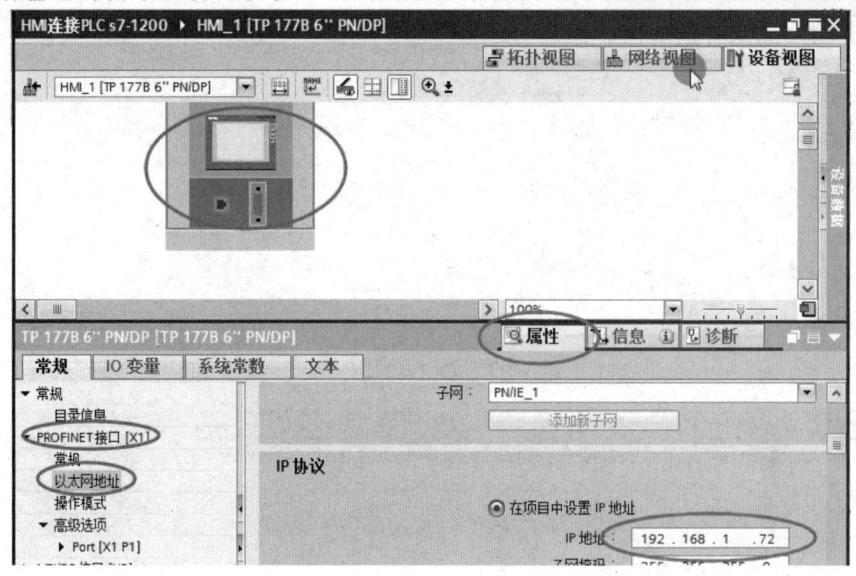

图 5-96　修改以太网地址

### 5. 组态 HMI 程序编辑

（1）在项目树图中展开 HMI_1 下的目录，双击"添加新画面"，如图 5-98 所示。

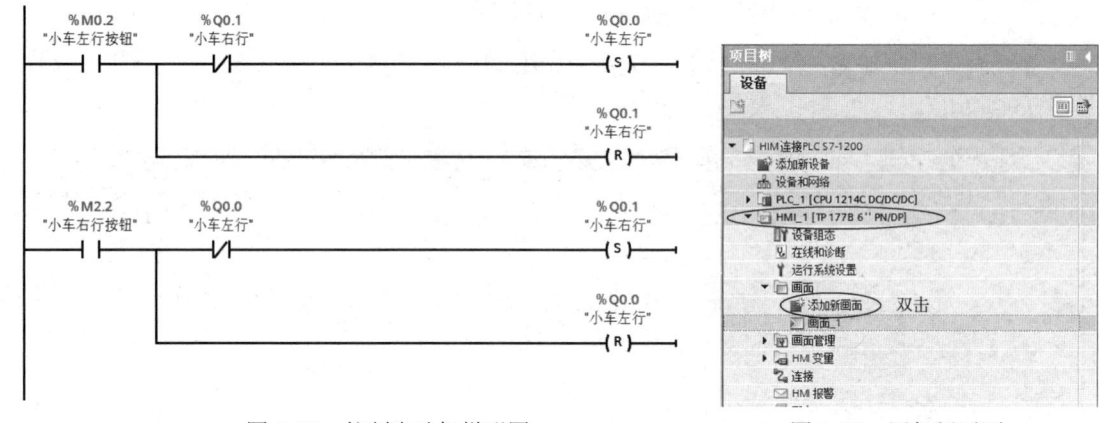

图 5-97　控制电动机梯形图　　　　　　　　图 5-98　添加新画面

（2）从右侧的"元素"项目下拖动"按钮"图标释放到画面 1，如图 5-99 所示。

（3）修改"按钮"上的文字"text"为"左行启动"，如图 5-100 所示。

（4）选择"属性"选项卡中的"事件"选项卡，单击"按下"，单击右侧三角符号添加函数功能，如图 5-101 所示。

（5）单击展开"编辑位"，如图 5-102 所示。

（6）单击"置位位"，如图 5-103 所示。

（7）单击"变量（输入/输出）"右侧的"..."图标按钮，如图 5-104 所示。

（8）单击选择 PLC"默认变量表"中的变量"小车左行按钮"，单击"确认"按钮，如图 5-105 所示。

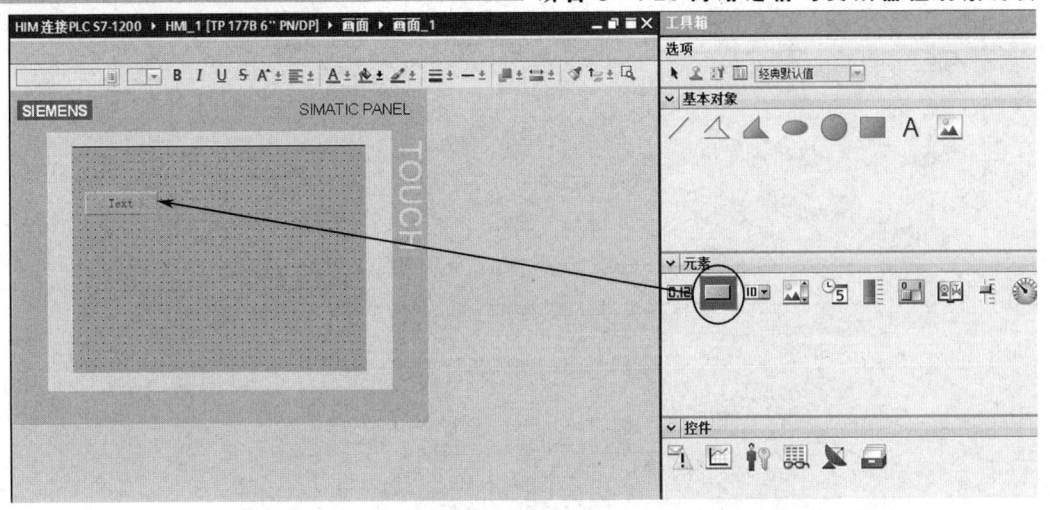

项目5　PLC网络通信与变频器控制系统设计

图 5-99　添加元素

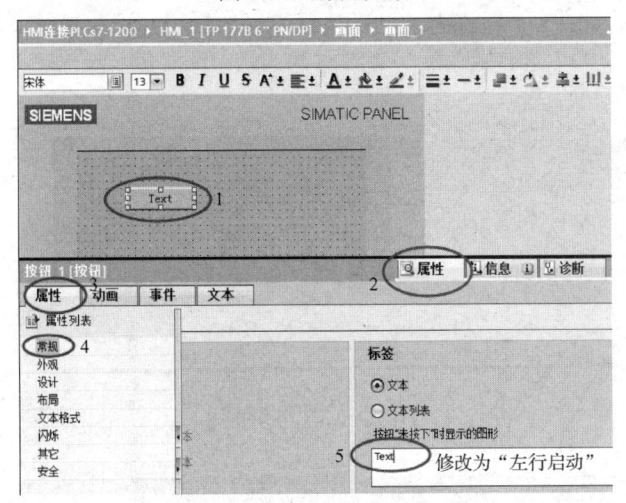

图 5-100　修改属性

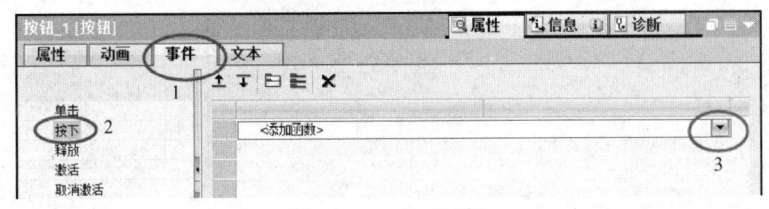

图 5-101　修改事件

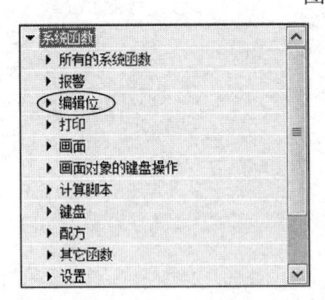

图 5-102　编辑位　　　　　　　　　图 5-103　置位位

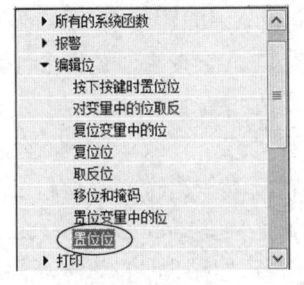

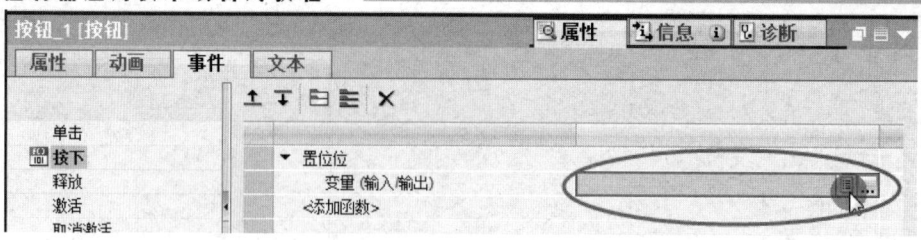

图 5-104 输入/输出变量设置

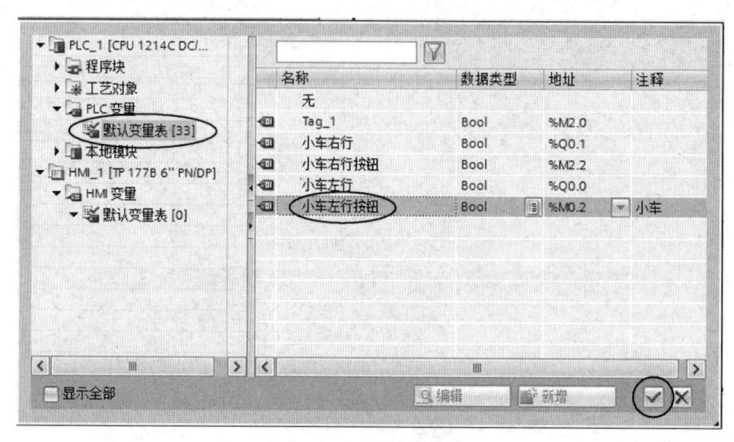

图 5-105 默认变量表

（9）设置按钮释放时的操作。单击"释放"，再单击右侧的下三角符号添加函数功能，如图 5-106 所示。

（10）选择"复位位"，如图 5-107 所示。

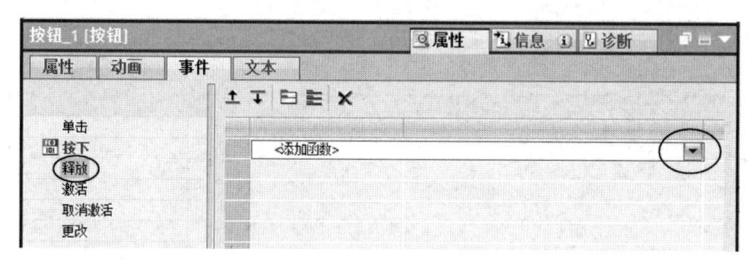

图 5-106 释放功能设置

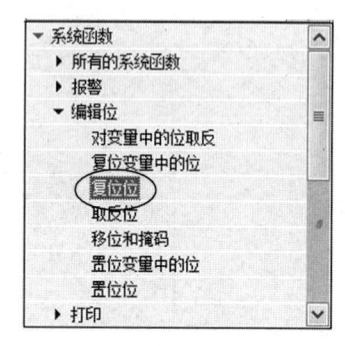

图 5-107 复位位

同以上步骤，下面再创建"右行启动按钮"。

（11）添加一个新按钮，如图 5-108 所示。

（12）改名为"右行启动"，如图 5-109 所示。

（13）设置"按下"按钮时的功能，如图 5-110 所示。

（14）设置按下按钮时"置位位"，如图 5-111 所示。

（15）设置连接变量，如图 5-112 所示。

（16）设置释放按钮时的功能，如图 5-113 所示。

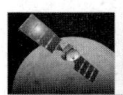

图 5-108 添加新按钮

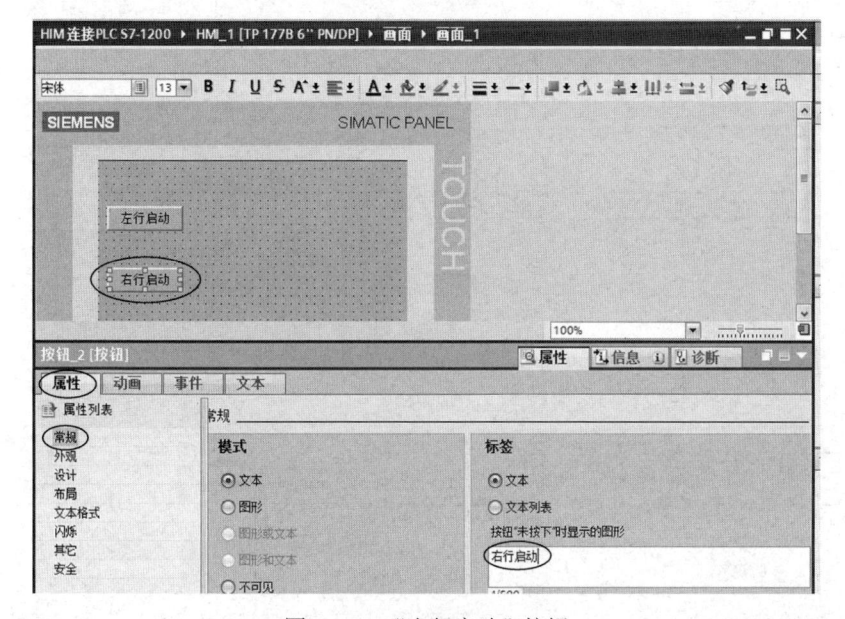

图 5-109 "右行启动"按钮

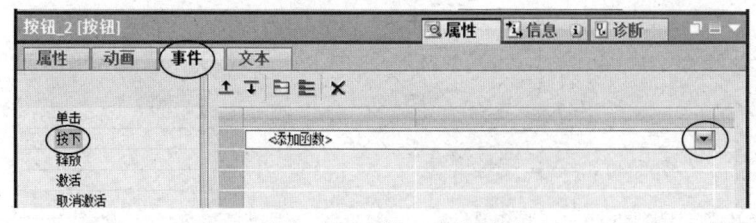

图 5-110 按下功能设置

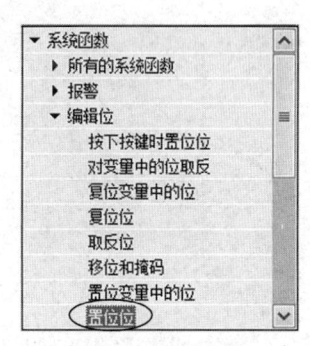

图 5-111 置位位

（17）设置释放按钮时"复位位"，如图 5-114 所示。
（18）设置连接变量，如图 5-115。
（19）再添加第三个按钮，改名为"停止"，设置按下时"置位位"，释放时"复位

# 可编程控制器应用技术项目式教程

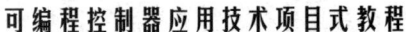

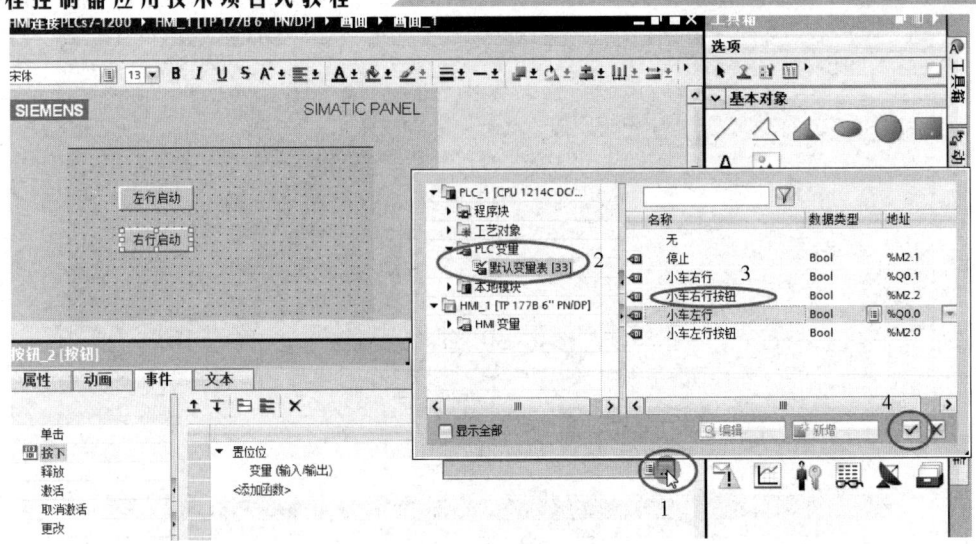

图 5-112 连接变量设置

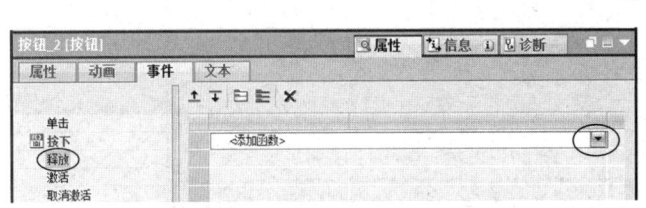

图 5-113 释放功能设置

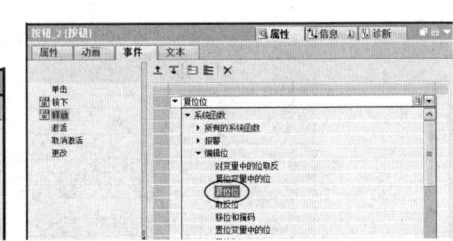

图 5-114 复位位

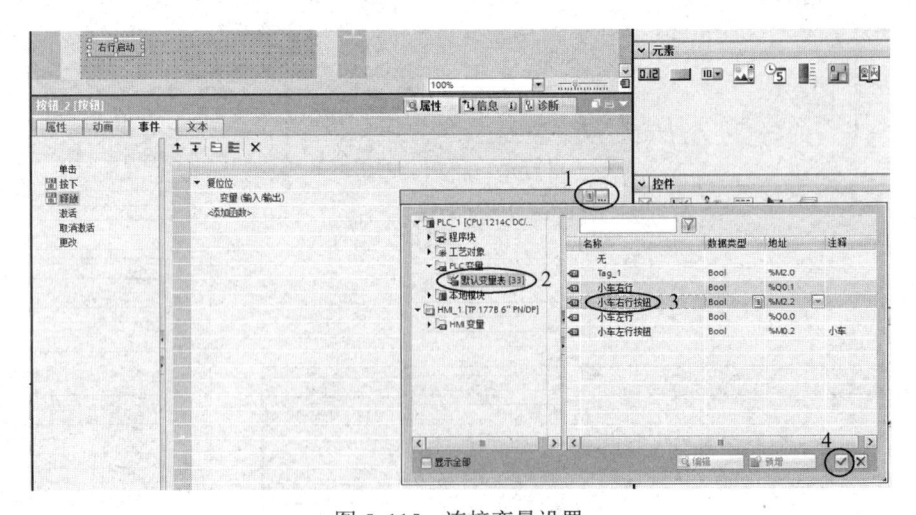

图 5-115 连接变量设置

位",连接变量为 PLC 的"停止"。步骤同前,不再赘述。

接下来添加指示灯。

(20)从右侧"基本对象"窗口中拖动圆形"指示灯"图标到 HMI 画面 1,如图 5-116 所示。

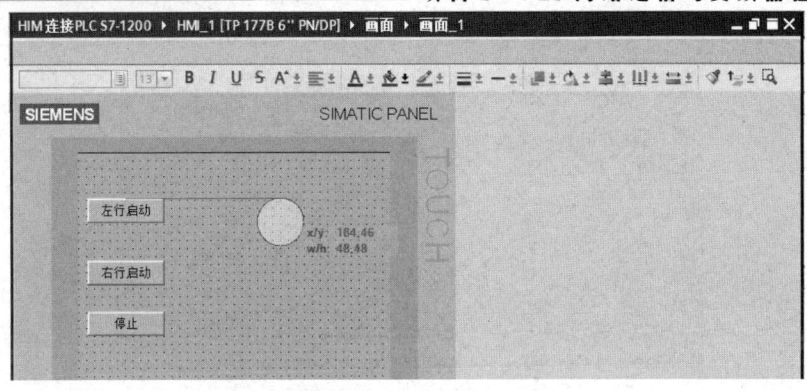

图 5-116 添加指示灯

（21）连续添加第二个圆形指示灯，如图 5-117 所示。

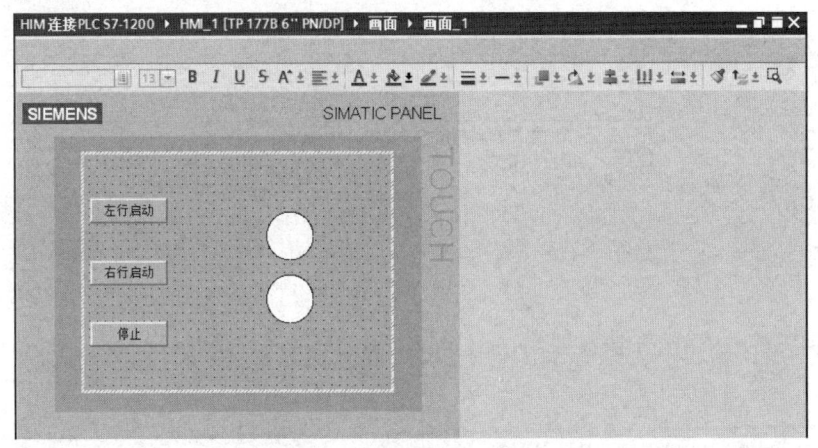

图 5-117 添加第二个指示灯

（22）选择第一个圆形指示灯，选择"属性"选项卡中的"动画"选项卡，双击"添加新动画"，如图 5-118 所示。

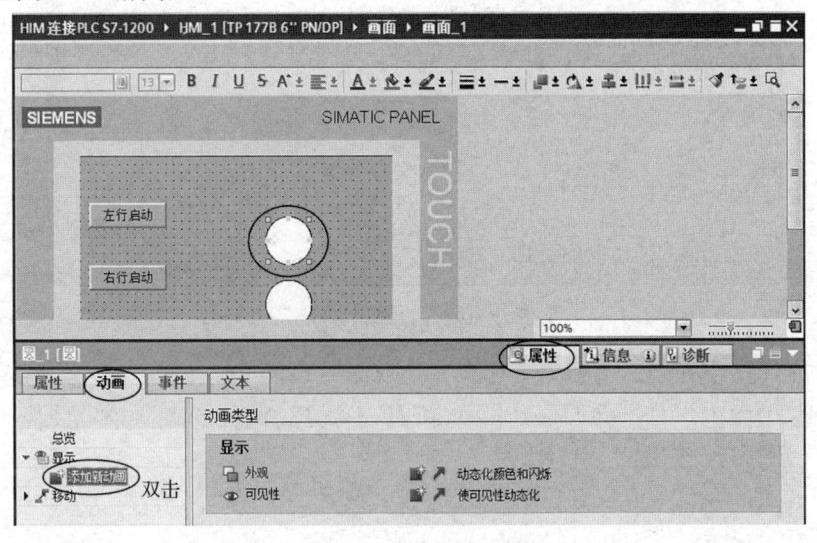

图 5-118 添加新动画

（23）在弹出的窗口中选择"外观"，单击"确定"按钮，如图5-119所示。

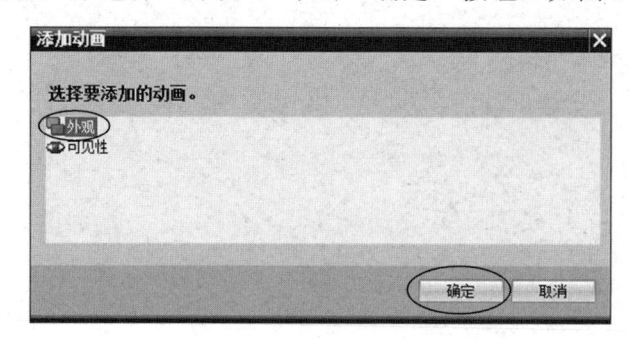

图 5-119　选择外观动画

（24）返回"属性"选项卡，单击变量名称右侧的"..."图标，如图5-120所示。

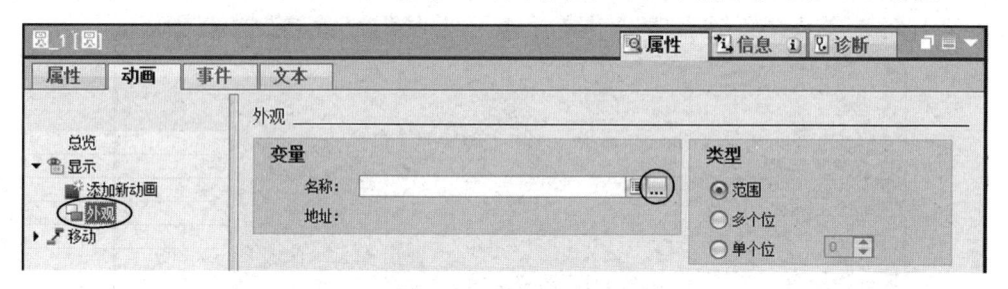

图 5-120　外观动画设置

（25）在打开的窗口中选择"PLC变量"下"默认变量表"中的"小车左行"，如图 5-121所示。

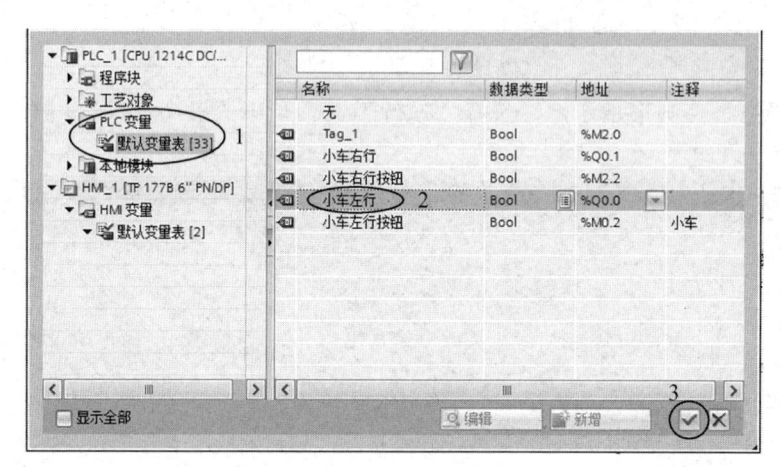

图 5-121　默认变量表

（26）分别在如图5-122所示的1处和2处双击。

（27）确认"范围"列下面的值分别为0和1。在范围值为1的那一行，单击"背景色"列的下三角符号，如图5-123所示。

（28）在弹出的颜色中选取红色，如图5-124所示。

至此，第一个指示灯的设置已完成。

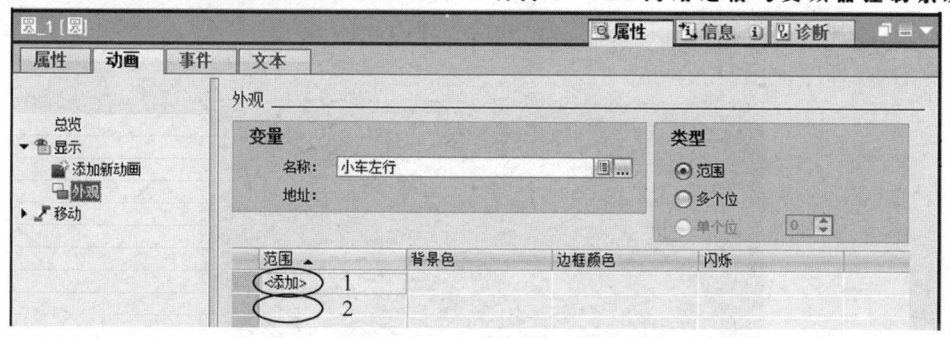

图 5-122 变量

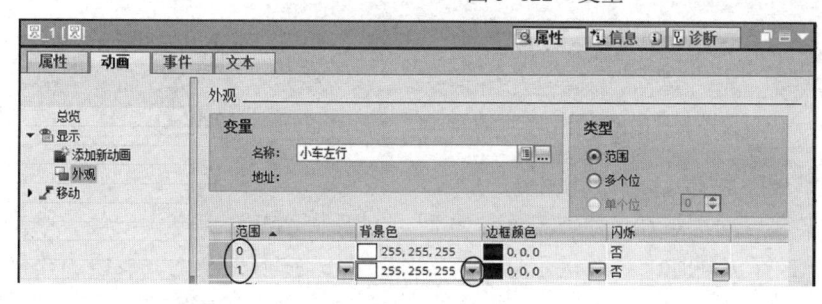

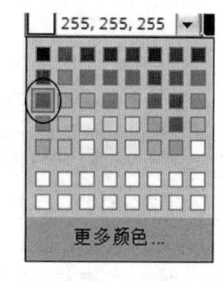

图 5-123 背景色

图 5-124 选取颜色

（29）第二个指示灯的设置操作与第一个相同，连接变量为"PLC 变量"下"默认变量表"中的"小车右行"，具体步骤不再赘述。

（30）拖动"文本域"图标至画面 1 第一个圆形指示灯的上方，如图 5-125 所示。

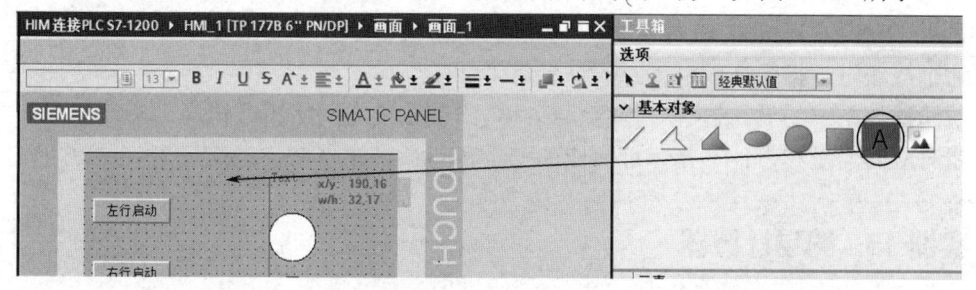

图 5-125 添加文本域

（31）选择文字"Text"，修改为"左行指示灯"。修改前如图 5-126 左图，修改后如图 5-126 右图。

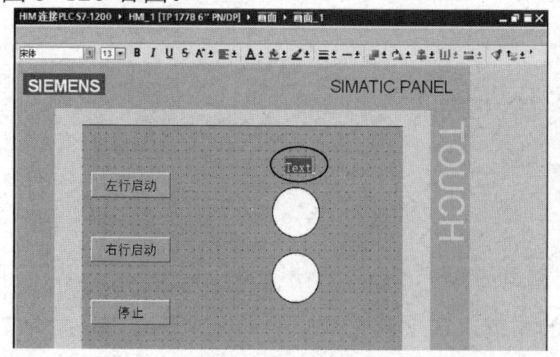

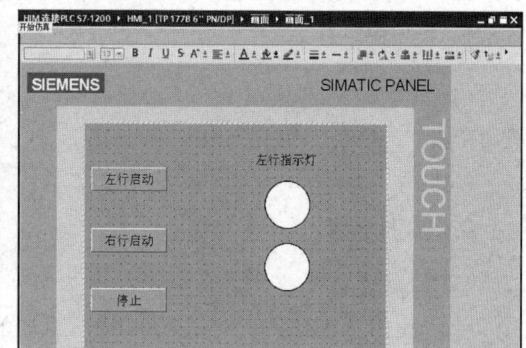

图 5-126 修改文字

（32）再添加"右行指示灯"文字，完成后的界面如图 5-127 所示。

至此 HMI 程序也已组态完成。

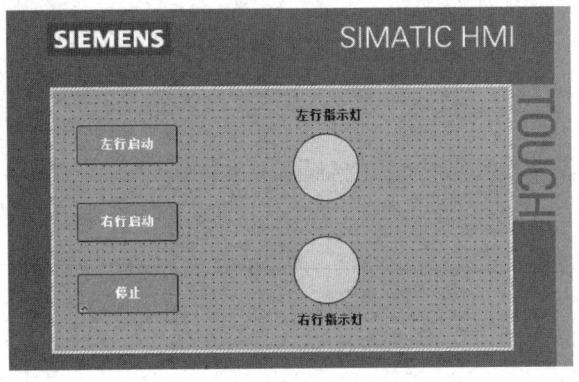

图 5-127　完成界面

分别下载硬件组态和程序到 PLC 与 HMI 中。

单击 HMI 上的"左行启动"按钮，小车左行，同时"左行指示灯"点亮为红色。单击"右行启动"按钮，小车右行，同时"右行指示灯"点亮为红色。按下"停止"按钮小车停止，指示灯熄灭。

**练一练**　按上述步骤在博途软件中组态画面，并进行调试。

#### 小试身手 13　简单的人机界面控制

采用 HMI、S7-1200 PLC 实现人机交互功能。HMI 上有一个按钮和一个指示灯，当按下这个按钮时，指示灯闪两下，闪烁频率为 2 Hz。

请简述该系统的设计过程。内容包括：画出该系统的网络拓扑结构，指出 HMI 画面上按钮对应的变量和事件、指示灯对应的变量和动画，建立 PLC 变量，写出 PLC 程序。

### 实训 13　简易计算器

#### 1. 实训目的

（1）掌握 HMI 控制界面的设计和组态方法，能够用 PLC 和 HMI 完成基本的任务设计；

（2）掌握 S7-1200 PLC 和 HMI 之间的通信方法，能够进行通信程序编写与调试。

#### 2. 实训器材

（1）可编程控制器 1 台（CPU 1214C DC/DC/DC）和西门子 HMI 1 台（TP177B 6 in PN/DP）；

（2）电工常用工具 1 套以及连接网线。

#### 3. 实训步骤

1）控制要求

使用西门子 HMI 和 S7-1200 PLC 组成的系统，实现两个数字的加减乘除功能。数字通过 HMI 输入，计算结果显示在 HMI 上。请设计相关的 HMI 画面和 PLC 程序。

2）网络拓扑结构

参考任务 12 绘制网络拓扑结构图，并按照结构图完成网络连接。

3）组态及编程

参考任务 12 完成组态、编程以及调试过程。

4. 实训结果分析及考核评价

根据学生在训练过程中的表现，给予客观评价，填写实训评价表 5-2。

表 5-2 实训评价

| 考核内容及依据 | 考核等级（在相应括号中打√） | | | 备注 |
|---|---|---|---|---|
| 网络拓扑图的绘制与连接<br>等级考核依据：绘制的正确与否和熟练程度 | 优<br>（  ） | 良<br>（  ） | 中<br>（  ） | 占总评 1/3 |
| 组态、画面设计、程序编写<br>（本项内容都应会，否则不能参加考核）<br>等级考核依据：学生熟练程度 | 优<br>（  ） | 良<br>（  ） | 中<br>（  ） | 占总评 1/3 |
| 程序调试<br>等级考核依据：学生操作过程的规范性和学习状态 | 优<br>（  ） | 良<br>（  ） | 中<br>（  ） | 占总评 1/3 |
| 总评<br>（3 项都为优时总评才能为优，以此类推评判良和中） | | | | 手写<br>签字 |

5. 实训思考

一条流水线有这样一个控制系统：用一台 S7-1200 PLC 控制一台电动机驱动小车运行，Q0.0 输出时，电动机正转，小车左行；Q0.1 输出时，电动机反转，小车右行。按下小车左行启动按钮，小车左行；按下小车右行启动按钮，小车右行；按下停止按钮，小车停止运行。现在车间内有三条这样的流水线，这三条流水线有 9 个按钮，分别对应控制三条流水线上运输小车的左行启动、右行启动和停止，请设计该控制系统。（每条流水线上都可以加入触摸屏，在触摸屏上制作虚拟按钮以取代实体按钮。）

## 5.2 变频器控制原理与操作

扫一扫看第 5.2 节和任务 13 教学课件

变频器是应用变频技术与微电子技术，通过改变电动机工作电源的频率来更好地控制交流电动机的电力控制设备，以便改进过程控制、节能和减少系统维护等。

变频器主要由整流（交流变直流）、滤波、逆变（直流变交流）、制动单元、驱动单元、检测单元、微处理单元等组成。

在工业生产中常采用 PLC 与变频器对异步电动机进行控制，变频器控制原理示例框图如图 5-128 所示。

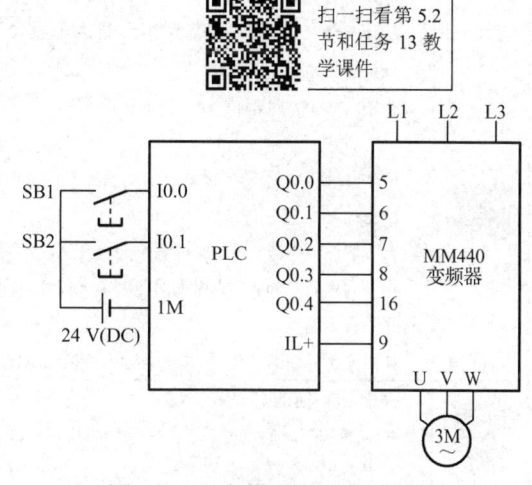

图 5-128 变频器控制原理示例

常见的西门子变频器有 MicroMaster MM4 系列、SINAMICS G120 系列等。G120 系列变频器因具有简洁的操作面板、良好的控制性能、优化的集成保护和强大的通信功能在自动控制领域得到广泛应用。

### 5.2.1　G120 变频器的面板操作

变频器及智能操作面板（IOP）布局如图 5-129 所示。

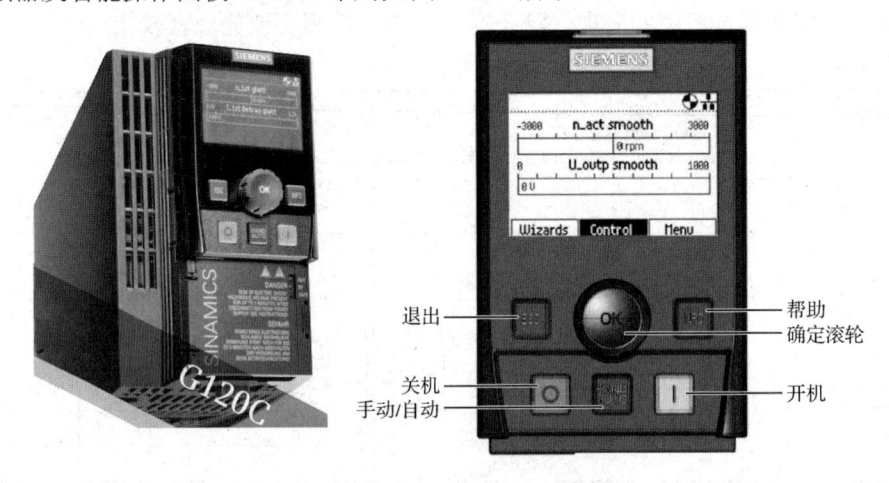

图 5-129　变频器及 IOP 面板

IOP 操作使用一个滚轮和五个附加按键。滚轮和按键的具体功能如表 5-3 所示。

表 5-3　常用按键及功能

| 按　键 | 功　　能 |
|---|---|
| OK | 确定滚轮具有以下功能：<br>● 在菜单中通过旋转滚轮改变选择。<br>● 当选择突出显示时，按压滚轮确认选择。<br>● 编辑一个参数时，旋转滚轮改变显示值；顺时针增加显示值，逆时针减小显示值。<br>● 编辑参数或搜索值时，可以选择编辑单个数字或整个值。<br>　　长按滚轮（>3 秒），在两个不同的编辑模式之间切换 |
| I | 开机按键具有以下功能：<br>● 在 AUTO（自动）模式下，屏幕显示为一个信息屏幕，说明该命令源为 AUTO，可通过"手动/自动"按键来改变。<br>● 在 HAND（手动）模式下启动变频器，变频器图标开始转动。<br>注意：<br>对于固件版本低于 4.0 的控制单元，在 AUTO 模式下运行时，无法选择 HAND 模式，除非变频器停止。<br>对于固件版本为 4.0 或更高的控制单元，在 AUTO 模式下运行时，可以选择 HAND 模式，电动机将继续以最后选择的设定速度运行。<br>如果变频器在 HAND 模式下运行，切换至 AUTO 模式时电动机停止运行 |
| O | 关机按键具有以下功能：<br>● 如果按下时间超过 3 秒，变频器将执行 OFF2 命令，电动机将关闭停机。注意：在 3 秒内按 2 次 OFF 键也将执行 OFF2 命令。 |

续表

| 按 键 | 功 能 |
|---|---|
| O | ● 如果按下时间不超过 3 秒，变频器将执行以下操作：<br>- 在 AUTO 模式下，屏幕显示为一个信息屏幕，说明该命令源为 AUTO，可使用"手动/自动"按键来改变。变频器不会停止。<br>- 如果在 HAND 模式下，变频器将执行 OFF1 命令，电动机将以参数设置为 P1121 的减速时间停机。 |
| ESC | 退出按键具有以下功能：<br>● 如果按下时间不超过 3 秒，则 IOP 返回到上一页，或者如果正在编辑数值，新数值不会被保存。<br>● 如果按下时间超过 3 秒，则 IOP 返回到状态屏幕。<br>● 在参数编辑模式下使用退出按键时，除非先按确认滚轮，否则数据不能被保存。 |
| INFO | 帮助（INFO）按键具有以下功能：<br>● 显示当前选定项的额外信息。<br>● 再次按下 INFO 按键会显示上一页。<br>● 在 IOP 启动时按下 INFO 按键，会使 IOP 进入 DEMO 模式。重启 IOP 后可退出 DEMO 模式。 |
| HAND/AUTO | 手动/自动（HAND/AUTO）按键，切换 HAND 和 AUTO 模式下的命令源。<br>HAND 设置到 IOP 的命令源。<br>AUTO 设置到外部数据源的命令源，例如现场总线 |

IOP 在显示屏的右上角边缘显示许多图标按钮，表示变频器的各种状态或当前情况。这些图标按钮的解释如表 5-4 所示。

表 5-4 常用按钮及符号

| 功 能 | 状 态 | 符 号 | 备 注 |
|---|---|---|---|
| 命令源 | 自动 | ⊥ | |
| | 点动 | JOG | 点动功能激活时显示 |
| | 手动 | ✋ | |
| 变频器状态 | 就绪 | ◐ | |
| | 运行 | ◐ | 电动机运行时图标旋转 |
| 故障未解决 | 故障 | ⊗ | |
| 报警未解决 | 报警 | ⚠ | |
| 保存至 RAM | 激活 | 💾 | 表示所有数据已保存至 RAM。如果断电所有数据将会丢失 |
| PID 自动调整 | 激活 | ≈ | |
| 休眠模式 | 激活 | ⏻ | |
| 写保护 | 激活 | ✕ | 参数不可更改 |
| 专有技术保护 | 激活 | ▮ | 参数不可浏览或更改 |
| ESM | 激活 | ⌂ | 基本服务模式 |

## 5.2.2 G120 变频器的参数设置

IOP 向导可以帮助用户设置公众功能和变频器参数。基本的调试步骤如下：

（1）在变频器上电完成后，旋转滚轮选中向导"Wizards"，确定后进入向导模式。

（2）从菜单选择"基本调试..."（Basic commissioning ...）。

（3）在弹出的界面中选择"是"，恢复出厂设置。在保存基本调试过程中所做的所有参数变更前恢复出厂设置。

（4）选择连接电动机的控制模式为"*U/f* with linear characteristic..."。

（5）选择和变频器连接电动机的正确数据为"Europe 50 Hz kW"。该数据用于计算该应用的正确速度和显示值。

（6）选择感应电动机"Induction motor"。

（7）选择基准频率为 50 Hz。

（8）选择继续"continue"。

（9）再次选择"继续"，然后根据铭牌输入电动机的相关参数。

（10）输入电动机额定电压为"380 V"。

（11）输入电动机额定电流为"1.3 A"。

（12）输入电动机额定功率为"0.55 kW"。

（13）输入电动机额定转速为"1 425 rpm"。

（14）电动机 ID 选择"Disabled"项。

（15）选择"继续"。

（16）再次选择"继续"。

（17）进入宏界面设置参数，选择"Conveyor with Fieldbus"。

（18）输入最低速度为"0 rpm"。

（19）输入电动机的加速时间为"5 s"。

（20）输入电动机的减速时间为"5 s"。

（21）选择"继续"。

（22）选择保存"save"。

（23）经过一定时间的计算后，按滚轮继续，再选择"继续"，变频器的设置就完成了。

**练一练**　请按照上述步骤，通过面板进行相关参数的设置。

下面将基于 S7-300 PLC CPU315，介绍通过 PROFINET 控制 G120 变频器，实现对电动机启停、调速和转向控制。

## 任务 13　G120 变频器电动机控制系统

### 1. 任务描述

PLC 通过 PROFINET 控制 G120 变频器，再由变频器实现对电动机启停、调速和转向控制。

### 2. 网络拓扑结构及硬件

网络拓扑结构如图 5-130 所示。需要的硬件有 S7-300 PLC 1 台，G120 变频器 1 台，装有博途软件的计算机 1 台，交换机 1 台，网线若干。

## 项目5 PLC网络通信与变频器控制系统设计

图 5-130 网络拓扑结构

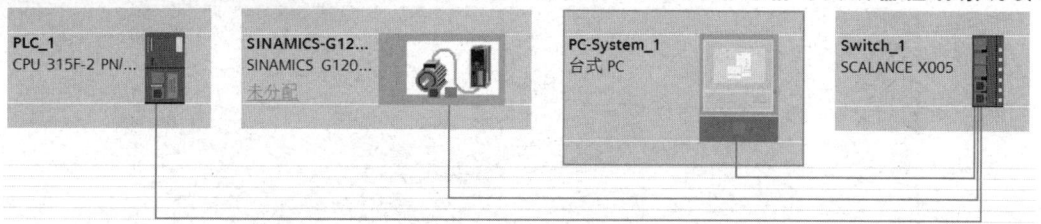

**练一练** 按照图 5-130 网络拓扑结构进行以太网连接，并检查连接是否正确。

### 3. 硬件组态

（1）新建项目，项目名称为"PLC300 通过 PROFINET 控制 G120"，如图 5-131 所示。

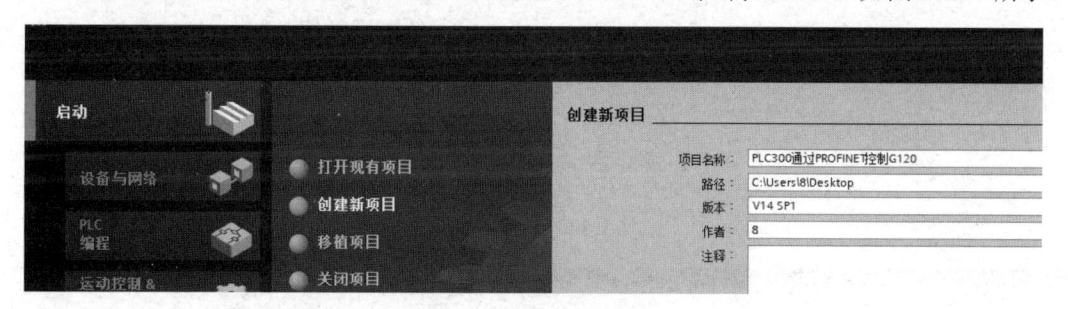

图 5-131 创建新项目

（2）单击"设备与网络"，再单击"添加新设备"，如图 5-132 所示。

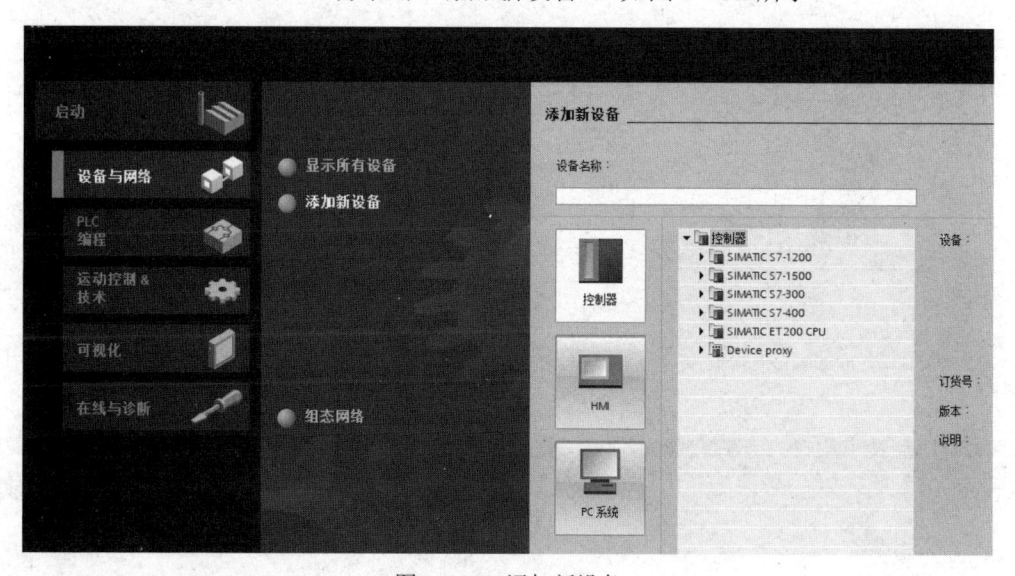

图 5-132 添加新设备

（3）添加 PLC，CPU 模块订货号为"6ES7 315-2FJ14-0AB0"，如图 5-133 所示。
（4）单击"添加"，并选择"设备视图"选项卡，在硬件目录中双击要添加的输入/输出模块，订货号为"6ES7 323-1BL00-0AA0"，如图 5-134 所示。

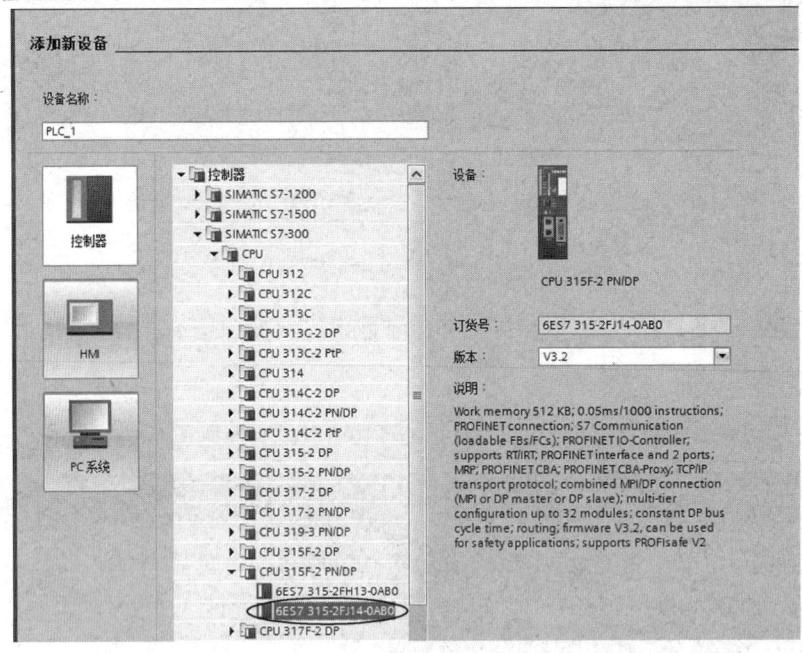

图 5-133 添加 PLC

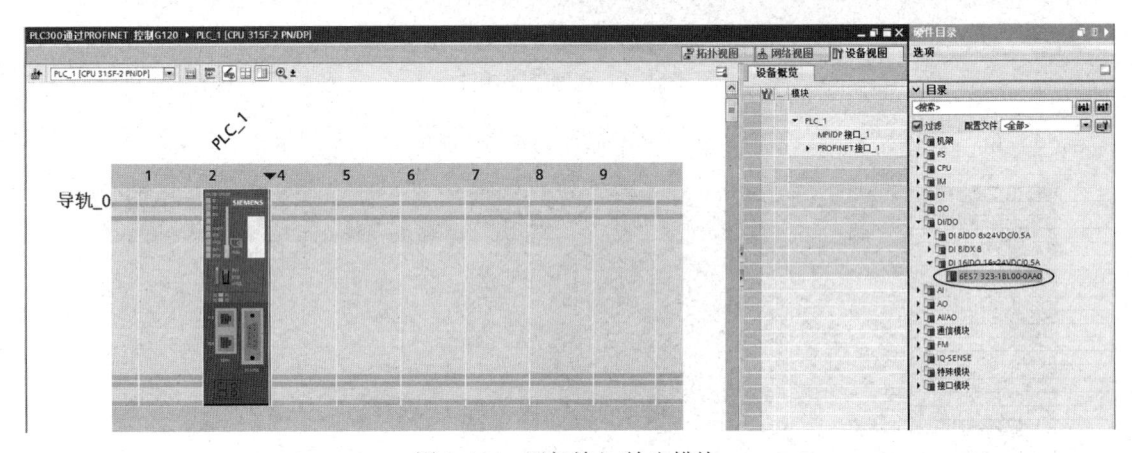

图 5-134 添加输入/输出模块

(5) 双击要添加的电源模块,订货号为 "6ES7 307-1EA01-0AA0",如图 5-135 所示。

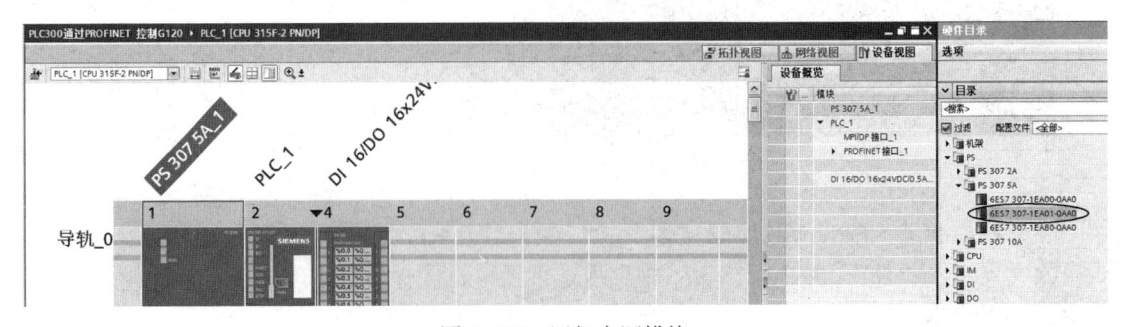

图 5-135 添加电源模块

（6）双击要添加的模拟量模块，订货号为"6ES7 335-7HGD2-0AA0"，如图 5-136 所示。

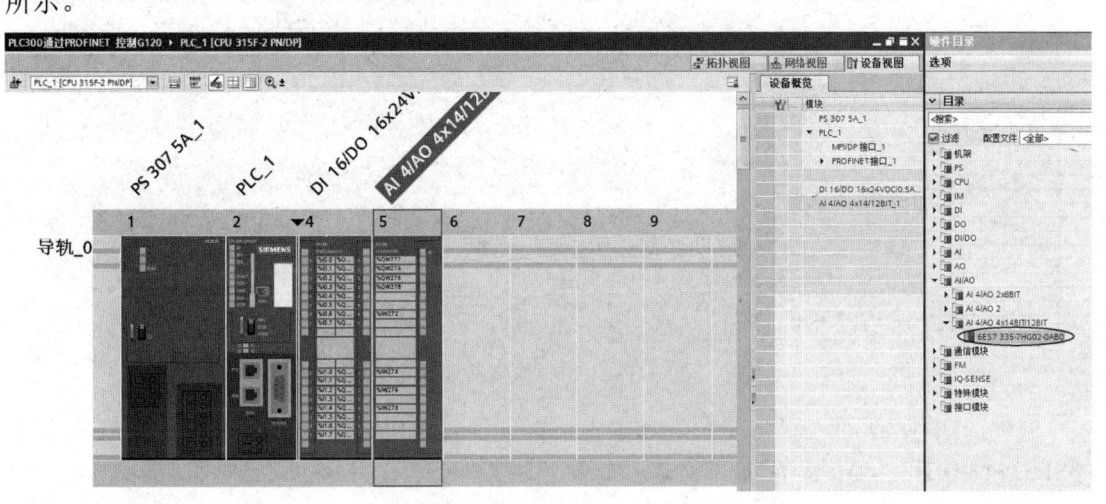

图 5-136 添加模拟量模块

（7）选择"设备视图"中的 CPU 模块，如图 5-137 所示，单击下部的"属性"选项卡。

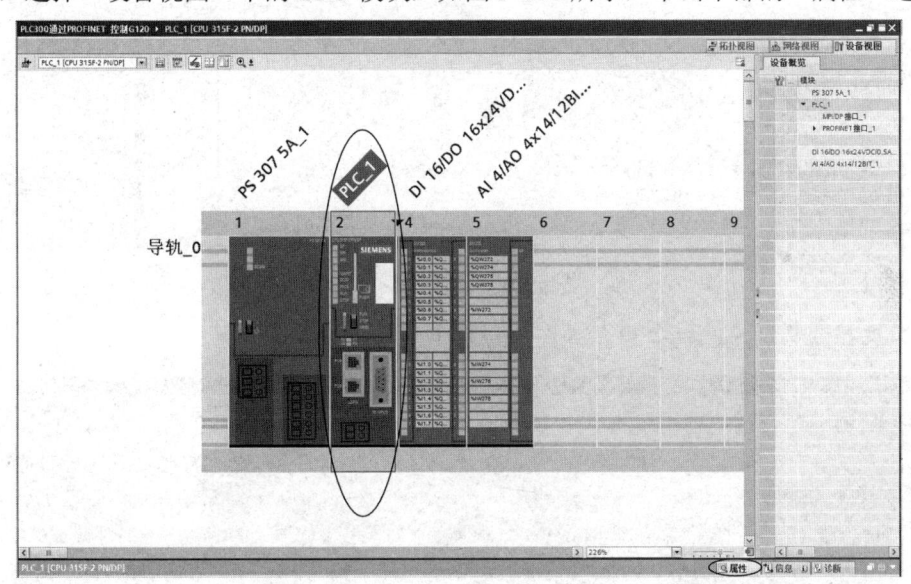

图 5-137 选择 CPU 模块

（8）在"属性"选项卡中，修改 PLC 名称为"PLC_315"，如图 5-138 所示。

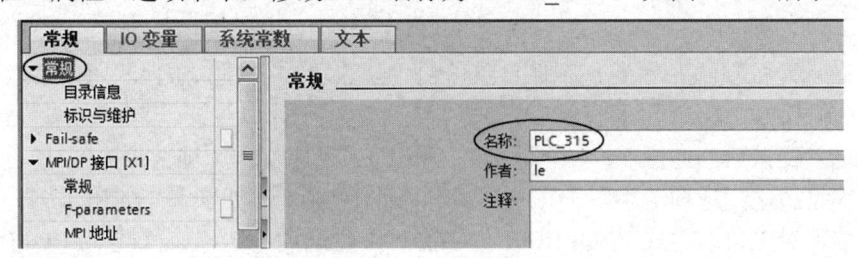

图 5-138 修改 PLC 的名称

（9）根据实际情况修改 IP 地址，如图 5-139 所示。

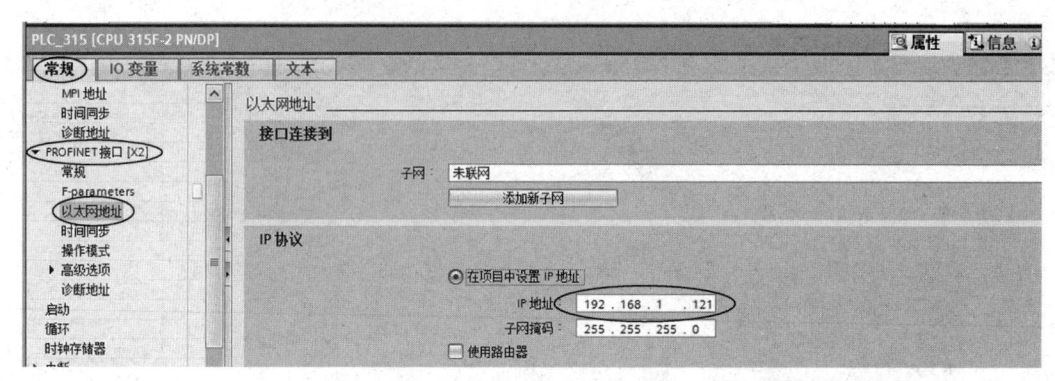

图 5-139　修改以太网地址

（10）选择上部的"网络视图"选项卡，在硬件目录中搜索 G120 变频器，订货号为"6SL3244-0BB13-1FA0"，添加变频器，如图 5-140 所示。

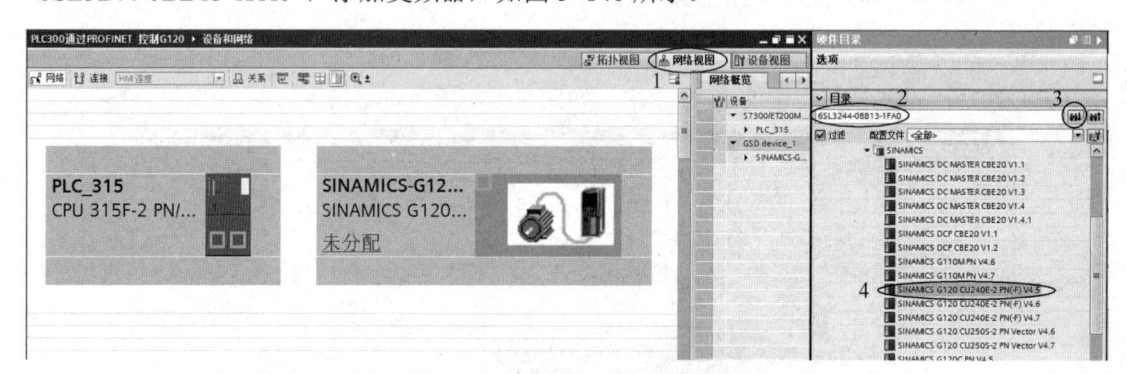

图 5-140　添加变频器

（11）选择变频器，选择"设备视图"选项卡，如图 5-141 所示。

图 5-141　设备视图

（12）在"设备视图"中展开硬件目录中的"子模块"，如图 5-142 所示，双击"标准报文 1，PZD-2/2"。

（13）选择变频器，如图 5-143 所示，选择下部的"属性"选项卡。

（14）在"属性"选项卡中，根据实际情况修改 IP 地址，如图 5-144 所示。

（15）取消对"自动生成 PROFINET 设备名称"复选项的选择，修改"PROFINET 设备名称"与所用的设备名称一致，如图 5-145 所示。

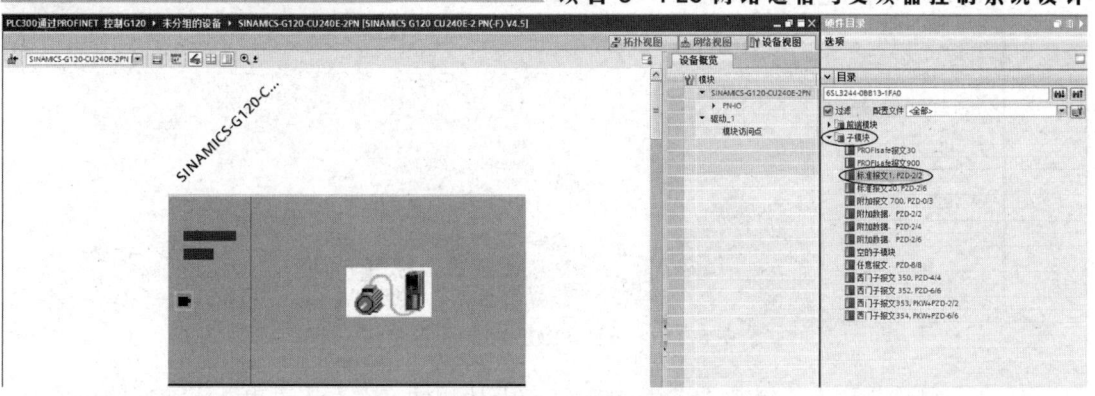

## 项目 5 PLC 网络通信与变频器控制系统设计

图 5-142 展开子模块

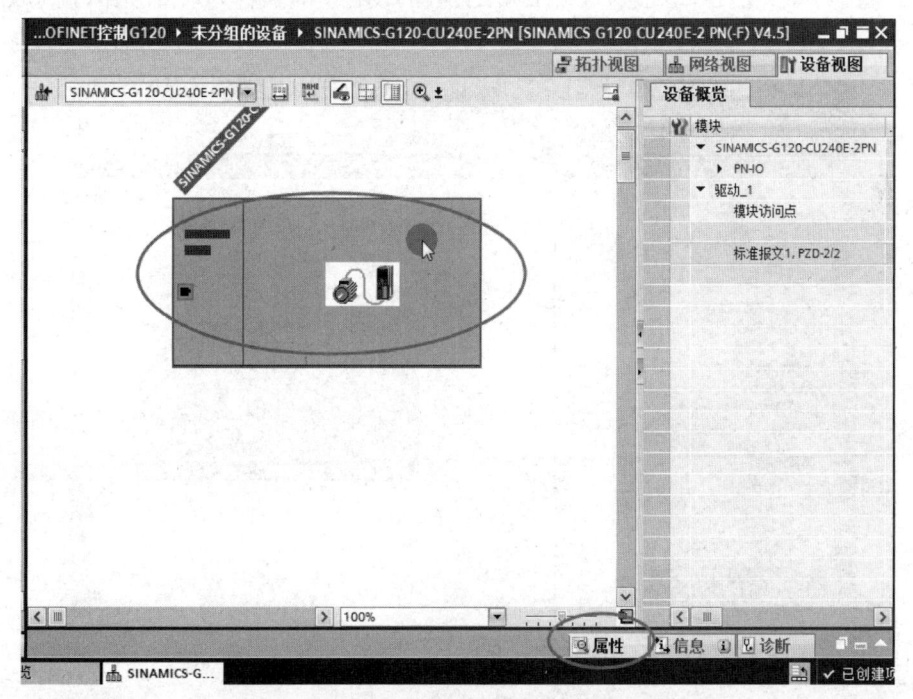

图 5-143 选择变频器

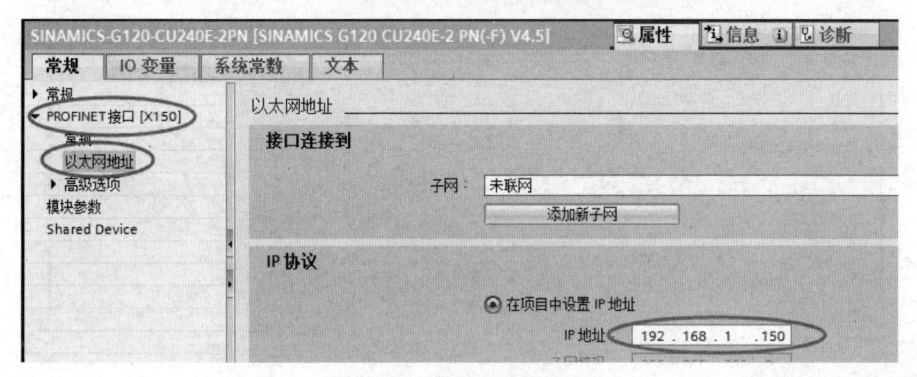

图 5-144 修改以太网地址

在项目树中查看 PROFINET 设备名称的步骤:

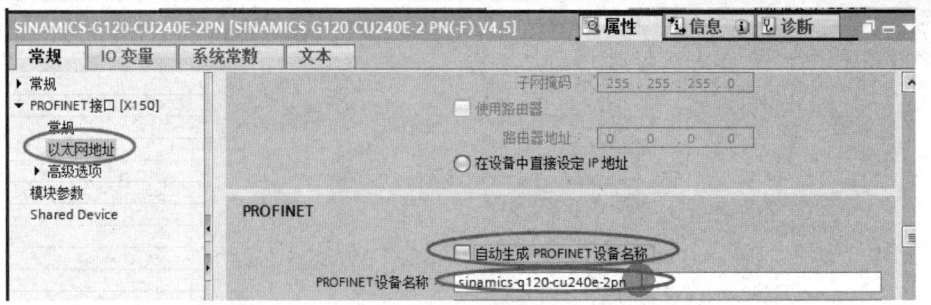

图 5-145　修改 PROFINET 设备名称

① 在左侧项目树中，展开"在线访问"，展开所用网卡，双击"更新可访问的设备"。在本例中可以看到一个 IP 地址为 192.168.1.124 的设备，其名称为"变频器"，如图 5-146 所示。

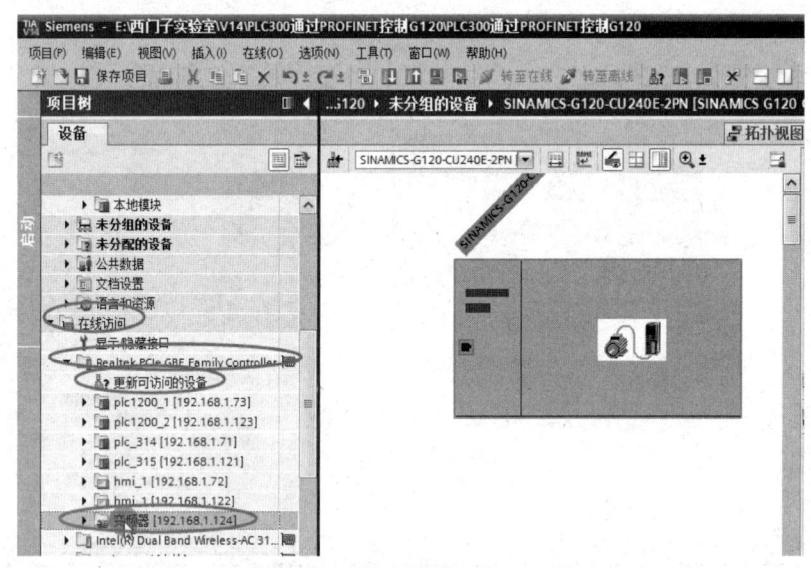

图 5-146　在项目树中查看名称

② 返回到变频器的"属性"选项卡，将 PROFINET 设备名称改为"变频器"，如图 5-147 所示。

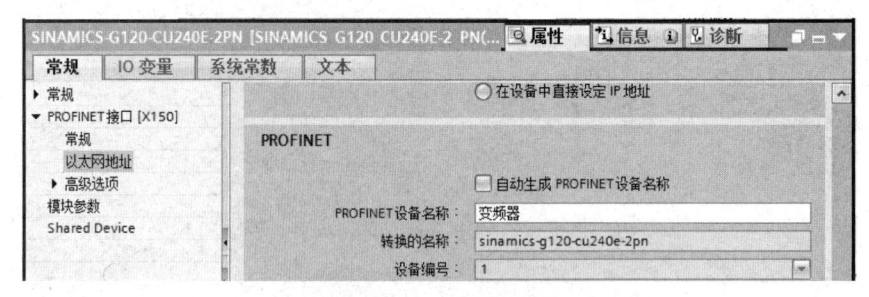

图 5-147　更改设备名称

（16）在上部的"设备视图"选项卡中单击"标准报文 1，PZD2/2"，如图 5-148 所示，再选择下部的"属性"选项卡。

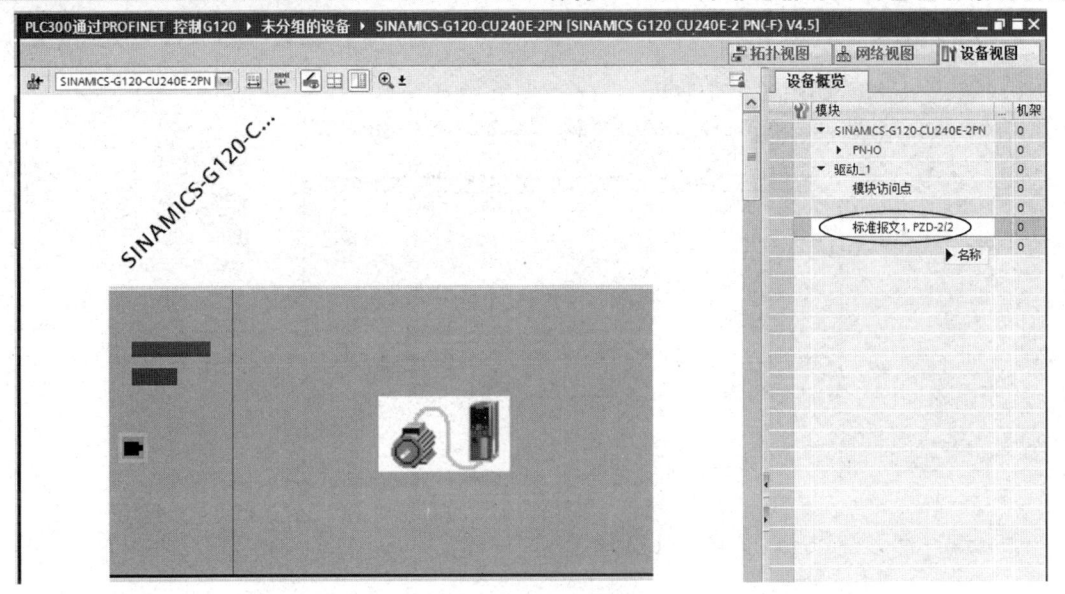

图 5-148 选择标准报文

（17）在"属性"选项卡中，将输入和输出的起始地址都改为 60（默认为 256），如图 5-149 所示。

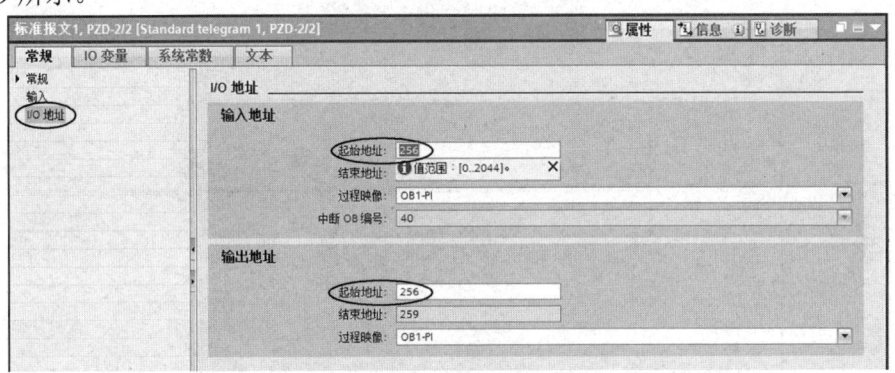

图 5-149 更改 I/O 地址

（18）选择上部的"网络视图"选项卡，用鼠标拖动连接 PLC 和变频器的 PROFINET 接口生成网络，如图 5-150 所示。

图 5-150 生成网络

（19）硬件组态完毕后进行编译、保存。

**练一练**　请按上述步骤进行组态设置。

### 4. 程序设计

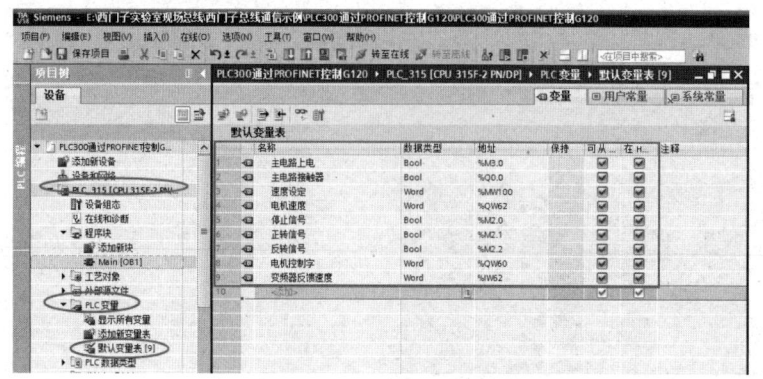

（1）新建变量，如图 5-151 所示。

图 5-151　默认变量表

扫一扫看变频器电动机控制组态编程微视频

（2）编写梯形图程序，如图 5-152 所示。

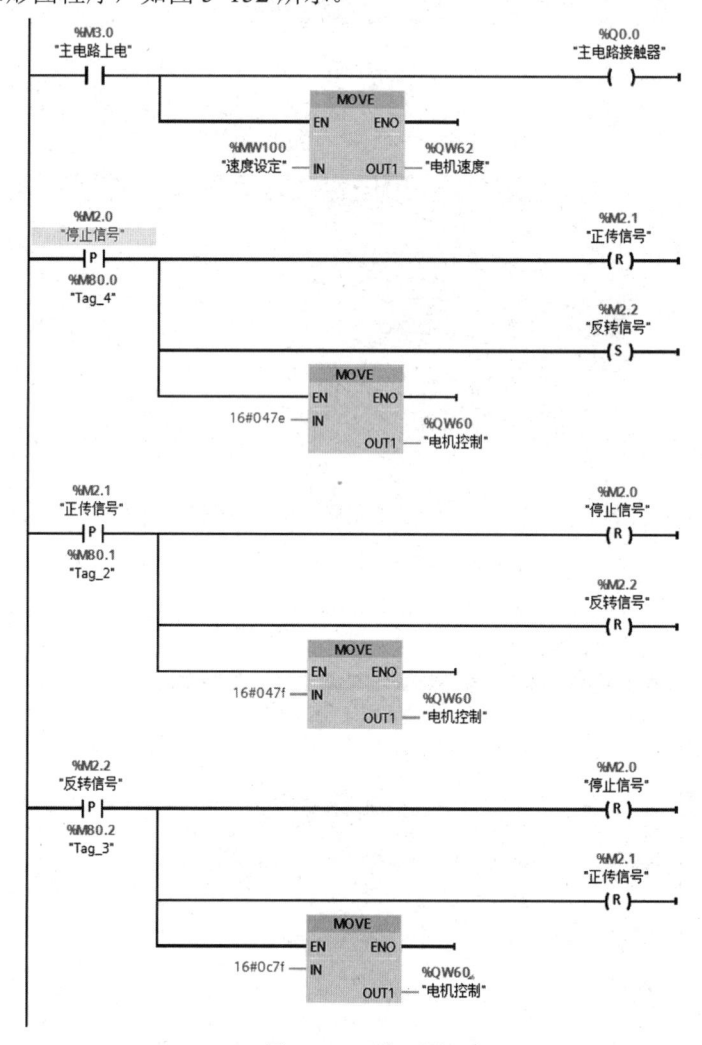

图 5-152　梯形图

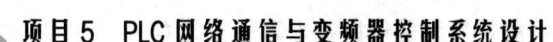

## 5. 调试

（1）新建监控表，如图 5-153 所示。

图 5-153　监控表

（2）单击工具栏的"启用监控"图标按钮，如图 5-154 所示。

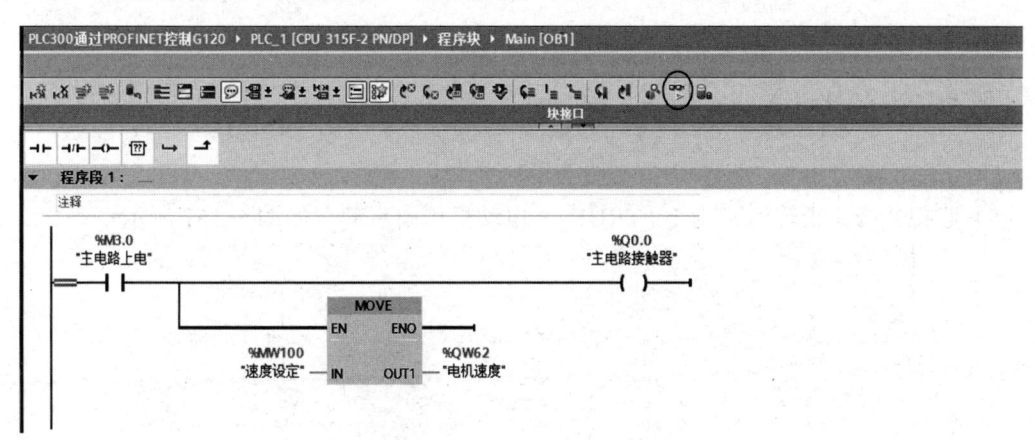

图 5-154　启用监控

（3）用鼠标右键单击梯形图中的触点"主电路上电"，修改其值为"1"，如图 5-155 所示。

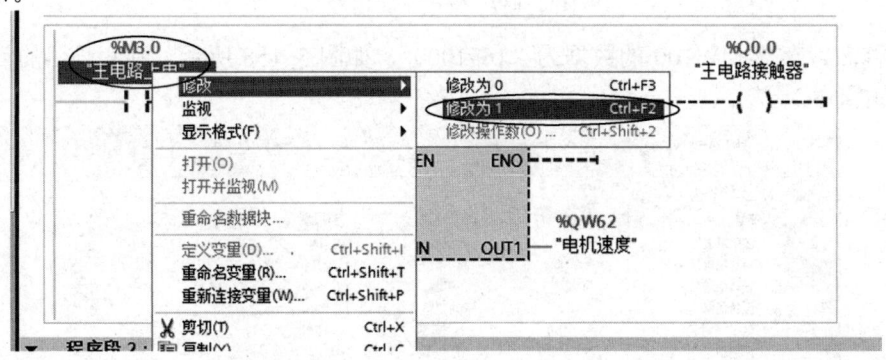

图 5-155　修改值

（4）寄存器 MW100 的数据"16#4000"被赋值给 QW62，如图 5-156 所示。此时变频器的频率为 50 Hz。寄存器 QW62 的值决定变频器的频率，其中 16 进制的 0 对应于变频器的 0 Hz，16 进制的 4000 对应于变频器的 50 Hz，线性相关。

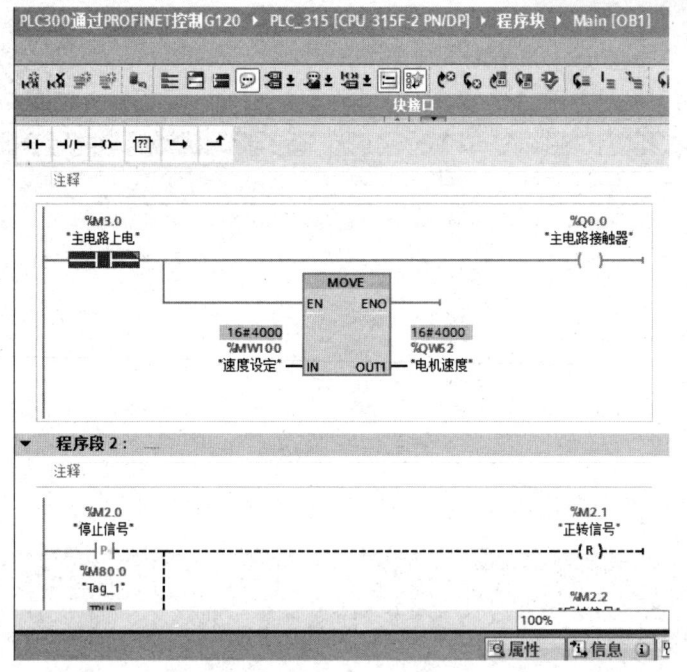

图 5-156 赋值

（5）监视并修改正转信号为 1（TRUE），电动机正向启动，如图 5-157 所示。

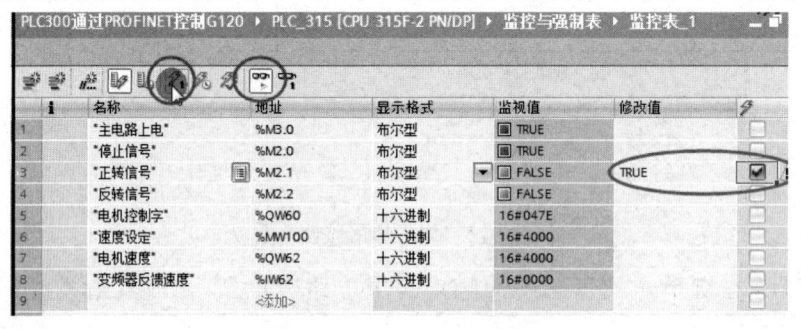

图 5-157 修改正转信号

（6）修改寄存器 MW100 的数据为"16#1000"，如图 5-158 所示，则变频器的频率将为 12.5 Hz，电动机减速。

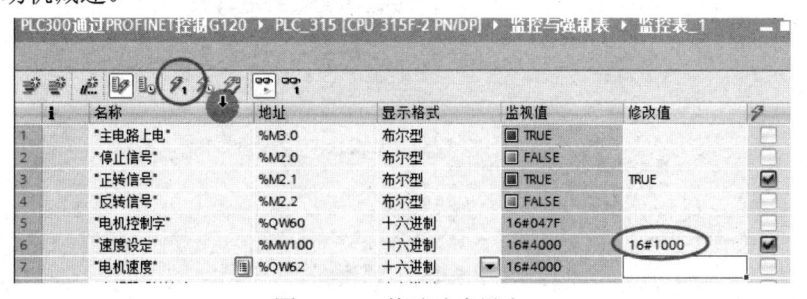

图 5-158 修改速度设定

（7）将反转信号修改为 1（TRUE），如图 5-159 所示，则电动机先减速停止，然后反向启动运行。

图 5-159 修改反转信号

（8）修改停止信号为 1（TRUE），如图 5-160 所示，电动机减速停止。

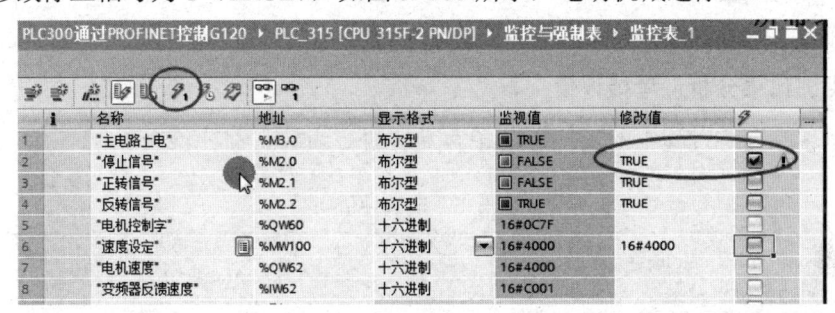

图 5-160 修改停止信号

**练一练** 按上述步骤，通过博途软件将程序写入并调试。

## 实训 14　触摸屏控制变频器

### 1. 实训目的

（1）认识 G120 变频器，能够通过面板设置相关参数；

（2）掌握 PLC 和 G120 变频器的以太网通信程序设计的基本方法，能够将其应用于本任务中。

### 2. 实训器材

（1）可编程控制器 1 台（CPU 1214C DC/DC/DC），西门子 HMI 1 台（TP177B 6 in PN/DP）以及西门子 G120 变频器 1 台；

（2）电工常用工具 1 套以及连接网线。

### 3. 实训步骤

1）控制要求

用 HMI、PLC 和触摸屏组成一个控制系统。

设计相关程序，可以实现：通过 HMI 选择电动机的点动、长动或自动控制功能。

点动控制功能包括：点动正转、点动反转和点动速度的设定。

长动控制功能包括：正转启动、反转启动、停止和长动速度设定。

自动控制功能：当选择自动控制后，按下自动控制启动按钮，电动机正向启动并运行至最大速度，之后减速至零再反向启动并运行到最大速度，之后再减速至零，再正向启动并运行至最大速度……如此循环，直至按下停止按钮后电动机减速停止。循环周期为20秒，速度值呈正弦规律变化，电动机最大速度可以在HMI上设定。

三种功能下都能在HMI上实时显示电动机速度（变频器的输出频率）。

2）网络拓扑结构

参考任务13绘制网络拓扑，并按照拓扑结构完成网络连接。

3）变频器参数设置

参考任务13完成变频器参数设置。

4）组态及编程

参考任务13完成组态、编程以及调试。

### 四、实训结果分析及考核评价

根据学生在训练过程中的表现，给予客观评价，填写实训评价表5-5。

表5-5 实训评价

| 考核内容及依据 | 考核等级（在相应括号中打√） | | | 备注 |
|---|---|---|---|---|
| | 优 | 良 | 中 | |
| 网络拓扑图的绘制与连接以及变频器参数设置<br>等级考核依据：绘制的正确与否和熟练程度 | （　） | （　） | （　） | 占总评1/3 |
| 组态、通信程序编写<br>（本项内容都应会，否则不能参加考核）<br>等级考核依据：学生熟练程度 | （　） | （　） | （　） | 占总评1/3 |
| 程序调试<br>等级考核依据：学生操作过程规范性和学习状态 | （　） | （　） | （　） | 占总评1/3 |
| 总评<br>（3项都为优时总评才能为优，以此类推评判良和中） | | | | 手写 |
| | | | | 签字 |

5. 实训思考

如何通过触摸屏设定电动机的转速。

# 参 考 文 献

[1] 廖常初．S7-1200 PLC 编程及应用[M]．北京：机械工业出版社，2010．

[2] 李乃夫．可编程控制器技术[M]．北京：高等教育出版社，2014．

[3] 廖常初，陈晓东．西门子人机界面（触摸屏）组态与应用技术[M]．2 版．北京：机械工业出版社，2008．

[4] 廖常初，祖正容．西门子工业网络的组态编程与故障诊断[M]．北京：机械工业出版社，2009．

[5] 吴繁红．西门子 S7-1200 PLC 应用技术项目教程[M]．北京：电子工业出版社，2017．

[6] 王仁祥，王小曼．S7-1200 编程方法与工程应用[M]．北京：中国电力出版社，2011．

[7] 朱文杰．S7-1200 PLC 编程与应用[M]．北京：中国电力出版社，2015．

[8] 朱文杰．S7-1200 PLC 编程设计与案例分析[M]．北京：机械工业出版社，2011．

[9] Siemens．SIMATIC S7-1200 可编程控制器系统手册．2012．

[10] Siemens．SINAMICS G120 控制单元 CU240B/E-2 参数手册．2011．

[11] Siemens．SINAMICS IOP 智能型操作面板，2014．

[13] www.ad.siemens.com.cn．

# 反侵权盗版声明

电子工业出版社依法对本作品享有专有出版权。任何未经权利人书面许可，复制、销售或通过信息网络传播本作品的行为，歪曲、篡改、剽窃本作品的行为，均违反《中华人民共和国著作权法》，其行为人应承担相应的民事责任和行政责任，构成犯罪的，将被依法追究刑事责任。

为了维护市场秩序，保护权利人的合法权益，我社将依法查处和打击侵权盗版的单位和个人。欢迎社会各界人士积极举报侵权盗版行为，本社将奖励举报有功人员，并保证举报人的信息不被泄露。

举报电话：（010）88254396；（010）88258888
传　　真：（010）88254397
E-mail：　dbqq@phei.com.cn
通信地址：北京市海淀区万寿路173信箱
　　　　　电子工业出版社总编办公室
邮　　编：100036